Altium Designer 18 中文版
电路设计标准实例教程

三维书屋工作室

李瑞　胡仁喜　等编著

U0352969

机械工业出版社

本书以 Protel 的新版本 Altium Designer 18 为平台，介绍了电路设计的方法和技巧，主要包括 Altium Designer 18 概述、原理图设计基础、原理图的绘制、原理图的后续处理、层次结构原理图的设计、原理图编辑中的高级操作、PCB 设计基础知识、PCB 的布局设计、印制电路板的布线、电路板的后期制作、创建元器件库及元器件封装、电路仿真系统、信号完整性分析、自激多谐振荡器电路设计实例和游戏机电路设计实例。本书内容由浅入深，从易到难，讲解详实，图文并茂，思路清晰，各章节既相对独立又前后关联。在介绍的过程中，编者根据自己多年的经验及教学心得，及时给出总结和相关提示，以帮助读者快速掌握相关知识。

随书赠送的电子资料包包含本书实例操作过程的视频讲解文件和实例源文件，读者可以方便、直观地学习本书内容。

本书可以作为初学者的入门教材，也可以作为电路设计及相关行业工程技术人员和各院校相关专业师生的学习参考资料。

图书在版编目（CIP）数据

Altium Designer 18 中文版电路设计标准实例教程/李瑞等编著. —4 版.—北京：机械工业出版社，2019.3
ISBN 978-7-111-62476-9

Ⅰ.①A… Ⅱ.①李… Ⅲ.①印刷电路—计算机辅助设计—应用软件—教材 Ⅳ.①TN410.2

中国版本图书馆 CIP 数据核字(2019)第 068069 号

机械工业出版社（北京市百万庄大街 22 号　邮政编码 100037）
责任编辑：曲彩云　　责任校对：刘秀华　　责任印制：孙　炜
北京中兴印刷有限公司印刷
2019 年 5 月第 4 版第 1 次印刷
184mm×260mm · 29.25 印张 · 724 千字
0001－3000 册
标准书号：ISBN 978-7-111-62476-9
定价：99.00 元

前　言

自 20 世纪 80 年代中期以来，计算机应用已进入各个领域并发挥着越来越大的作用。在这种背景下，美国 ACCEL Technologies Inc 公司推出了第一个应用于电子线路设计的软件包—TANGO。该软件包当时给电子线路设计带来了设计方法和方式的革命。人们开始用计算机来设计电子线路。在电子工业飞速发展的时代，TANGO 日益显示出其不适应时代发展需要的弱点。为了适应科学技术的发展，Protel Technology 公司以其强大的研发能力推出了 Protel For Dos，从此 Protel 这个名字在业内日益响亮。

Protel 系列是进入我国最早的电子设计自动化软件，一直以易学易用而深受广大电子设计者的喜爱。Altium Designer 18 作为新一代的板卡级设计软件，其独一无二的 DXP 技术集成平台为设计系统提供了所有工具和编辑器的兼容环境。

Altium Designer 18 是一套完整的板卡级设计系统，真正实现了在单个应用程序中的集成。Altium Designer 18 PCB 线路图设计系统完全利用了 Windows 平台的优势，具有更好的稳定性、增强的图形功能和超强的用户界面，设计者可以选择最适当的设计途径以最优化的方式工作。

全书以 Altium Designer 18 为平台，介绍了电路设计的方法和技巧。本书共 15 章，内容包括 Altium Designer 18 概述、原理图设计基础、原理图的绘制、原理图的后续处理、层次结构原理图的设计、原理图编辑中的高级操作、PCB 设计基础知识、PCB 的布局设计、印制电路板的布线、电路板的后期制作、创建元器件库及元器件封装、电路仿真系统、信号完整性分析、自激多谐振荡器电路设计实例和游戏机电路设计实例。

本书内容由浅入深，从易到难，讲解详实，图文并茂，思路清晰,各章节既相对独立又前后关联。在介绍的过程中，编者根据自己多年的经验及教学心得，适当给出总结和相关提示，以帮助读者快速掌握所学知识。

本书可以作为初学者的入门教材，也可以作为电路设计及相关行业工程技术人员及各院校相关专业师生的学习参考资料。

为了配合学校师生利用此书进行教学的需要，随书配赠了电子资料包，包含全书实例操作过程 AVI 文件和实例源文件，以及专为老师教学准备的 PowerPoint 多媒体电子教案。读者可以登录百度网盘地址：https://pan.baidu.com/s/15jT97I91R34KyezawkifEw 下载，密码：r2vu（读者如果没有百度网盘，需要先注册一个才能下载）。链接失效备用网址：https://pan.baidu.com/s/1DLTmKdCbuXWg14MqQxTNEQ，密码：6yxc。

本书由李瑞、胡仁喜、康士廷、王敏、王玮、孟培、王艳池、刘昌丽、王培合、王义发、王玉秋、杨雪静、张日晶、卢园、李兵、路纯红、阳平华、闫聪聪、张俊生、周冰、万金环、袁涛、王渊峰等人员也为本书的编写做出了贡献，在此一并表示感谢。

虽然作者几易其稿，但由于时间仓促，加之水平有限，书中纰漏与失误在所难免，恳请广大读者登录网站 www.sjzswsw.com，或者联系 hurenxi2000@163.com 批评指正。也欢迎加入三维书屋图书学习交流群 QQ（660309547）交流探讨。

编　者

目 录

第 1 章

Altium Designer 18 概述

本章将从 Alitum Designer 18 的功能特点讲起，介绍 Alitum Designer 18 的界面环境及基本操作方式，使读者从总体上了解和熟悉软件的基本结构和操作流程。

◎ Alitum Designer 18 的主窗口

◎ Alitum Designer 18 的文件管理系统

1.1 Altium Designer 18 的主窗口

Altium Designer 18 启动后便可进入主窗口，如图 1-1 所示。用户可以在该窗口中进行项目文件的操作，如创建新项目、打开文件等。

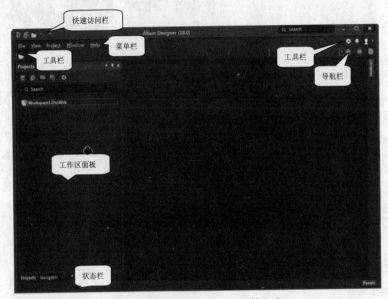

图 1-1 Altium Designer 18 的主窗口

Altium Designer 18 的主窗口类似于 Windows 的界面，主要包括快速访问栏、菜单栏、工具栏、工作窗口、工作区面板、状态栏及导航栏 7 个部分。

1.1.1 快速访问栏

快速访问栏位于工作区的左上角。快速访问栏允许快速访问常用的命令，包括保存当前的活动文档，使用适当的按钮打开任何现有的文档，以及撤销和重做功能，还可以单击"保存"按钮 ▣ 来一键保存所有文档。

使用快速访问栏，可快速保存和打开文档，取消或重新执行最近的命令。

1.1.2 工具栏

工具栏包括两种，系统默认基本设置不可移动与关闭的固定工具栏以及可打开与关闭的灵活工具栏。

右上方的固定工具栏中只有 3 个按钮 ✿ ▲ 👤，单击"用户"按钮 👤，弹出如图 1-2 所示的下拉菜单，其中包括一些用户配置选项。

（1）"Setup system preference（设置系统属性）"按钮 ✿：单击该按钮，弹出"Preferences（参数选择）"对话框，如图 1-3 所示。用于设置 Altium Designer18 的工作

状态。

图 1-2　"用户"下拉菜单

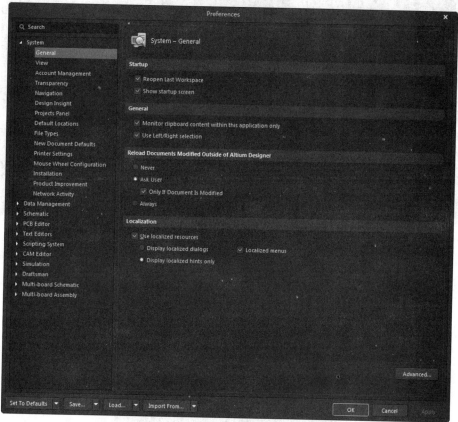

图 1-3　"Preferences（参数选择）"对话框

（2）"Notifacations（通知）"按钮：访问 Altium Designer18 系统通知。 有通知时，该图标将显示一个数字。

（3）"用户"按钮：帮助用户自定义界面。

- "Exensions and Updates（插件与更新）"命令：用于检查软件更新，执行该命令，在主窗口右侧弹出如图 1-4 所示的"Exensions&Updates（插件与更新）"选项卡。
- "Sign in（标记 Altium 信息）"命令：用于设置 Altium 基本信息，包括服务地址、用户名/密码，弹出"Sign in to Server（连接 Altium 服务器）"对话框，如图 1-5 所示。
- "License Manager（许可证管理器）"命令：执行该命令，在主窗口右侧弹出"License Manager（许可证管理器）"选项卡，显示 Altium 基本信息。

（4）访问搜索：搜索功能位于主窗口右上方，如图 1-6 所示。

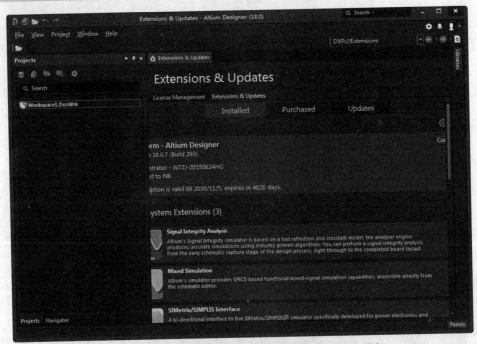

图 1-4　"Exensions&Updates（插件与更新）"选项卡

图 1-5　"Sign in to Server（连接 Altium 服务器）"对话框

图 1-6　搜索功能

1.1.3　菜单栏

菜单栏包括"File（文件）""View（视图）""Project（工程）""Window（窗口）""Help（帮助）"5 个菜单按钮。

1. "File（文件）"菜单

"File（文件）"菜单主要用于文件的新建、打开和保存等，如图 1-7 所示。下面详细介绍"File（文件）"菜单中的各命令及其功能。

- "新的"命令：用于新建一个文件，其子菜单如图 1-7 所示。

图 1-7　"File（文件）"菜单

- "打开"命令：用于打开已有的 Altium Designer 18 可以识别的各种文件。
- "关闭"命令：用于关闭已有的 Altium Designer 18 可以识别的各种文件。
- "打开工程"命令：用于打开各种项目文件。
- "打开设计工作区"命令：用于打开设计工作区。
- "检出"命令：用于从设计储存库中选择模板。
- "保存工程"命令：用于保存当前的项目文件。
- "保存工程为"命令：用于另存当前的项目文件。
- "保存设计工作区"命令：用于保存当前的设计工作区。
- "保存设计工作区为"命令：用于另存当前的设计工作区。
- "全部保存"命令：用于保存所有文件。
- "智能 PDF"命令：用于生成 PDF 格式设计文件的向导。
- "导入向导"命令：用于将其他 EDA 软件的设计文档及库文件导入 Altium Designer18 的导入向导，如 Protel 99SE、CADSTAR、Orcad、P-CAD 等设计软件生成的设计文件。
  - ➢ "Recent Documents（当前文档）"命令：用于列出最近打开过的文件。
  - ➢ "Recent Projects（最近的工程）"命令：用于列出最近打开的工程文件。
- "Recent Workspace（当前工作区）"命令：用于列出最近打开的设计工作区。
- "退出"命令：用于退出 Altium Designer 18。

2. "View（视图）"菜单

"View（视图）"菜单主要用于工具栏、工作区面板、命令行及状态栏的显示和隐藏，如图 1-8 所示。

图 1-8 "View（视图）"菜单

（1）"Toolbars（工具栏）"命令：用于控制工具栏的显示和隐藏，其子菜单如图 1-8 所示。

（2）"Panels（工作区面板）"命令：用于控制工作区面板的打开与关闭，其子菜单如图 1-9 所示。

图 1-9 "Panels（工作区面板）"的子菜单

（3）"状态栏"命令：用于控制工作窗口下方状态栏上标签的显示与隐藏。

（4）"命令状态"命令：用于控制命令行的显示与隐藏。

3. "Project（工程）"菜单

主要用于项目文件的管理，如图 1-10 所示。这里主要介绍"显示差异"和"Version Control（版本控制）"两个命令。

● "显示差异"命令：执行该命令，将弹出如图 1-11 所示的"Choose Documents To Compare（选择文档比较）"对话框。勾选"Advanced Mode（高级模式）"复选框，可以进行文件之间、文件与项目之间、项目之间的比较。

● "Version Contro trol（版本控制）"命令：执行该命令，可以查看版本信息，可以将文件添加到"Version Control（版本控制）"数据库中，并对数据库中的各种文件进行管理。

4. "Window（窗口）"菜单

用于对窗口进行纵向排列、横向排列、打开、隐藏及关闭等操作。

5. "Help（帮助）"菜单

用于打开各种帮助信息。

图 1-10 "Project（工程）"菜单 图 1-11 "Choose Documents To Compare（选择文档比较）"对话框

1.1.4 工作区面板

在 Altium Designer 18 中，可以使用系统型面板和编辑器面板两种类型的面板。系统型面板在任何时候都可以使用，而编辑器面板只有在相应的文件被打开时才可以使用。使用工作区面板是为了便于设计过程中的快捷操作。Altium Designer 18 被启动后，系统将自动激活"Navigator（导航）"面板和"Projects（工程）"面板，如图 1-12 所示，可以单击面板右下方的标签在不同的面板之间切换。

工作区面板有自动隐藏显示、浮动显示和锁定显示 3 种显示方式。在每个面板的右上方都有 3 个按钮，按钮▼用于在各种面板之间进行切换操作，按钮▣、▣用于改变面板的显示方式，按钮▣用于关闭当前面板。

图 1-12 "Projects（工程）"面板

1.2 Altium Designer 18 的文件管理系统

对于一个成功的企业，技术是核心，健全的管理体制是关键。同样，评价一个软件的好坏，文件的管理系统也是很重要的一个方面。Altium Designer 18 的"Projects（工程）"面板提供了两种文件——项目文件和设计时生成的自由文件。设计时生成的文件可以放在项目文件中，也可以放在自由文件中。自由文件在存盘时，是以单个文件的形式存入，而不是以项目文件的形式整体存盘，所以也被称为存盘文件。

1.2.1 项目文件

Altium Designer 18 支持项目级别的文件管理，在一个项目文件中包括设计中生成的一切文件。例如，要设计一个收音机电路板，可以将收音机的电路图文件、PCB 图文件、设计中生成的各种报表文件及元器件的集成库文件等放在一个项目文件中，这样非常便于文件管理。一个项目文件类似于 Windows 系统中的"文件夹"，在项目文件中可以执行对文件的各种操作，如新建、打开、关闭、复制与删除等。但需要注意的是，项目文件只负责管理，在保存文件时，项目中各个文件是以单个文件的形式保存的。

图 1-13 所示为任意打开的一个扩展名为".PrjPcb"项目文件。从该图可以看出，该项目文件包含了与整个设计相关的所有文件。

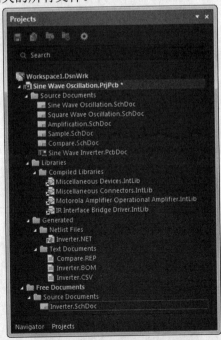

图 1-13 ".PrjPcb" 项目文件

创建项目文件有两种方法：

在进行工程设计时，通常先创建一个项目文件，这样有利于对文件的管理。

选择菜单栏中的"File（文件）"→"新的"→"项目"选项，弹出如图 1-14 所示的"项目"子菜单，显示创建的项目类型。

图 1-14　"项目"子菜单

（1）PCB 工程：用于创建新的 PCB 项目。一个新的　PCB_Project.PrjPCBd　入口出现于 Projects 面板。

（2）Multi-board Design Project：用于创建新的多板项目。一个新的 MultiBoard_ Project.PrjMbd 入口出现在 Projects 面板。

创建该项目文件后，可创建的新的文件类型包括：

● Multi-board Schematic（*.MbsDoc）：当多板项目为活动文件时可用。

● Mutli-board Assembly（*.MbaDoc）：当多板项目为活动文件时可用。

（3）Integrated Library：选择创建新的集成元器件库项目。一个新的 Integrated_Library.LibPkg 入口出现于 Projects 面板。

（4）Project：当选择该选项时，将弹出"New Project（新建工程）"对话框，可通过该对话框定义新项目的详细信息。

下面介绍项目文件的具体创建方法：

1. 直接创建

选择菜单栏中的"File（文件）"→"新的"→"项目"→"PCB 工程"选项，在"Projects（工程）"面板中出现了新建的工程文件，系统提供的默认名为 PCB Project1.PrjPCB，如图 1-15 所示。

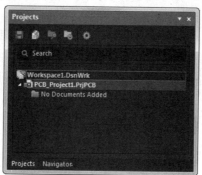

图 1-15　新建工程文件

2. 对话框创建

选择菜单栏中的"File（文件）"→"新的"→"项目"→"Project（工程）"选项，在弹出的对话框中列出了可以创建的各种工程类型，如图 1-16 所示。

"New Project（新建工程）"对话框中包括以下几个选项：

（1）在"Project Types（项目类型）"选项组中显示了 4 种项目类型。

图 1-16 "New Project（新建工程）"对话框

- PCB Project：用于创建新的 PCB 项目。在 Projects 面板中创建一个新的 PCB_Project.PrjPCB。
- Multi-board Design Project：用于创建新的多板项目。
- Integrated Library：用于创建新的集成元器件库项目。
- Scrip Project：用于创建新的脚本项目。

（2）在"Name（名称）"文本框中输入项目文件的名称，默认名称为 PCB_Project，其后面新建的项目名称依次添加数字后缀，如 PCB_Project_1、PCB_Project_2 等。

（3）在"Location（路径）"文本框中显示要创建的项目文件的路径，单击按钮 Browse Location... ，弹出"Browse for project location（搜索项目位置）"对话框，可在其中选择路径文件夹。

1.2.2 自由文件

自由文件指独立于项目文件之外的文件，Altium Designer 18 通常将这些文件存放在唯一的"Free Document（空白文件）"文件夹中。自由文件有以下两个来源：

（1）当将某文件从项目文件夹中删除时，该文件并没有从"Projects（工程）"面板中消失，而是出现在"Free Document（空白文件）"中，成为自由文件。

（2）打开 Altium Designer 18 的存盘文件（非项目文件）时，该文件将出现在"Free Document（空白文件）"中而成为自由文件。

自由文件的存在方便了设计的进行，将文件从自由文件夹中删除时，文件将被彻底删除。

1.2.3 存盘文件

存盘文件是在项目文件存盘时生成的文件。Altium Designer 18 保存文件时并不是将整个项目文件保存，而是单个保存，项目文件只起到管理的作用。这样的保存方法有利于实施大规模电路的设计。

第 2 章

原理图设计基础

在整个电子电路设计过程中，电路原理图（简称原理图）的设计是最重要的基础性工作。同样，在 Altium Designer 18 中，只有先设计出符合需要和规则的电路原理图，然后才能顺利地对其进行仿真分析，最终变为可用于生产的 PCB 印制电路板设计文件。

本章将详细介绍原理图设计的一些基础知识，具体包括原理图的组成、原理图编辑器的界面、新建与保存原理图文件及原理图环境设置等。

知 识 点

◎ 原理图编辑器界面简介

◎ 放置元件

2.1 原理图的组成

原理图,即电路板工作原理的逻辑表示,它主要由一系列具有电气特性的符号构成。图 2-1 所示是一张用 Altium Designer 18 绘制的原理图,在原理图中用符号表示了 PCB 的所有组成部分。PCB 各个组成部分与原理图中电气符号的对应关系如下所述。

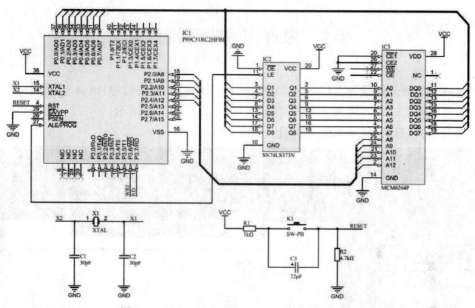

图 2-1 用 Altium Designer 18 绘制的原理图

(1) 元器件:在原理图设计中元器件以元器件符号的形式出现。元器件符号主要由元器件引脚和边框组成,其中元器件引脚需要和实际元器件一一对应。

图 2-2 所示为图 2-1 采用的一个元器件符号示例,该符号在 PCB 板上对应的是一个开关。

(2) 铜箔:在原理图设计中,铜箔有以下几种表示。

● 导线:原理图设计中的导线也有自己的符号,它以线段的形式出现。在 Altium Designer 18 中还提供了总线,用于表示一组信号线,它在 PCB 上对应的是一组由铜箔组成的有时序关系的导线。

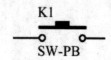

图 2-2 元器件符号

● 焊盘:元器件的引脚对应 PCB 上的焊盘。

● 过孔:原理图中不涉及 PCB 的布线,因此没有过孔。

● 覆铜:原理图中不涉及 PCB 的覆铜,因此没有覆铜的对应符号。

(3) 丝印层:丝印层是 PCB 上元器件的说明文字,对应于原理图中元器件的说明文字。

(4) 端口:在原理图编辑器中引入的端口不是指硬件端口,而是为了建立跨原理图电气连接而引入的具有电气特性的符号。原理图中采用了一个端口,该端口就可以和其他原理图中同名的端口建立一个跨原理图的电气连接。

（5）网络标号：网络标号和端口类似，通过网络标号也可以建立电气连接。原理图中网络标号必须附加在导线、总线或元器件引脚上。

（6）电源符号：这里的电源符号只是用于标注原理图中的电源网络，并非实际的供电元器件。

总之，绘制的原理图由各种元器件组成，它们通过导线建立电气连接。在原理图中除了元器件之外，还有一系列其他组成部分辅助建立正确的电气连接，使整个原理图能够和实际的 PCB 对应起来。

2.2　原理图编辑环境简介

当打开一个原理图设计文件，或者创建一个新原理图文件时，Altium Designer 18 的原理图编辑器将被启动，即进入了原理图的编辑环境，如图 2-3 所示。

下面简单介绍该编辑环境的主要组成部分。

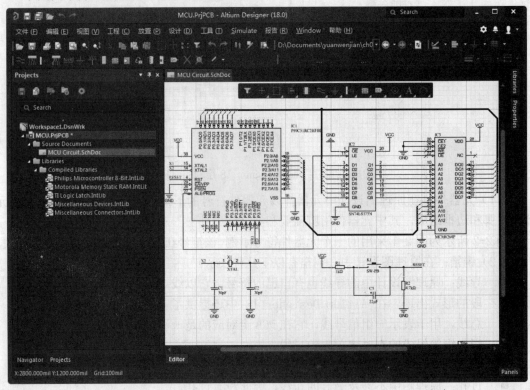

图 2-3　原理图的编辑环境

2.2.1　菜单栏

在 Altium Designer 18 设计系统中对不同类型的文件进行操作时，菜单栏的内容会发生相应的改变。在原理图的编辑环境中，菜单栏如图 2-4 所示。在设计过程中，对原理图的各种编辑操作都可以通过菜单栏中的相应命令来完成。

文件(F) 编辑(E) 视图(V) 工程(C) 放置(P) 设计(D) 工具(T) Simulate 报告(R) Window 帮助(H)

图 2-4　原理图编辑环境中的菜单栏

- "文件"菜单：用于执行文件的新建、打开、关闭、保存和打印等操作。
- "编辑"菜单：用于执行对象的选取、复制、粘贴、删除和查找等操作。
- "视图"菜单：用于执行视图的管理操作，如工作窗口的放大与缩小，各种工具、面板、状态栏及节点的显示与隐藏等。
- "工程"菜单：用于执行与项目有关的各种操作，如项目文件的建立、打开、保存与关闭、工程项目的编译及比较等。
- "放置"菜单：用于放置原理图的各种组成部分。
- "设计"菜单：用于对元器件库进行操作、生成网络报表等操作。
- "工具"菜单：用于为原理图设计提供各种操作工具，如元器件快速定位等操作。
- "Simulate（仿真器）"菜单：用于创建各种测试平台。
- "报告"菜单：用于执行生成原理图各种报表的操作。
- "Window（窗口）"菜单：用于对窗口进行各种操作。
- "帮助"菜单：用于打开帮助菜单。

2.2.2　工具栏

选择菜单栏中的"视图"→"Toolbars（工具栏）"→"自定制"选项，系统将弹出如图 2-5 所示的"Customizing Sch Editor（定制原理图编辑器）"对话框。在该对话框中可以对工具栏中的功能按钮进行设置，以便用户创建自己的个性工具栏。

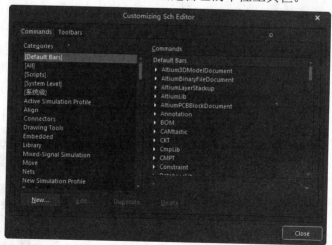

图 2-5　"Customizing Sch Editor（定制原理图编辑器）"对话框

在原理图的编辑环境中，Altium Designer 18 提供了丰富的工具栏，其中绘制原理图常用的工具栏介绍如下。

（1）"原理图标准"工具栏：为用户提供了一些常用的文件操作快捷方式，如打印、缩放、复制及粘贴等，以按钮图标的形式表示出来，如图 2-6 所示。如果将光标悬停在某个按钮图标上，则该图标按钮所要完成的功能就会在图标下方显示出来，便于用户操作。

图 2-6　原理图编辑环境中的"原理图标准"工具栏

（2）"布线"工具栏：用于放置原理图中的元器件、线、页面符、端口、添加图纸入口及未用引脚标志等，同时完成连线操作，如图 2-7 所示。

图 2-7　原理图编辑环境中的"布线"工具栏

（3）"实用"工具栏：用于在原理图中绘制所需要的标注信息，不代表电气连接，如图 2-8 所示。可以尝试操作其他的工具栏。总之，在"视图"菜单下"Toolbars（工具栏）"命令的子菜单中列出了所有原理图设计中的工具栏，在工具栏名称左侧有标记"√"的，表示该工具栏已经被打开了，否则该工具栏是关闭的，如图 2-9 所示。

图 2-8　原理图编辑环境中的绘图工具　　　　图 2-9　"Toolbars（工具栏）"选项子菜单

2.2.3　快捷工具栏

在原理图或 PCB 界面设计工作区的中上部分增加新的工具栏——Active Bar 快捷工具栏，用来访问一些常用的放置和走线命令，如图 2-10 所示。快捷工具栏轻松地将对象放置在原理图、PCB、Draftsman 和库文档中，并且可以在 PCB 文档中一键执行布线，而无须使用主菜单。工具栏的控件依赖于当前正在工作的编辑器。

当快捷工具栏中的某个对象最近被使用后，该对象就变成了活动/可见按钮。按钮的右下方有一个小三角，在小三角上单击右键，即可弹出下拉菜单，如图 2-11 所示。

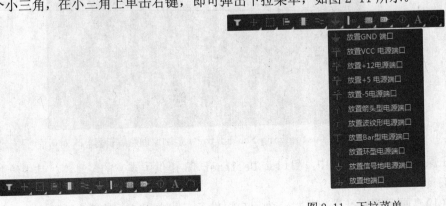

图 2-10　快捷工具栏　　　　　　　　　图 2-11　下拉菜单

2.2.4 工作窗口和工作面板

工作窗口是进行电路原理图设计的工作平台。在该窗口中，用户可以新绘制一个原理图，也可以对现有的原理图进行编辑和修改。在原理图设计中经常用到的工作面板有：

(1)"Projects（工程）"面板：如图 2-10 所示。在该面板中列出了当前打开项目的文件列表及所有的临时文件，提供了所有关于项目的操作功能，如打开、关闭和新建各种文件，以及在项目中导入文件、比较项目中的文件等。

(2) 工具按钮："Projects（工程）"面板中包含了许多 Navigator 面板中的功能，在"Projects（工程）"面板左上方的按钮用于进行基本操作，如图 2-12 所示。

- 🖫 按钮：保存当前文档。只有在对当前文档进行更新时，才可以使用此按钮。
- 📄 按钮：编译当前文档。
- 🗔 按钮：打开"Project Options（工程选项）"对话框。
- ⚙ 按钮：访问下拉列表，可以在图中配置面板设置，如图 2-13 所示。
- Search 功能：在面板中搜索特定的文档。在 Search 文本框中输入内容时，该功能起到过滤器的作用，如图 2-14 所示。

图 2-12 "Projects（工程）"面板

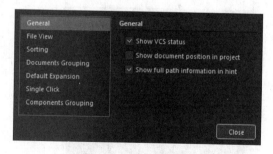

图 2-13 面板设置

(3) 右键命令：在 Project 面板中右击显示快捷菜单，该菜单包括右键操作所针对的特定项目的命令。

1) 在工程文件上右击，弹出如图 2-15 所示的快捷菜单。

选择"Compile PCB Project（编译 PCB 项目）"选项，在项目完成编译后，在"Projects（工程）"面板中添加名为 Components 和 Nets 的文件夹，如图 2-16 所示。

2) 在原理图文件上右击，弹出如图 2-17 所示的快捷菜单。可以进行文件的保存、页面设置及打印预览等操作。

(4)"Libraries（库）"面板：如图 2-18 所示，这是一个浮动面板，当光标移动到其标签上时，就会显示该面板，也可以通过单击标签，在几个浮动面板间进行切换。在该面板中可以浏览当前加载的所有元器件库，可以在原理图中放置元器件，还可以对元器件的封装、3D 模型、SPICE 模型和 SIM 仿真模型进行预览，同时还能够查看元器件供应商、单价、生产厂商等信息。

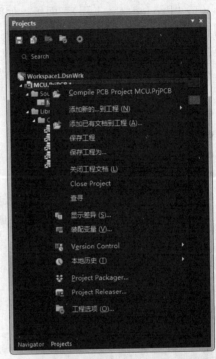

图 2-15　工程文件快捷菜单

图 2-14　显示新的搜索功能

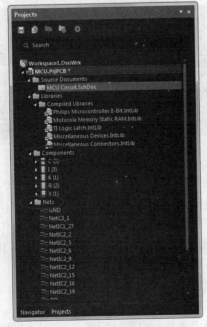

图 2-16　Components 和 Nets 文件夹

图 2-17　原理图快捷菜单

（5）"Navigator（导航）"面板：如图 2-19 所示，在分析和编译原理图后提供关于原理图的所有信息，通常用于检查原理图。

图 2-18　"Libraries（库）"面板

图 2-19　"Navigator（导航）"面板

2.3　原理图图纸设置

原理图设计是电路设计的第一步，是制板、仿真等后续步骤的基础。因此，一幅原理图正确与否，直接关系到整个设计的成功与失败。

Altium Designer 18 的原理图设计大致可分为 9 个步骤，如图 2-20 所示。

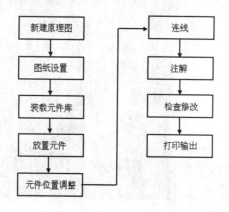

图 2-20　原理图设计的步骤

在原理图的绘制过程中，可以根据所要设计的电路图的复杂程度，先对图纸进行设置。虽然在进入电路原理图的编辑环境时，Altium Designer 18 系统会自动给出相关的图纸默认参数，但是在大多数情况下，这些默认参数不一定适合用户的需求，尤其是图纸尺寸。可以根据设计对象的复杂程度对图纸的尺寸及其他相关参数进行重新定义，通过"Properties（属性）"面板，如图 2-21 所示，进行电路原理图图纸设置。读者可以根据其中的相关信息设置图纸有关参数。

图 2-21　"Properties（属性）"面板

2.4　设置原理图工作环境

在原理图的绘制过程中，其效率和正确性往往与环境参数的设置有着密切的关系。在 Altium Designer 18 电路设计软件中，原理图编辑器工作环境的设置是通过原理图的"参数选择"对话框来完成的。选择菜单栏中的"工具"→"原理图优先项"选项，或在编辑窗口中右击，在弹出的右键快捷菜单中选择"原理图优先项"选项，或按快捷键 T+P，系统将弹出"Prefernce（参数选择）"对话框（见图 1-3）。

在"Prefernce（参数选择）"对话框中，"Schematic（原理图）"主要有 8 个选项卡，即"General（常规设置）""Graphical Editing（图形编辑）""Compiler（编译器）""AutoFocus（自动获得焦点）""Library AutoZoom（库扩充方式）""Grids（网格）""Break Wire（断开连线）"和"Default Units（默认单位）"。

2.4.1　设置原理图的常规环境参数

原理图常规环境参数设置通过"General（常规设置）"标签页来实现，如图 2-22 所示。

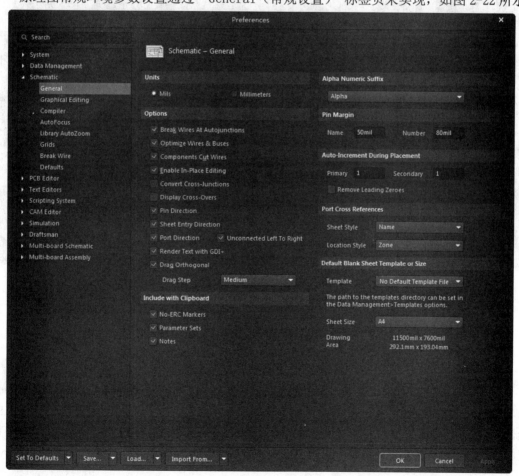

图 2-22　"General（常规设置）"选项卡

2.4.2　设置图形编辑环境参数

"Graphical Editing（图形编辑）"选项卡如图 2-23 所示。用来设置绘图相关参数。

图 2-23　"Graphical Editing（图形编辑）"选项卡

2.5　加载元器件库

在绘制电路原理图的过程中，首先要在图纸上放置需要的元器件符号。Altium Designer 18 作为一个专业的电子电路计算机辅助设计软件，一般常用的电子元器件符号都可以在它的元器件库中找到，用户只需在 Altium Designer 18 元器件库中查找所需的元器件符号，并将其放置在图纸适当的位置即可。

2.5.1　打开"Libraries（库）"面板

打开"Libraries（库）"面板的方法如下：

● 将光标箭头放置在工作窗口右侧的"Libraries（库）"标签上，此时会自动弹出"Libraries（库）"面板，如图 2-24 所示。

● 如果在工作窗口右侧没有"Libraries（库）"标签，只要单击底部面板控制栏中的"Panels（面板）/Libraries（库）"，在工作窗口右侧就会出现"Libraries（库）"标签，并自动弹出"Libraries（库）"面板。可以看到，在"Libraries（库）"面板中，Altium Designer 18 系统已经加载了两个默认的元器件库，即通用元器件库（Miscel laneous Devices. IntLib）和通用接插件库（Miscellaneous Connectors. IntLib）。

图 2-24　"Libraries（库）"面板

2.5.2　加载和卸载元器件库

加载所需元器件库的操作步骤如下：

（1）选择菜单栏中的"设计"→"浏览库"选项，或者在图 2-24 所示的"Libraries（库）"面板左上方单击"Libraries（元器件库）"按钮，系统将弹出如图 2-25 所示的"Available Libraries（可用库）"对话框。

可以看到此时系统已经加载的元器件库，包括"Miscellaneous Devices. IntLib（通用元器件库）"和"Miscellaneous Connectors. IntLib（通用接插件库）"。

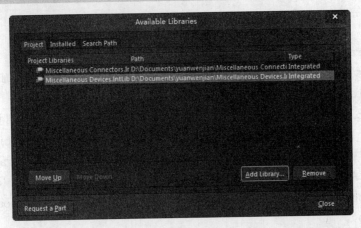

图 2-25　"Available Libraries（可用库）"对话框

在"Available Libraries（可用库）"对话框中，按钮 `Move Up` 和 `Move Down` 是用来改变元器件库排列顺序的。

（2）加载绘图所需的元器件库。在"Available Libraries（可用库）"对话框中有 3个选项卡。"Project（工程）"选项卡列出的是用户为当前项目自行创建的库文件，"Installed（已安装）"选项卡列出的是系统中可用的库文件。

在"Installed（已安装）"选项卡中单击右下角的按钮 `Install...` 下的 `Install from file...`，系统将弹出如图 2-26 所示的"打开"对话框。在该对话框中选择特定的库文件夹，然后选择相应的库文件，单击"打开"按钮，所选择的库文件就会出现在"Available Libraries（可用库）"对话框中。

图 2-26　"打开"对话框

重复上述操作，就可以把所需要的各种库文件添加到系统中，作为当前可用的库文件。加载完毕后，单击"Close（关闭）"按钮，关闭"Available Libraries（可用库）"对话框，这时所有加载的元器件库都显示在"Libraries（库）"面板中，用户可以选择使用。

（3）在"Available Libraries（可用库）"对话框中选择一个库文件，单击按钮 Remove，即可将该元器件库卸载。

由于 Altium Designer10 后面版本的软件中元器件库的数量大量减少，如图 2-26 所示，不足以满足本书中原理图绘制所需的元器件，因此在附带的光盘或网盘中自带大量元器件库，用于原理图中元器件的放置与查找。可以利用步骤（2）中按钮 Install...，在查找文件夹对话框中选择自带元器件库中所需元器件库的路径，完成加载后进行使用。

2.6 放置元器件

原理图有两个基本要素，即元器件符号和线路连接。绘制原理图的主要操作就是将元器件符号放置在原理图图纸上，然后用线将元器件符号中的引脚连接起来，建立正确的电气连接。在放置元器件符号前，需要知道元器件符号在哪一个元器件库中，并载入该元器件库。

2.6.1 搜索元器件

Altium Designer 18 提供了强大的元器件搜索能力，帮助用户轻松地在元器件库中定位元器件。

1. 查找元器件

选择菜单栏中的"工具"→"查找器件"选项，或在"Libraries（库）"面板中单击按钮 Search...，或按快捷键 T+O，系统将弹出如图 2-27 所示的"Libraries Search（搜索库）"对话框。在该对话框中用户可以搜索需要的元器件。搜索元器件需要设置的参数如下所述。

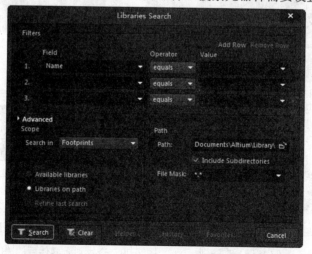

图 2-27 "Libraries Search（搜索库）"对话框

（1）"Seaxchin（搜索）"下拉列表：用于选择查找类型。有"Components（元器件）""Footprints（PCB 封装）""3D Models（3D 模型）"和"Database Components（数据库元器件）"4 种查找类型。

（2）若选择"Available Libraries"（可用库）单选按钮，系统会在已经加载的元器件库中查找；若选择"Libraries on Path（库文件路径）"单选按钮，系统会按照设置的路径进行查找；若选择"Refine last search（精确搜索）"单选按钮，系统会在上次查询结果中进行查找。

（3）"Path（文件路径）"选项组：用于设置查找元器件的路径。只有在选择"Libraries on Path（库文件路径）"单选按钮时才有效。单击"Path（文件路径）"文本框右侧的按钮，系统将弹出"浏览文件夹"对话框，供用户设置搜索路径。若勾选"Include Subdirectories（包括子目录）"复选框，包含在指定目录中的子目录也会被搜索。"File Mask（文件面具）"文本框用于设定查找元器件的文件匹配符，"*"表示匹配任意字符串。

（4）"Advanced（高级）"选项：用于进行高级查询，如图 2-28 所示。在该选项文本框中，可以输入一些与查询内容有关的过滤语句表达式，有助于使系统进行更快捷、更准确地查找。在文本框中输入"*SN74LS373N"，单击"Search（查找）"按钮后，系统开始搜索。

2．显示找到的元器件及其所属元器件库

查找到"SN74LS373N"后的"Libraries（库）"面板如图 2-29 所示。可以看到，符合搜索条件的元器件名、描述、所属库文件及封装形式在该面板上被一一列出，供用户浏览参考。

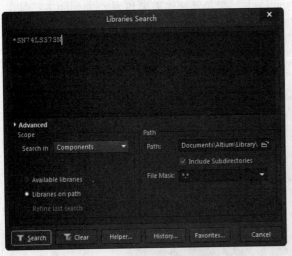

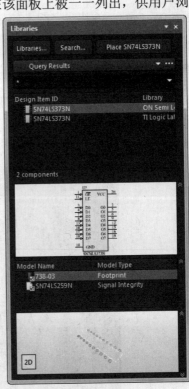

图 2-28　"Advanced（高级）"选项　　　图 2-29　查找到元器件后的"Libraries（库）"面板

3．加载找到元器件的所属元器件库

选择需要的元器件（不在系统当前可用的库文件中），右击，在弹出的快捷菜单中选择

放置元器件选项，或者单击"Libraries（库）"面板右上方的按钮，系统会弹出如图 2-30 所示的"Confirm（确认）"对话框，确定是否加载库文件。单击"Yes（是）"按钮，则元器件所在的库文件被加载。单击"No（否）"按钮，则只使用该元器件而不加载其元器件库。

图 2-30 "Confirm（确认）"对话框

2.6.2 放置元器件

在元器件库中找到元器件后，加载该元器件库，以后就可以在原理图中放置该元器件了。在这里，原理图中共需要放置 4 个电阻、两个电容、两个晶体管和一个连接器。其中，电阻、电容和晶体管用于产生多谐振荡，在元器件库"Miscellaneous Devices.IntLib"中可以找到。连接器用于给整个电路供电，在元器件库"Miscellaneous Connectors.IntLib"中可以找到。

在 Altium Designer 18 中有两种元器件放置方法，分别是通过"Libraries（库）"面板放置和菜单放置。下面以放置元器件"2N3904"为例，对这两种放置过程进行详细说明。

在放置元器件之前，应该首先选择所需元器件，并且确认所需元器件所在的库文件已经被装载。若没有加载库文件，请先按照前面介绍的方法进行加载，否则系统会提示所需要的元器件不存在。

1. 通过"Libraries（库）"面板放置元器件

通过"Libraries（库）"面板放置元器件的操作步骤如下：

（1）打开"Libraries（库）"面板，载入所要放置元器件所属的库文件。在这里，需要的元器件全部在元器件库"Miscellaneous Devices.IntLib"和"Miscellaneous Connectors.IntLib"中，加载这两个元器件库。

（2）选择想要放置元器件所在的元器件库。其实，所要放置的晶体管 2N3904 在元器件库"Miscellaneous Devices.IntLib"中。在下拉列表中选择该文件，该元器件库出现在文本框中，这时可以放置其中含有的元器件。在后面的浏览器中将显示库中所有的元器件。

（3）在浏览器中选择所要放置的元器件，该元器件将以高亮显示，此时可以放置该元器件的符号。"Miscellaneous Devices.IntLib"元器件库中的元器件很多，为了快速定位元器件，可以在上面的文本框中输入所要放置元器件的名称或元器件名称的一部分，包含输入内容的元器件会以列表的形式出现在浏览器中。这里所要放置的器件为 2N3904，因此输入"*3904*"字样。在元器件库"Miscellaneous Devices.IntLib"中只有器件 2N3904 包含输入字样，它将出现在浏览器中，单击选择该器件。

（4）选择元器件后，在"Libraries（库）"面板中将显示元器件符号和元器件模型的预览。确定该元器件是所要放置的元器件后，单击该面板上方的按钮，光标将变成十字形状并附带着元器件 2N3904 的符号出现在工作窗口中，如图 2-31 所示。

（5）移动光标到合适的位置，单击，元器件将被放置在光标停留的位置。此时系统仍处于放置元器件的状态，可以继续放置该元器件。在完成选择元器件的放置后，右击或者按 Esc 键退出元器件放置的状态，结束元器件的放置。

（6）完成多个元器件的放置后，可以对元器件的位置进行调整，设置这些元器件的属性。然后重复刚才的步骤，放置其他元器件。

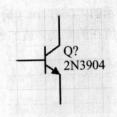

图 2-31　放置元件

2．通过菜单命令放置元器件

选择菜单栏中的"放置"→"器件"选项，系统将弹出 "Libraries（库）" 面板。其操作步骤与通过 "Libraries（库）" 命令放置元器件相同。

Step1　Step2　Step3　2.6.3　调整元器件位置

每个元器件被放置时，其初始位置并不是很准确。在进行连线前，需要根据原理图的整体布局对元器件的位置进行调整。这样不仅便于布线，也使所绘制的电路原理图清晰、美观。

元器件位置的调整实际上就是利用各种命令将元器件移动到图纸上指定的位置，并将元器件旋转为指定的方向。

1．元器件的移动

在 Altium Designer 18 中，元器件的移动有两种情况，一种是在同一平面内移动，称为"平移"；另一种是，当一个元器件把另一个元器件遮住时，需要移动位置来调整它们之间的上下关系，这种元器件间的上下移动称为"层移"。

对于元器件的移动，系统提供了相应的菜单命令。可以通过选择菜单栏中的"编辑"→"移动"选项来完成。

除了使用菜单命令移动元器件外，在实际原理图的绘制过程中，最常用的方法是直接使用鼠标来实现元器件的移动。

（1）使用鼠标移动未选择的单个元器件：将光标指向需要移动的元器件（不需要选择），按住鼠标左键不放，此时光标会自动滑到元器件的电气节点上。拖动鼠标，元器件会随之一起移动。到达合适的位置后，释放鼠标左键，元器件即被移动到当前光标的位置。

（2）使用鼠标移动已选择的单个元器件：如果需要移动的元器件已经处于选择状态，则将光标指向该元器件，同时按住鼠标左键不放，拖动元器件到指定位置后，释放鼠标左键，元器件即被移动到当前光标的位置。

（3）使用鼠标移动多个元器件：当需要同时移动多个元器件时，首先应将要移动的元器件全部选择，然后在其中任意一个元器件上按住鼠标左键并拖动，到达合适的位置后释放鼠标左键，则所有选择的元器件都移动到了当前光标所在的位置。

（4）使用 "移动选择元器件"按钮 ✚ 移动元器件：对于单个或多个已经选择的元器件，单击"原理图标准"工具栏中的 "移动选择对象"按钮 ✚ 后，光标变成十字形，移动光标到已经选择的元器件附近，单击，所有已经选择的元器件将随光标一起移动，到达合适的位置后，再次单击，完成移动。

（5）使用键盘移动元器件：元器件在被选择的状态下，可以使用键盘来移动元器件。

- Ctrl+Left 键：每按一次，元器件左移 1 个网格单元。
- Ctrl+Right 键：每按一次，元器件右移 1 个网格单元。
- Ctrl+Up 键：每按一次，元器件上移 1 个网格单元。
- Ctrl+Down 键：每按一次，元器件下移 1 个网格单元。
- Shift+Ctrl+Left 键：每按一次，元器件左移 10 个网格单元。
- Shift+Ctrl+Right 键：每按一次，元器件右移 10 个网格单元。
- Shift+Ctrl+Up 键：每按一次，元器件上移 10 个网格单元。
- Shift+Ctrl+Down 键：每按一次，元器件下移 10 个网格单元。

2. 元器件的旋转

（1）单个元器件的旋转：单击要旋转的元器件并按住鼠标左键不放，将出现十字光标，此时，按下面的功能键，即可实现旋转。旋转至合适的位置后放开鼠标左键，即可完成元器件的旋转。

- Space 键：每按一次，被选择的元器件逆时针旋转 90°。
- Shift+Space 键：每按一次，被选择的元器件顺时针旋转 90°。
- X 键：被选择的元器件左右对调。
- Y 键：被选择的元器件上下对调。

（2）多个元器件的旋转：在 Altium Designer 18 中，还可以将多个元器件同时旋转。其方法是：先选定要旋转的元器件，然后单击其中任何一个元器件并按住鼠标左键不放，再按功能键，即可将选定的元器件旋转，放开鼠标左键完成操作。

2.6.4　元器件的排列与对齐

在布置元器件时，为使电路图美观以及连线方便，应将元器件摆放整齐、清晰，这就需要使用 Altium Designer 18 中的排列与对齐功能。

1. 元器件的对齐

选择菜单栏中的"编辑"→"对齐"选项，其子菜单如图 2-32 所示。其中各命令说明如下：

- "左对齐"选项：将选定的元器件向左侧的元器件对齐。
- "右对齐"选项：将选定的元器件向右侧的元器件对齐。
- "水平中心对齐"选项：将选定的元器件向最左侧元器件和最右侧元器件的中间位置对齐。
- "水平分布"选项：将选定的元器件向最左侧元器件和最右侧元器件之间等间距对齐。
- "顶对齐"选项：将选定的元器件向最上方的元器件对齐。
- "底对齐"选项：将选定的元器件向最下方的元器件对齐。
- "垂直居中对齐"选项：将选定的元器件向最上方元器件和最下方元器件的中间位

置对齐。

- "垂直分布"选项：将选定的元器件在最上方元器件和最下方元器件之间等间距对齐。
- "对齐到栅格上"选项：将选择元器件对齐在网格点上，便于电路连接。

2．元器件的排列

选择如图 2-32 所示子菜单中的"对齐"选项，系统将弹出如图 2-33 所示的"Align Objects（排列对象）"对话框。在该对话框中可以利用"Horizontal Alignment（水平排列）"选项组、"Vertical Alignment（垂直排列）"选项组进行水平和垂直方向上的排列操作。如果勾选"Move primitives to grid（按栅格移动）"复选框，排列后，元器件将被放到网格点上。

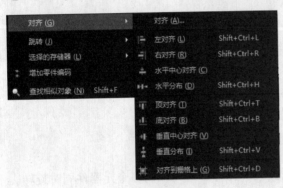

图 2-32　"对齐"选项子菜单　　　　图 2-33　"Align Objects（排列对象）"对话框

2.6.5　元器件的属性设置

在原理图中放置的所有元器件都具有自身的特定属性，在放置好每一个元器件后，应该对其属性进行正确的编辑和设置，以免使后面的网络表生成及 PCB 的制作产生错误。

通过对元器件的属性进行设置，一方面可以确定后面生成的网络报表的部分内容，另一方面也可以设置元器件在图纸上的摆放效果。此外，在 Altium Designer 18 中还可以设置部分布线规则，编辑元器件的所有引脚。元器件属性设置具体包含元器件的基本属性设置、元器件的外观属性设置、元器件的扩展属性设置、元器件的模型设置和元器件引脚的编辑 5 个方面的内容。

1．手动设置

双击原理图中的元器件，在原理图的编辑窗口中光标变成十字形，将光标移到需要设置属性的元器件上单击，系统会弹出相应的属性设置对话框。图 2-34 所示为"Properties（属性）"面板。

用户可以根据自己的实际情况进行设置。

2．自动设置

在电路原理图比较复杂、存在很多元器件的情况下，如果以手动方式逐个设置元器件的标识，不仅效率低，而且容易出现标识遗漏、跳号等现象，此时可以使用 Altium Designer 18 系统所提供的自动标号功能来轻松地完成对元器件的设置。

（1）设置元器件自动标号的方式。选择菜单栏中的"工具"→"标注"→"原理图标注"命令，系统将弹出如图 2-35 所示的"Annotate（标注）"对话框。

图 2-34　元器件属性设置对话框

"Annotate（标注）"对话框中各选项的含义如下所述。

1）"Order of Processing（编号顺序）"下拉列表：用于设置元器件标号的处理顺序。包含以下 4 个选项，即"Up Then Across（先向上后左右）""Down Then Across（先向下后左右）""Across Then Up（先左右后向上）""Across Then Down（先左右后向下）"。

2）"Matching Options（匹配选项）"选项组：从下拉列表中选择元器件的匹配参数，在对话框的右下方可以查看该项的概要解释。

3）"Schematic Sheets To Annotate（需要对元器件编号的原理图文件）"选项组：该选项组用于选择要标识的原理图，并确定注释范围、起始索引值及后缀字符等。

● 　"Schematic Sheets（原理图页面）"：用于选择要标识的原理图文件。可以直接单击"All On（所有的打开）"按钮选择所有文件，也可以单击"All Off（所有的关闭）"按钮取消选择所有文件，然后勾选所需文件前面的复选框。

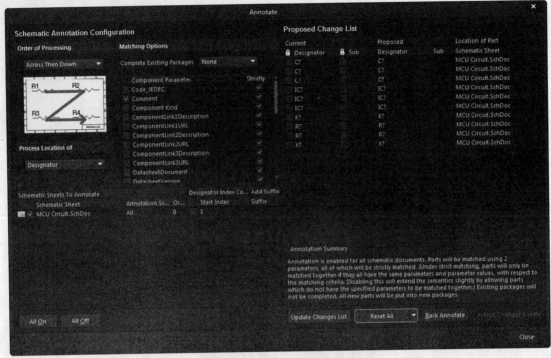

图 2-35 "Annotate（标注）"对话框

- "Annotation Scope（注释范围）"：用于设置选择的原理图要标注的元器件范围。有"All（全部元器件）""Ignore Selected Parts（不标注选择的元器件）""Only Selected Parts（只标注选择的元器件）"3 种选择。
- "Order（顺序）"：用于设置同类型元器件标识序号的增量数。
- "Start Index（启动索引）"：用于设置起始索引值。
- "Suffix（后缀）"：用于设置标识的后缀。

4）"Proposed Change List（提议更新列表）"列表框：用于显示元器件的标号在更新前后的情况，并指明元器件所在的原理图文件。

（2）执行元器件自动标号操作。

1）单击注释对话框中的"Reset All（复位所有）"按钮，然后在弹出的对话框中单击"OK（确定）"按钮确定复位，系统会使元器件的标号复位，即变成标识符加问号的形式。

2）单击"Update Change List（更新变化列表）"按钮，系统会根据配置的注释方式更新标号，并显示在"Proposed Change List（提议更新列表）"列表框中。

3）单击"Accept Changes(Create ECO)（接受更新）"按钮，系统将弹出"Engineering Change Order（工程更新顺序）"对话框，显示出标号的更新情况，如图 2-36 所示。在该对话框中，可以使标号的变化有效。

4）在"Engineering Change Order（工程更新顺序）"对话框中单击 按钮 `Validate Changes`，可以对标号变化进行有效性验证，但此时原理图中的元器件标号并没有显示出变化。单击 按钮 `Execute Changes`，原理图中元器件标号会显示出变化。

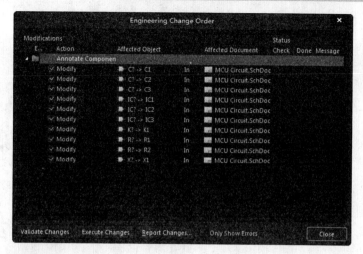

图 2-36　"Engineering Change Order（工程更新顺序）"对话框

5）单击 按钮 Report Changes...，以预览表方式报告变化，如图 2-37 所示。

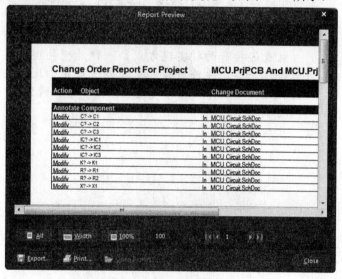

图 2-37　更新预览表

删除多余的元器件有以下两种方法：

● 选择元器件，按 Delete 键即可删除该元器件。

● 选择菜单栏中的"编辑"→"删除"选项，或者按 E+D 键进入删除操作状态，光标箭头上会悬浮一个十字叉，将光标箭头移至要删除元器件的中心，单击即可删除该元器件。

第 3 章

原理图的绘制

在图纸上放置好电路设计所需要的各种元件并对它们的属性进行相应的设置之后，根据电路设计的具体要求，就可以着手将各个元件连接起来，以建立并实现电路的实际连通性。这里所说的连接，指的是具有电气意义的连接，即电气连接。

电气连接有两种实现方式，一种是"物理连接"，即直接使用导线将各个元件连接起来；另一种是"逻辑连接"，即不需要实际的连线操作，而是通过设置网络标号使元件之间具有电气连接关系。

知 识 点

◎ 原理图连接工具

◎ 使用绘图工具绘图

3.1 原理图连接工具

Altium Designer 18 提供了 3 种对原理图进行连接的操作方法。

1. 使用菜单命令

菜单栏中的"放置"菜单就是原理图连接工具菜单，如图 3-1 所示。在该菜单中，提供了放置各种元器件的命令，也包括对"总线（Bus）""总线进口（Bus Entry）""线（Wire）"和"网络标签（Net Label）"等连接工具的放置命令。其中，"指示"子菜单如图 3-2 所示，经常使用的有"通用 No ERC 标号命令"和"参数设置"选项等。

图 3-1 "放置"菜单

图 3-2 "指示"子菜单

2. 使用布线工具栏

在"放置"菜单中，各项命令分别与"布线"工具栏中的按钮一一对应，直接单击该工具栏中的相应按钮，即可完成相同的功能操作。

3. 使用快捷键

上述各项命令都有相应的快捷键。例如，设置"网络标签（Net Label）"的快捷键是 P+N，绘制"总线入口"的快捷键是 P+U 等。使用快捷键可以大大提高操作速度。

3.2 元器件的电气连接

元器件之间电气连接的主要方式是通过导线来连接。导线是电路原理图中最重要也是用得最多的图元，它具有电气连接的意义，不同于一般的绘图工具。绘图工具没有电气连接的意义。

3.2.1 放置导线

导线是电气连接中最基本的组成单位，放置导线的操作步骤如下：

（1）选择菜单栏中的"放置"→"线"选项，或者单击"布线"工具栏中的"放置导线"按钮，或者按快捷键 P+W，此时光标变成十字形状并附加一个交叉符号。

（2）将光标移动到想要完成电气连接的元器件引脚上，单击放置导线的起点。由于启用了自动捕捉电气节点（electrical snap）的功能，因此电气连接很容易完成。出现红色的符号表示电气连接成功。移动光标，多次单击可以确定多个固定点，最后放置导线的终点，完成两个元器件之间的电气连接。此时光标仍处于放置导线的状态，重复上述操作可以继续放置其他的导线。

（3）导线的拐弯模式。如果要连接的两个引脚不在同一水平线或同一垂直线上，则在放置导线的过程中需要单击确定导线的拐弯位置，并且可以通过按 Shift+Space 键来切换导线的拐弯模式。有直角、45°角和任意角度 3 种拐弯模式，如图 3-3 所示。导线放置完毕，右击或按 Esc 键即可退出该操作。

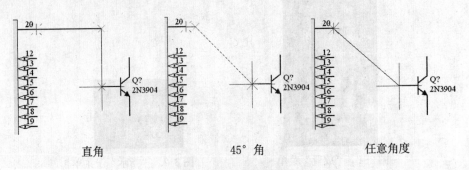

直角　　　　　　　　　45°角　　　　　　　　任意角度

图 3-3　导线的拐弯模式

（4）设置导线的属性。任何一个建立起来的电气连接都被称为一个网络（Net），每个网络都有自己唯一的名称。系统为每一个网络设置默认的名称，用户也可以自行设置。原理图完成并编译结束后，在导航栏中即可看到各种网络的名称。在放置导线的过程中，用户可以对导线的属性进行设置。双击导线或在光标处于放置导线的状态时按 Tab 键，弹出如图 3-4 所示的"Properties（属性）"面板。在该面板中可以对导线的颜色、线宽参数进行设置。

- 颜色设置：单击该颜色显示框，系统将弹出如图 3-5 所示的选择颜色下拉列表。在该下拉列表中可以选择并设置需要的导线颜色。系统默认为深蓝色。
- "Width（线宽）"：在该下拉列表中有"Smallest（最小）""Small（小）""Medium（中等）"和"Large（大）"4 个选项可供用户选择。系统默认为 Small（小）。在实际中应该参照与其相连的元器件引脚线的宽度进行选择。

知识拓展：

选择菜单栏中的"编辑"→"打破线"选项，则切割绘制的完整导线，将一条导线分为两条，并添加间隔，如图 3-6 所示。

图 3-4　"Properties（属性）"对话框

图 3-5　选择颜色

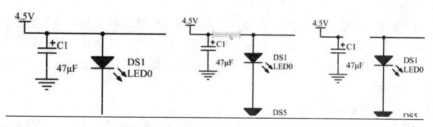

图 3-6　打破前、执行打破和打破后

3.2.2　放置总线

总线是一组具有相同性质的并行信号线的组合，如数据总线、地址总线、控制总线等的组合。在大规模的原理图设计，尤其是数字电路的设计中，如果只用导线来完成各元器件之间的电气连接，那么整个原理图的连线就会显得杂乱而烦琐，而总线的运用可以大大简化原理图的连线操作，使原理图更加整洁、美观。

原理图编辑环境下的总线没有任何实质的电气连接意义，仅仅是为了绘图和读图方便而采取的一种简化连线的表现形式。

总线的放置与导线的放置基本相同，其操作步骤如下：

（1）选择菜单栏中的"放置"→"总线"选项，或者单击"布线"工具栏中的（放置总线）按钮■，或者按快捷键 P+B，此时光标变成十字形状。

（2）将光标移动到想要放置总线的起点位置，单击确定总线的起点；然后拖动光标，单击确定多个固定点，最后确定终点，如图 3-7 所示。总线的放置不必与元器件的引脚相连，它只是为了方便接下来对总线分支线的绘制而设定的。

（3）设置总线的属性。在放置总线的过程中，用户可以对总线的属性进行设置。双击总线或在光标处于放置总线的状态时按 Tab 键，弹出如图 3-8 所示的"Properties（属性）"面板。在该面板中可以对总线的属性进行设置。

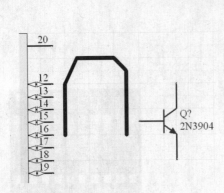

图 3-7　放置总线　　　　　　　图 3-8　"Properties（属性）"面板

3.2.3　放置总线入口

总线入口是单一导线与总线的连接线。使用总线入口把总线和具有电气特性的导线连接起来，可以使电路原理图更为美观、清晰，且具有专业水准。与总线一样，总线入口也不具有任何电气连接的意义，而且它的存在也不是必须的。即使不通过总线入口，直接把导线与总线连接也是正确的。

放置总线入口的操作步骤如下：

（1）选择菜单栏中的"放置"→"总线入口"选项，或者单击"布线"工具栏中的 ![icon] （放置总线入口）按钮，或者按快捷键 P+U，此时光标变成十字形状。

（2）在导线与总线之间单击，即可放置一段总线入口分支线。同时在该命令状态下，按 Space 键可以调整总线入口分支线的方向，如图 3-9 所示。

（3）设置总线入口的属性。在放置总线入口分支线的过程中，用户可以对总线入口分支线的属性进行设置。双击总线入口或在光标处于放置总线入口的状态时按 Tab 键，弹出如图 3-10 所示的"Properties（属性）"面板，在该面板中可以对总线分支线的属性进行设置。

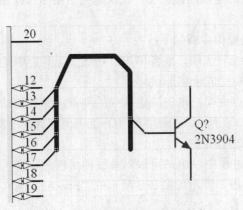

图 3-9　调整总线入口分支线的方向　　　图 3-10　"Properties（属性）"面板

Step1　Step2　Step3 3.2.4　放置电源和接地符号

电源和接地符号是电路原理图中必不可少的组成部分。放置电源和接地符号的操作步骤如下：

（1）选择菜单栏中的"放置"→"电源端口"选项，或者单击"布线"工具栏中的"GND端口" ⏚ 或"VCC 电源端口"按钮 ⯯，或者按快捷键 P+O，此时光标变成十字形状，并带有一个电源或接地符号。

（2）移动光标到需要放置电源或接地符号的地方，单击即可完成放置。此时光标仍处于放置电源或接地的状态，重复操作即可放置其他的电源或接地符号。

（3）设置电源和接地符号的属性。在放置电源和接地符号的过程中，用户可以对电源和接地符号的属性进行设置。双击电源和接地符号，或者在光标处于放置电源和接地符号的状态时按 Tab 键，弹出如图 3-11 所示的"Properties（属性）"面板。在该面板中可以对电源或接地符号的颜色、风格、位置、旋转角度及所在网络等属性进行设置。

图 3-11　"Properties（属性）"面板

3.2.5　放置网络标签

在原理图的绘制过程中，元器件之间的电气连接除了使用导线外，还可以通过设置网络标签的方法来实现。下面以放置电源网络标签为例，介绍网络标签放置的操作步骤：

（1）选择菜单栏中的"放置"→"网络标签"选项，或者单击"布线"工具栏中的 Net （放置网络标号）按钮，或者按快捷键 P+N，此时光标变成十字形状并带有一个初始标签"Net Label1"。

（2）移动光标到需要放置网络标签的导线上，当出现红色交叉标志时，单击即可完成放置。此时光标仍处于放置网络标签的状态，重复操作即可放置其他的网络标签。右击或者按 Esc 键即可退出操作。

（3）设置网络标签的属性。在放置网络标签的过程中，用户可以对其属性进行设置。双击网络标签或者在光标处于放置网络标签的状态时按Tab 键，弹出如图 3-12 所示的"Properties（属性）"面板，在该面板中可以对网络标签的颜色、位置、旋转角度、名称及字体等属性进行设置。

也可以在工作窗口中直接改变网络的名称，其操作步骤如下：

（1）选择菜单栏中的"工具"→"原理图优先项"选项，弹出"Preferences（参数选择）"对话框，选择"Schematic（原理图）"→"General（常规设置）"选项，勾选"Enable In-Place Editing（能够在当前位置编辑）"复选框（系统默认即为勾选状态），如图 3-13 所示。

（2）此时在工作窗口中单击网络标号的名称，然后再次单击网络标号的名称，即可对该网络标号的名称进行编辑。

图 3-12 "Properties（属性）"面板

图 3-13 "Preferences（参数选择）"对话框

3.2.6 放置输入/输出端口

通过前面的学习我们知道，在设计原理图时，两点之间的电气连接，可以直接使用导线连接，也可以通过设置相同的网络标号来完成。还有一种方法，就是使用电路的输入/输出端口。相同名称的输入/输出端口在电气关系上是连接在一起的。一般情况下，在一张图纸中是不使用端口连接的，但在层次电路原理图的绘制过程中经常用到这种电气连接方式。放置输入/输出端口的操作步骤如下：

（1）选择菜单栏中的"放置"→"端口"选项，或者单击"布线"工具栏中的"放置端口"按钮▣，或者按快捷键 P+R，此时光标变成十字形状并带有一个输入/输出端口符号。

（2）移动光标到需要放置输入/输出端口的元器件引脚末端或导线上，当出现红色交叉标志时，单击确定端口一端的位置。然后拖动光标使端口的大小合适，再次单击确定端口另一端的位置，即可完成输入/输出端口的一次放置。此时光标仍处于放置输入/输出端口的状态，重复操作即可放置其他的输入输出端口。

（3）设置输入/输出端口的属性。在放置输入/输出端口的过程中，用户可以对输入/输出端口的属性进行设置。双击输入、输出端口，或者在光标处于放置状态时按 Tab 键，弹出如图 3-14 所示的"Properties（属性）"面板。在该面板中可以对输入/输出端口的属性进行设置。

图 3-14　"Properties（属性）"面板

其中各选项的说明如下：

- Name（名称）：用于设置端口名称。这是端口最重要的属性之一，具有相同名称的端口在电气上是连通的。
- I/O Type（输入/输出端口的类型）：用于设置端口的电气特性，对后面的电气规则检查提供一定的依据。有"Unspecified（未指明或不确定）""Output（输出）""Input（输入）"和"Bidirectional（双向型）"4 种类型。

- Harness Type（线束类型）：用于设置线束的类型。
- Font（字体）：用于设置端口名称的字体类型、字体大小、字体颜色，同时设置字体添加加粗、斜体、下划线、横线等效果。
- Border（边界）：用于设置端口边界的线宽、颜色。
- Fill（填充颜色）：用于设置端口内填充的颜色。

3.2.7 放置离图连接器

在原理图编辑环境下，离图连接器的作用其实与网络标签是一样的，不同的是，网络标签用在了同一张原理图中，而离图连接器用在同一工程文件下不同的原理图中。放置离图连接器的操作步骤如下。

（1）选择菜单栏中的"放置"→"离图连接器"选项，弹出离图连接符，此时光标变成十字形状，并带有一个离图连接器符号。

（2）移动光标到需要放置离图连接器的元器件引脚末端或导线上，当出现红色交叉标志时，单击确定离图连接器的位置，即可完成离图连接器的一次放置。此时光标仍处于放置离页连接符的状态，重复操作即可放置其他的离图连接器。

（3）设置离图连接器属性。在放置离图连接器的过程中，用户可以对离图连接器的属性进行设置。双击离图连接器，或者在光标处于放置状态时按 Tab 键，弹出如图 3-15 所示"Properties（属性）"面板。

其中各选项意义如下：

- Rotation（旋转）：用于设置离图连接器放置的角度，有"0 Degrees""90 Degrees""180 Degrees""270 Degrees" 4 种选择。
- Net Name（网络名称）：用于设置离图连接器的名称。这是离页连接符最重要的属性之一，具有相同名称的网络在电气上是连通的。
- "颜色"：用于设置离图连接器的颜色。
- "Style（类型）"：用于设置外观风格，包括 Left（左）、Right（右）这两种选择。

图 3-15 "Properties（属性）"面板

3.2.8 放置通用 ERC 测试点

在电路设计过程中，系统进行电气规则检查（ERC）时，有时会产生一些不希望产生的错误报告。例如，由于电路设计的需要，一些元器件的个别输入引脚有可能被悬空，但在系统默认情况下，所有的输入引脚都必须进行连接，这样在 ERC 检查时，系统会认为悬空的输入引脚使用错误，并在引脚处放置一个错误标记。

为了避免用户为检查这种"错误"而浪费时间，可以使用"通用 No ERC 标号"，让系统忽略对此处的 ERC 测试，不再产生错误报告。放置通用 ERC 测试点的操作步骤如下：

（1）选择菜单栏中的"放置"→"指示"→"通用 No ERC 标号"选项，或者单击"布线"工具栏中的"通用 No ERC 标号"按钮，或者按快捷键 P+V+N，此时光标变成十字形状并带有一个红色的交叉符号。

（2）移动光标到需要放置通用 ERC 测试点的位置处，单击即可完成放置。此时光标仍处于放置通用 ERC 测试点的状态，重复操作即可放置其他的通用 ERC 测试点。右击或者按 Esc 键即可退出操作。

（3）设置通用 ERC 测试点的属性。在放置通用 ERC 测试点的过程中，用户可以对通用 ERC 测试点的属性进行设置。双击通用 ERC 测试点，或者在光标处于放置通用 ERC 测试点的状态时按 Tab 键，弹出如图 3-16 所示的"Properties（属性）"面板。在该面板中可以对通用 ERC 测试点的颜色及位置属性进行设置。

图 3-16　设置 ERC 属性

3.2.9　放置 PCB 布线参数设置

用户在绘制原理图的时候，可以在电路的某些位置放置 PCB 布线参数设置，以便预先规划和指定该处的 PCB 布线规则，包括铜箔的宽度、布线的策略、布线优先级及布线板层等。这样，在由原理图创建 PCB 印制板的过程中，系统就会自动引入这些特殊的设计规则。放置 PCB 布线参数设置的步骤如下：

（1）选择菜单栏中的"放置"→"指示"→"参数设置"命令，或者按快捷键 P+V+P，此时光标变成十字形状并带有一个 PCB 布线参数设置符号。

（2）移动光标到需要放置 PCB 布线参数设置的位置处，单击即可完成放置，如图 3-17 所示。此时光标仍处于放置 PCB 布线参数设置的状态，重复操作即可放置其他的 PCB 布线参数设置符号。右击或者按 Esc 键即可退出操作。

（3）设置 PCB 布线参数设置的属性。在放置 PCB 布线参数设置符号的过程中，用户可以对 PCB 布线参数设置符号的属性进行设置。双击 PCB 布线参数设置符号，或者在光标处于放置 PCB 布线参数设置符号的状态时按 Tab 键，弹出如图 3-18 所示的"Properties（属性）"面板。在该面板中可以对 PCB 布线参数设置符号的名称、位置、旋转角度及布线规则等属性进行设置。

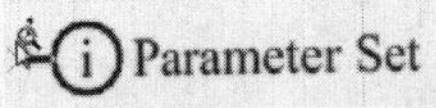

图 3-17　放置 PCB 布线指示

图 3-18　设置 PCB 属性

- "(X/Y)（位置 X 轴、Y 轴）"文本框：用于设定 PCB 布线指示符号在原理图上的 X 轴和 Y 轴坐标。
- "Label（名称）"文本框：用于输入 PCB 布线指示符号的名称。
- "Style（类型）"文本框：用于设定 PCB 布线指示符号在原理图上的类型，包括"Large（大的）"和"Tiny（极小的）"。
- "Rules（规则）"和"Classes（级别）"选项组：该列表框中列出了该 PCB 布线指示的相关参数，包括名称、数值及类型。选中任一参数值，单击"Add（添加）"按钮，系统弹出如图 3-19 所示的"Choose Design Rule Type（选择设计规则类型）"对话框，对话框中列出了 PCB 布线时用到的所有规则类型，供用户选择。

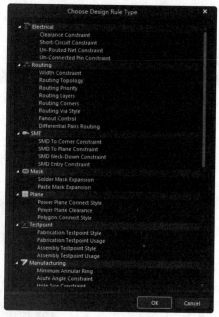

图3-19 "Choose Design Rule Type（选择设计规则类型）"对话框

例如，在这里选择了"Width Constraint（导线宽度约束规则）"选项，单击"OK（确定）"按钮后，弹出相应的导线宽度设置对话框，如图3-20所示。该对话框分为两部分，上部是图形显示部分，下部是列表显示部分，均可用于设置导线的宽度。

属性设置完毕后，单击"OK（确定）"按钮，即可关闭该对话框。

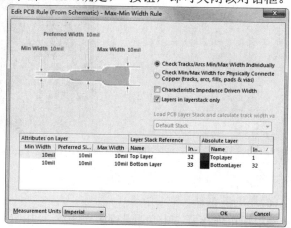

图3-20 导线宽度设置对话框

3.2.10 线束连接器

线束连接器是端子的一种，连接器又称插接器，由插头和插座组成。连接器是汽车电路中线束的中继站。线束与线束、线束与电气元器件之间的连接一般采用连接器，汽车线束连接器是连接汽车各个电气元器件与电子设备的重要部件。为了防止连接器在汽车行驶中脱开，所有的连接器均采用了闭锁装置。其操作步骤如下：

（1）选择菜单栏中的"放置"→"线束"→"线束连接器"选项，或者单击"布线"工具栏中的"放置线束连接器"按钮，或者按快捷键 P+H+C，此时光标变成十字形状，并带有一个线束连接器符号。

（2）将光标移动到想要放置线束连接器的起点位置，单击确定线束连接器的起点。然后拖动光标，单击确定终点，如图 3-21 所示。此时系统仍处于绘制线束连接器状态，用同样的方法绘制另一个线束连接器。绘制完成后，单击鼠标右键退出绘制状态。

（3）设置线束连接器的属性。双击线束连接器，或者在光标处于放置线束连接器的状态时按 Tab 键，弹出如图 3-22 所示的"Properties（属性）"面板。在该面板中可以对线束连接器的属性进行设置。

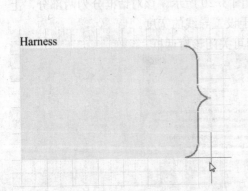

图 3-21　放置线束连接器　　　　图 3-22　线束连接器"Properties（属性）"面板

该面板包括 3 个选项组：

1）"Location（位置）"选项组：

● （X/Y）：用于表示线束连接器左上角顶点的位置坐标，用户可以输入设置。

Rotation（旋转）：用于表示线束连接器在原理图中的放置方向，有"0 Degrees（0°）""90 Degrees（90°）""180 Degrees（180°）"和"270 Degrees（270°）"4 个选项。

2）"Properties（属性）"选项组：

● Harness Type（线束类型）：用于设置线束连接器中线束的类型。

● Bus Text Style（总线文本类型）：用于设置线束连接器中文本显示类型。单击后面的下三角按钮，有两个选项供选择："Full（全程）"和"Prefix（前缀）"。

● Width（宽度）、Height（高度）：用于设置线束连接器的宽度和高度。

● Primary Position（主要位置）：用于设置线束连接器的位置。

- Border（边框）：用于设置边框线宽、颜色。单击右侧的颜色块，可以在弹出的对话框中设置颜色。
- Full（填充色）：用于设置线束连接器内部的填充颜色。单击右侧的颜色块，可以在弹出的对话框中设置颜色。

3）""Entries（线束入口）""选项组：在该选项组中可以为连接器添加、删除和编辑与其余元器件连接的入口，如图3-23所示。

单击"Add（添加）"按钮，在该选项组中自动添加线束入口，如图3-24所示。

图3-23　"Entries（线束入口）"选项组

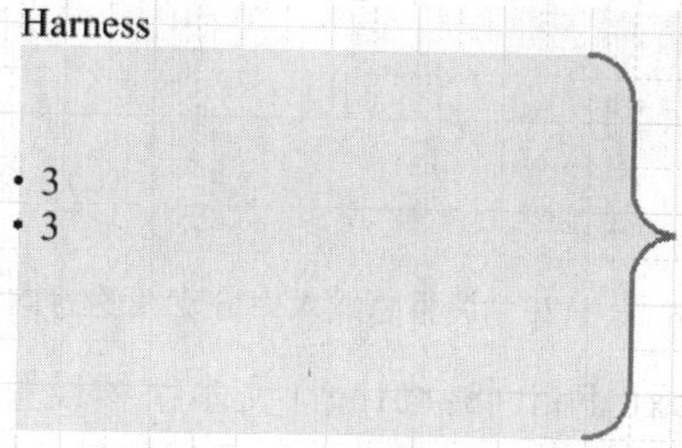

图3-24　添加入口

（4）选择菜单栏中的"放置"→"线束"→"预定义的线束连接器"选项，弹出如图3-25所示的"Place Predefined Harness Connector（信号连接器属性设置）"对话框。

图3-25　"Place Predefined Harness Connector（信号连接器属性设置）"对话框

在该对话框中可精确定义线束连接器的名称、端口及线束入口等。

3.2.11　线束入口

线束通过"线束入口"的名称来识别每个网路或总线。Altium Designer18正是使用这些名称而非线束入口顺序号来建立整个设计中的连接。除非命名的是线束连接器，网路命名一般不使用线束入口的名称。

放置线束入口的操作步骤如下：

（1）选择菜单栏中的"放置"→"线束"→"线束入口"选项，或者单击"布线"工具栏中的"放置线束入口"按钮，或者按快捷键P+H+E，此时光标变成十字形状。

（2）移动鼠标到线束连接器内部，选择要放置的位置，单击鼠标左键，只能在线束连接器左侧的边框上移动，如图 3-26 所示。

（3）设置线束入口的属性。在放置线束入口的过程中，用户可以对线束入口的属性进行设置。双击线束入口，或者在光标处于放置线束入口的状态时按 Tab 键，弹出如图 3-27 所示的"Properties（属性）"面板。在该面板中可以对线束入口的属性进行设置。

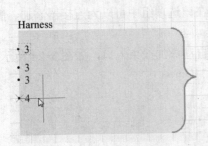
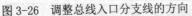

图 3-26　调整总线入口分支线的方向　　　　图 3-27　"Properties（属性）"面板

- Text Font Setting（文本字体设置）：用于设置线束入口的字体类型、字体大小、字体颜色，同时对字体添加加粗、斜体、下划线及横线效果。
- Harness Name（名称）：用于设置线束入口的名称。

3.2.12　信号线束

信号线束是一组具有相同性质的并行信号线的组合，通过信号线束线路连接到同一电路图上另一个线束接头，或者连接到电路图入口或端口，以使信号连接到另一个原理图。

其操作步骤如下：

（1）选择菜单栏中的"放置"→"线束"→"信号线束"选项，或者单击"布线"工具栏中的"放置信号线束"按钮█，或者按快捷键 P+B，此时光标变成十字形状。

（2）将光标移动到想要放置信号线束的元器件的引脚上，单击放置信号线束的起点。出现红色的符号表示电气连接成功。移动光标，多次单击可以确定多个固定点，最后放置信号线束的终点，如图 3-28 所示。此时光标仍处于放置信号线束的状态，重复上述操作可以继续放置其他的信号线束。

（3）设置信号线束的属性。在放置信号线束的过程中，用户可以对信号线束的属性进行设置。双击信号线束，或者在光标处于放置信号线束的状态时按 Tab 键，弹出如图 3-29 所示的"Properties（属性）"面板，在该面板中可以对信号线束的属性进行设置。

3.3　使用绘图工具绘图

在原理图编辑环境中，与"布线"工具栏相对应的还有一个"应用工具"工具栏，用于在原理图中绘制各种标注信息，使电路原理图更清晰，数据更完整，可读性更强。该"应用工具"工具栏中的各种图元均不具有电气连接特性，所以系统在进行 ERC 检查及转换成网络表时，它们不会产生任何影响，也不会被添加到网络表数据中。

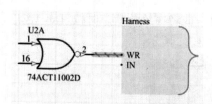

图 3-28　放置信号线束

图 3-29　"Properties（属性）"面板

3.3.1　绘图工具

单击"应用工具"工具栏中的"实用工具"按钮，各种绘图工具如图 3-30 所示。与"放置"菜单下"绘图工具"选项子菜单中的各项命令具有对应关系。其中各按钮的功能如下：

：用于绘制直线。

：用于绘制圆。

：用于绘制多边形。

：用于添加说明文字。

：用于放置文本框。

：用于绘制矩形。

：用于绘制圆角矩形。

：用于绘制椭圆。

：用于插入图片。

：用于智能招贴。

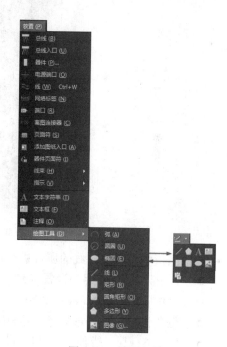

3.3.2　绘制直线

图 3-30　绘图工具

在原理图中，可以用直线来绘制一些注释性的图形，如表格、箭头和虚线等，或者在编辑元器件时绘制元器件的外形。直线在功能上完全不同于前面介绍的导线，它不具有电气连接特性，不会影响到电路的电气连接结构。

绘制直线的操作步骤如下：

（1）选择菜单栏中的"放置"→"绘图工具"→"线"选项，或者单击"应用工具"工具栏中的"实用工具"按钮下拉菜单中的"放置线"按钮，或者按快捷键 P+D+L，此时光标变成十字形状。

（2）移动光标到需要放置直线的位置处，单击确定直线的起点，多次单击确定多个固定点。一条直线绘制完毕后，右击即可退出该操作。

（3）此时光标仍处于绘制直线的状态，重复步骤 2 的操作即可绘制其他的直线。

在直线绘制过程中，当需要拐弯时，可以单击确定拐弯的位置，同时通过按 Shift+Space 键来切换拐弯的模式。在 T 形交叉点处，系统不会自动添加节点。右击或者按 Esc 键即可退出操作。

（4）设置直线属性。双击需要设置属性的直线，或者在绘制状态时按 Tab 键，系统将弹出相应的直线"Properties（属性）"面板，如图 3-31 所示。

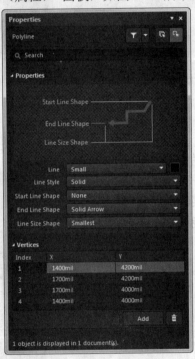

图 3-31　直线"Properties（属性）"面板

在该面板中可以对直线的属性进行设置，其中各选项的含义如下：

- Line（线宽）：用于设置直线的宽度。有"Smallest（最小）""Small（小）""Medium（中等）"和"Large（大）"4 种线宽供用户选择。
- 颜色设置：单击该颜色显示框█，用于设置直线的颜色。
- Line Style（线种类）：用于设置直线的线型。有"Solid（实线）""Dashed（虚线）"和"Dotted（点画线）"3 种线型可供选择。
- "Start Line Shape（开始块外形）"：用于设置直线起始端的线型。
- "End Line Shape（结束块外形）"：用于设置直线终止端的线型。
- "Line Size Shape（线尺寸外形）"：用于设置所有直线的线型。
- "Vertices（顶点）"选项组：用于设置直线各顶点的坐标值。

其他选项的使用方法与"绘制线"工具类似，这里不再赘述。

3.4 操作实例——音乐闪光灯电路设计

通过前面章节的学习，用户对 Altium Designer 18 原理图编辑环境、原理图编辑器的使用有了初步的了解，并且能够完成简单电路原理图的绘制。

本实例将设计一个音乐闪光灯，它采用干电池供电，可驱动发光管闪烁发光，同时扬声器还可以播放芯片中存储的电子音乐。本例中将介绍创建原理图、设置图纸、放置元器件、绘制原理图符号、元器件布局布线和放置电源符号等操作：

1. 建立工作环境

Step1（1）在 Altium Designer 18 主窗口中选择菜单栏中的"File（文件）"→"新的"→"项目"→"PCB 工程"选项，创建 PCB 项目文件；然后单击右键，选择"保存工程为"选项，将新建的工程文件保存为"音乐闪光灯.PrjPCB"。

Step2（2）选择"File（文件）"→"新的"→"原理图"选项，然后选择"文件"→"另存为"选项，将新建的原理图文件保存为"音乐闪光灯.SchDoc"。

2. 原理图图纸设置

打开"Properties（属性）"面板，在该面板中可以对图纸属性进行设置，如图 3-32 所示。

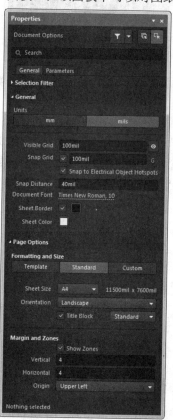

图 3-32 设置图纸属性

提示：

在设置图纸栅格尺寸时，一般来说，捕捉栅格尺寸和可视栅格尺寸一样大，也可以设置捕捉栅格的尺寸为可视栅格尺寸的整数倍。电气栅格的尺寸应该略小于捕捉栅格的尺寸，因为只有这样才能准确地捕捉电气节点。

选择"Properties（属性）"面板中的"Parameter（参数）"选项卡，在该选项卡可以设置当前时间、当前日期、设计时间、设计日期、文件名、修改日期、工程设计负责人、图纸校对者、图纸设计者、公司名称、图纸绘制者、设计图纸版本号和电路原理图编号等，如图 3-33 所示。

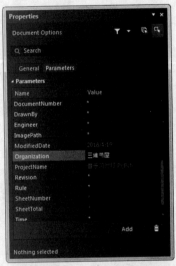

图 3-33　"Parameter（参数）"选项卡

3．添加元器件

打开"Libraries（库）"面板，添加"Miscellaneous Devices.IntLib"元器件库；然后在该库中找到二极管、晶体管、电阻、电容和扬声器等元器件，将它们放置到原理图中，如图 3-34 所示。

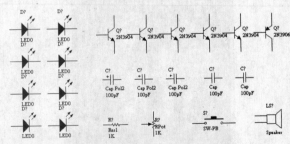

图 3-34　放置元器件到原理图

4．绘制 SH868 的原理图符号

SH868 为 CMOS 元器件，在 Altium Designer 18 所带的元器件库中找不到它的原理图符号，所以需要自己绘制一个 SH868 的原理图符号。

Step1　（1）新建一个原理图元器件库。选择"文件"→"新的"→"Libraries（库）"→"原理图库"选项，然后选择"文件"→"另存为"选项，将新建的原理图符号文件保存为"IC.SchLib"。

在新建的原理图元器件库中选择包含的名为 Component_1 的元器件，单击"Edit（编辑）"按钮，弹出"Component（元器件）"属性面板。在"Design Item ID（设计项目地址）"文本框输入新元器件名称为 SH868，在"Designator（标号）"文本框中输入预置的元器件序号前缀（在此为 U？），在"Comment（注释）"文本框输入新元器件名称为 SH868，如图 3-35 所示。

图 3-35　设置元器件属性

Step2　（2）绘制元器件外框。在菜单栏中选择"放置"→"矩形"选项，或者单击"应用工具"工具栏中的"实用工具"按钮下拉菜单中的"放置矩形"按钮，这时鼠标变成十字形状，并带有一个矩形图形；移动鼠标光标到图纸上，在图纸参考点上单击鼠标左键，确定矩形的左上角顶点；拖动光标画出一个矩形，再次单击，确定矩形的右下角顶点，如图 3-36 所示。

双击绘制好的矩形，弹出"Properties（属性）"面板。将矩形的边框颜色设置为黑色，将边框的宽度设置为"Smallest（最小）"，并通过设置右上角和左下角顶点的坐标来确定整个矩形的大小，如图 3-37 所示。

提示：

在 Altium Designer 18 默认的情况下，矩形的填充色是淡黄色，从 Altium Designer 18 元器件库中取出的芯片外观也都是淡黄色的，因此不需要更改所放置矩形的填充色，保留默认设置即可。

Step3　（3）放置引脚。单击"放置"→"引脚"选项，或者单击"应用工具"工具栏中的"实用工具"按钮下拉菜单中的"放置引脚"按钮，此时光标变为十字形状，并带有一个引脚的浮动虚影；移动光标到目标位置，单击鼠标左键就可以将该引脚放置到图纸上。

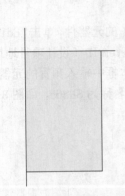

图 3-36　绘制元器件外框

图 3-37　设置矩形属性

提示:

在放置引脚时，有电气捕捉标志的一端应该是朝外的。如果需要，可以按空格键将引脚翻转。

双击放置的元器件引脚弹出"Properties（属性）"面板，在该面板中可以设置引脚的名称、编号、电气类型以及引脚的位置和长短等，如图 3-38 所示。

放置所有引脚并设置其属性，最后得到如图 3-39 所示的元器件符号图。

图 3-38　设置引脚属性

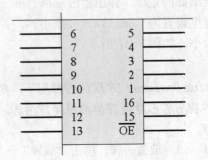

图 3-39　所有引脚放置完成

提示:

在 Altium Designer 18 中, 引脚名称上的横线表示该引脚负电平有效。在引脚名称上添加横线的方法是在输入引脚名称时, 每输入一个字符后, 紧跟着输入一个"\"字符, 例如要在 OE 上加一个横线, 就可以将其引脚名称设置为"O\E\"。

5. 放置 SH868 到原理图

将绘制的 SH868 原理图符号放置到原理图纸上, 这样, 所有的元器件就准备齐全了, 如图 3-40 所示。

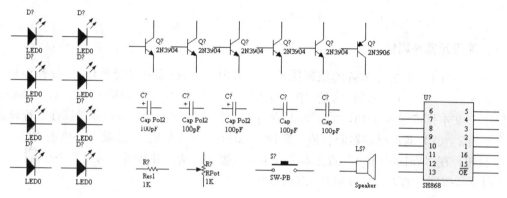

图 3-40　放置完所有元器件的原理图

6. 元器件布局

基于布线方便的考虑, SH868 被放置在电路图中间的位置, 完成所有元器件的布局, 效果如图 3-41 所示。

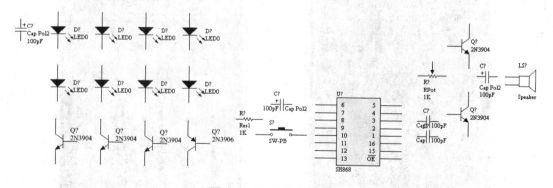

图 3-41　元器件布局效果

7. 元器件布线

单击"放置"→"线"选项, 或者单击"布线"工具栏中的"放置线"按钮▨, 这时鼠标变成十字形状并附加一个叉记号; 移动光标到元器件的一个引脚上, 当出现红色米字形的电气捕捉符号后, 单击, 确定导线起点; 然后拖动鼠标画出导线, 在需要拐角或者和元器件引脚相连接的地方单击鼠标左键即可。完成导线布置后的原理图如图 3-42 所示。

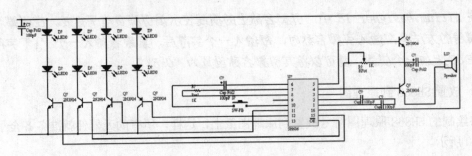

图 3-42　元器件布线结果

8. 编辑元器件属性

Step1　（1）双击晶体管的原理图符号，弹出"Component（元器件）"属性面板. 在"Properties（属性）"选项组中的"Designator（标号）"文本框内输入 Q1，在"Comment（说明）"文本框内输入 9013，如图 3-43 所示。按同样的方法对其余晶体管属性进行设置。

Step2　（2）双击电容器的容值，选择"Parameter（参数）"选项卡，单击"Add（添加）"按钮，在"Value（值）"的文本框内输入电容的容值，并激活"可见"按钮◎，如图 3-44 所示。按同样的方法修改电容元器件的序号和注释。

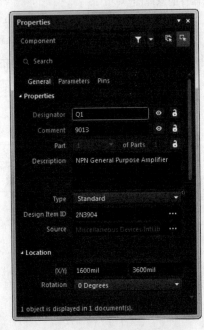

图 3-43　设置晶体管属性

图 3-44　设置电容器容值

Step3　（3）按同样的方法，对所有元器件的属性进行设置。

Step4　（4）元器件的序号等参数在原理图上显示的位置可能不合适，于是就需要改变它们的位置。单击光敏二极管的序号 DS1，这时在序号的四周会出现一个绿色的边框，表示被选中。单击并按住鼠标左键进行拖动，将二极管的编号拖动到目标位置，然后松开鼠标，这样就可以将该器件的序号移动到一个新的位置。

提示：

除了可以用拖动的方法来确定参数的位置之外，还可以采用在"参数属性"对话框中输入坐标的方式来确定参数的位置，但是这种方法不太直观，因此较少使用，只有在需要精确定位的时候才会采用，一般都采用拖动的方法来改变参数所在的位置。

元器件的属性编辑完成之后，整个原理图就显得整齐多了，如图3-45所示。

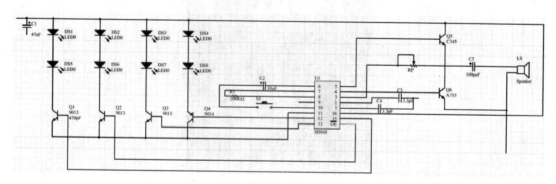

图3-45 完成元器件属性编辑后的原理图

9. 放置电源符号和接地符号

电源符号和接地符号是一个电路中必不可少的部分。选择"放置"→"电源端口"选项，或者单击"布线"工具栏中的"GND端口"按钮，就可以向原理图中放置接地符号。单击"布线"工具栏中的"VCC电源端口"按钮，光标变为十字形状，并带有一个电源符号，移动光标到目标位置并单击鼠标左键，就可以将电源符号放置在原理图中。放置完成电源符号和接地符号的原理图如图3-46所示。

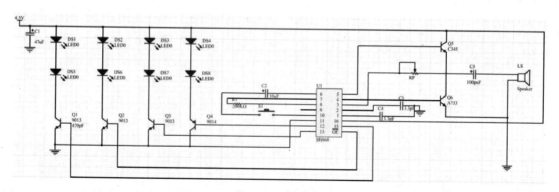

图3-46 完成电源符号和接地符号放置的原理图

在放置电源符号时，有时需要标明电源的电压值，这时只要双击放置的电源符号，弹出如图3-47所示的"Properties（属性）"对话框，在对话框的"Name（网络名称）"文本框中输入电压值即可。

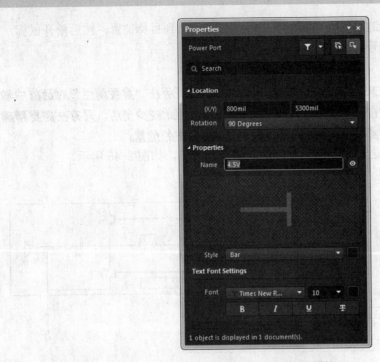

图 3-47　设置电源属性

第 **4** 章

原理图的后续处理

前面介绍了原理图的绘制方法和技巧，本章将介绍原理图中的常用操作和报表打印输出。

- 原理图中的常用操作
- 报表打印输出

4.1 原理图中的常用操作

4.1.1 工作窗口的缩放

原理图编辑器提供了原理图的缩放功能，以便于用户进行观察。选择菜单栏中的"视图"选项，其菜单如图 4-1 所示。在该菜单中列出了对原理图进行缩放的多种命令。

图 4-1 "视图"菜单

菜单中有关工作窗口缩放的操作包括以下几种类型.

1. 在工作窗口中显示选择的内容

该类操作包括在工作窗口显示整个原理图、显示所有元器件、显示选定区域、显示选定元器件和选择的坐标附近区域，它们构成了"视图"菜单的第一栏。

- "适合文件"：用于观察并调整整张原理图的布局。选择该命令后，在工作窗口中将以最大比例显示整张原理图的内容，包括图纸边框、标题栏等。
- "适合所有对象"：用于观察整张原理图的组成概况。选择该命令后，在工作窗口中将以最大比例显示电路原理图上的所有元器件。
- "区域"：在工作窗口选择一个区域，放大选择的区域。具体的操作步骤：选择该命令，光标以十字形状出现在工作窗口中；在工作窗口单击，确定区域的一个顶点；移动光标确定区域的对角顶点，单击，在工作窗口中将只显示刚才选择的区域。
- "点周围"：在工作窗口显示一个坐标点附近的区域。同样是用于放大选择的区域，但区域的选择与上一个命令不同。具体的操作步骤：选择该命令，光标以十字形状出现在工作窗口中，移动光标到想至显示的点，单击后移动光标，在工作窗口将出现一个以该点为中心的虚线框；确定虚线框的范围后单击，工作窗口将会显示虚线框所包含的范围。

- "选择的对象"：用于放大显示选择的对象。执行该命令后，选择的多个对象将以适当的比例放大显示。

2. 显示比例的缩放

该类操作包括确定原理图的显示比例、原理图的放大和缩小显示，以及按原比例显示原理图上坐标点附近区域，它们一起构成了"视图"菜单的第二栏和第三栏。

3. 使用快捷键和工具栏按钮执行视图显示操作

Altium Designer 18 为大部分的视图操作提供了快捷键，为常用视图操作提供了工具栏按钮，具体如下：

（1）快捷键

- Ctrl+PageDown：在工作窗口中显示整个原理图。
- Ctrl+5：在工作窗口中按 50%的比例显示实际图纸。
- Ctrl+1：在工作窗口中按正常大小显示实际图纸。
- Ctrl+2：在工作窗口中按 200%的比例显示实际图纸。
- Ctrl+4：在工作窗口中按 400%的比例显示实际图纸。
- PageUp：放大显示。
- PageDown：缩小显示。
- Home：按原比例显示以光标所在位置为中心的附近区域。

（2）工具栏按钮

- （适合所有对象）按钮：在工作窗口中显示所有对象。
- （缩放区域）按钮：在工作窗口中显示选定区域。
- （缩放选择的元器件）按钮：在工作窗口中显示选定元器件。

4. 使用鼠标滚轮平移和缩放

（1）平移：

- 向上滚动鼠标滚轮则向上平移图纸，向下滚动则向下平移图纸。
- 按住 Shift 键同时向下滚动鼠标滚轮会向右平移图纸。
- 按住 Shift 键同时向上滚动鼠标滚轮会向左平移图纸。

（2）放大：按住 Ctrl 键同时向上滚动鼠标滚轮会放大显示图纸。

（3）缩小：按住 Ctrl 键同时向下滚动鼠标滚轮会缩小显示图纸。

4.1.2 刷新原理图

绘制原理图时，在完成缩放、移动元器件等操作后，有时会出现残留的斑点、线段或图形变形等问题，虽然这些内容不会影响电路的正确性，但是为了美观起见，建议用户单击"导航"工具栏中的"刷新"按钮，或者按 End 键刷新原理图。

4.1.3 高级粘贴

在原理图中，某些同类型元器件可能有很多个，如电阻、电容等，它们具有大致相同的属性。如果一个个地放置它们，设置它们的属性，工作量大而且烦琐。Altium Designer 18 提供了高级粘贴功能，大大方便了粘贴操作，可以通过"编辑"菜单中的"Smart Paste（智能粘贴）"选项完成。其具体操作步骤如下：

（1）复制或剪切某个对象，使 Windows 的剪切板中有内容。

（2）选择菜单栏中的"编辑"→"智能粘贴"选项，系统将弹出如图 4-2 所示的"Smart Paste（智能粘贴）"对话框。

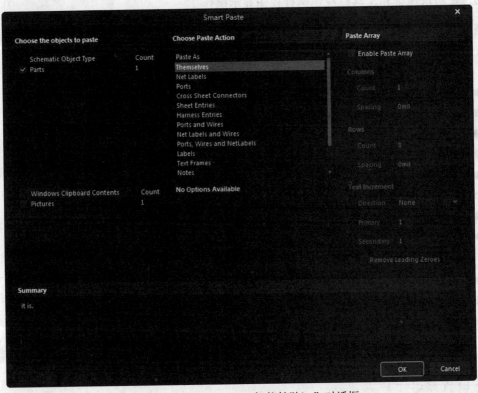

图 4-2 "Smart Paste（智能粘贴）"对话框

（3）在"Smart Paste（智能粘贴）"对话框中，可以对要粘贴的内容进行适当设置，然后再执行粘贴操作。其中各选项卡的功能如下：

● "Choose the objects to paste（选择粘贴对象）"选项卡：用于选择要粘贴的对象。

● "Choose Paste Action（选择粘贴操作）"选项卡：用于设置要粘贴对象的属性。

● "Paste Array（粘贴阵列）"选项卡：用于设置阵列粘贴。下方的"Enable Paste Array（启用粘贴阵列）"复选框用于控制阵列粘贴的功能。阵列粘贴是一种特殊的粘贴方式，能够一次性地按照指定间距将同一个元器件或元器件组重复地粘贴到原理图图纸上。当原理图中需要放置多个相同对象时，该操作会很有用。

（4）勾选"Enable Paste Array（启用粘贴阵列）"复选框，阵列粘贴的设置如图 4-3

所示。其中需要设置的粘贴阵列参数如下：

图 4-3　设置阵列粘贴

1）"Colums（列）"选项组：用于设置水平方向阵列粘贴的数量和间距。

- "Count（数量）"文本框：用于设置水平方向阵列粘贴的列数。
- "Spacing（间距）"文本框：用于设置水平方向阵列粘贴的间距。若设置为正数，则元器件由左向右排列；若设置为负数，则元器件由右向左排列。

2）"Rows（行）"选项组：用于设置竖直方向阵列粘贴的数量和间距。

- "Count（数量）"文本框：用于设置竖直方向阵列粘贴的行数。
- "Spacing（间距）"文本框：用于设置竖直方向阵列粘贴的间距。若设置为正数，则元器件由下到上排列；若设置为负数，则元器件由上到下排列。

3）"Text Increment（编号增量）"选项组：用于设置阵列粘贴中元器件标号的增量。

- "Direction（方向）"下拉列表：用于确定元器件编号递增的方向。有"None（无）""Horizontal First（先水平）"和"Vertical First（先竖直）"3 种选择。
- "None（无）"：表示不改变元器件编号。
- "Horizontal First（先水平）"：表示元器件编号递增的方向是先按水平方向从左向右递增，再按竖直方向由下往上递增。"Secondary（次要的）"文本框用于在复制引脚时，设置引脚序号的增量。
- "Vertical First（先竖直）"：表示先竖直方向由下往上递增，再水平方向从左向右递增。
- "Primary（主要的）"文本框：用于设置每次递增时，元器件主编号的增量。指定相邻两次粘贴之间元器件标识的编号增量，系统的默认设置为1。
- "Secondary（次要的）"文本框用于在复制引脚时设置引脚序号的增量。指定相邻两次粘贴之间元器件引脚编号的数字增量，系统的默认设置为1。

设置完毕后，单击"OK（确定）"按钮，移动光标到合适位置单击即可。执行阵列粘贴后的效果如图 4-4 所示。

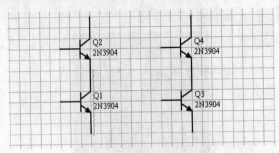

图 4-4 执行阵列粘贴后的效果

4.1.4 查找与替换

1. 查找与替换文本

(1)"查找文本"选项：该命令用于在原理图中查找指定的文本，通过此命令可以迅速找到包含某一文字标识的图元。下面介绍该命令的使用方法。

选择菜单栏中的"编辑"→"查找文本"选项，或者按快捷键 Ctrl+F，系统将弹出如图 4-5 所示的"Find Text（查找文本）"对话框。

● "Find Text（查找文本）"对话框中各选项的功能如下：

● "Text to Find（查找文本）"文本框：用于输入需要查找的文本。

● "Scope（范围）"选项组：包含"Sheet Scope（原理图文档范围）""Selection（选择）"和"Identifiers（标识符）"3 个下拉列表框。"Sheet Scope（原理图文档范围）"选项用于设置所要查找的原理图文档图范围，包含"Current Document（当前文档）""Project Document（项目文档）""Open Document（已打开的文档）"和"Document On Path（选定路径中的文档）"4 个选项。"Selection（选择）"下拉列表用于设置需要查找的文本对象的范围，包含"All Objects（所有对象）""Selected Objects（选择的对象）"和"Deselected Objects（未选择的对象）"3 个选项。"All Objects（所以对象）"表示对所有的文本对象进行查找，"Selected Objects（选择的对象）"表示对选择的文本对象进行查找，"Deselected Objects（未选择的对象）"表示对没有选择的文本对象进行查找。"Identifiers（标识符）"下拉列表用于设置查找的原理图标识符范围，包含"All Identifiers（所有 ID）""Net Identifiers Only（仅网络 ID）"和"Designators Only（仅标号）"3 个选项。

● "Options（选项）"选项组：用于匹配查找对象所具有的特殊属性，包含"Case sensitive（敏感案例）""Whole Words Only（仅完全字）"和"Jump to Results（跳至结果）"3 个复选框。勾选"Case sensitive（敏感案例）"复选框表示查找时要注意大小写的区别；勾选"Whole Words Only（仅完全字）"复选框表示只查找具有整个单词匹配的文本，要查找的网络标识包含的内容有网络标签、电源端口、I/O 端口、方块电路 I/O 口；勾选"Jump to Results（跳至结果）"复选框表示查找后跳到结果处。

用户按照自己的实际情况设置完对话框的内容后，单击"OK（确定）"按钮开始查找。

（2）"替换文本"命令：该命令用于将原理图中指定文本用新的文本替换掉，该操作在需要将多处相同文本修改为另一文本时非常有用。选择菜单栏中的"编辑"→"替换文本"选项，或者按快捷键 Ctrl+H，系统将弹出如图 4-6 所示的"Find and Replace Text（查找和替换文本）"对话框。

可以看出，图 4-6 和图 4-5 所示的两个对话框非常相似，对于相同的部分，这里不再赘述，读者可以参看"查找文本"选项，下面只对上面未提到的一些选项进行解释。

● "Replace With（替代）"文本框：用于输入替换原文本的新文本。
● "Prompt On Replace（提示替换）"复选框：用于设置是否显示确认替换提示对话框。如果勾选该复选框，表示在进行替换之前，显示确认替换提示对话框，反之不显示。

图 4-5　"Find Text（文本查找）"对话框

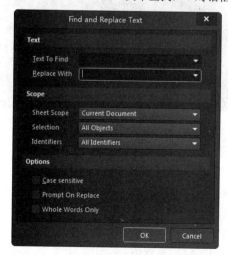

图 4-6　"Find and Replace Text（查找和替换文本）"对话框

（3）"发现下一处"命令：该命令用于查找"Find Text（查找下一处）"对话框中指定的文本，也可以用快捷键 F3 来执行该命令。

2. 查找相似对象

在原理图编辑器中提供了查找相似对象的功能。其具体的操作步骤如下：

（1）选择菜单栏中的"编辑"→"查找相似对象"选项，光标将变成十字形状出现在工作窗口中。

（2）移动光标到某个对象上，单击，系统将弹出如图 4-7 所示的"Find Similar Objects（查找相似对象）"对话框。在该对话框中列出了该对象的一系列属性，通过对各项属性进行匹配程度的设置，可决定搜索的结果。这里以搜索和晶体管类似的元器件为例，介绍对话框中各选项的含义。

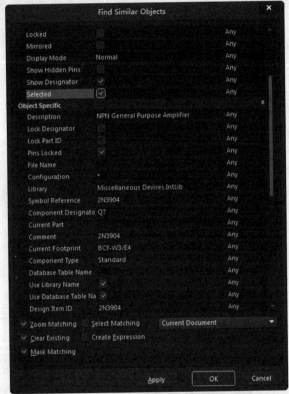

图 4-7 "Find Similar Objects（查找相似对象）"对话框

● "Kind（种类）"选项组：显示对象类型。
● "Design（设计）"选项组：显示对象所在的文档。
● "Graphical（图形）"选项组：显示对象图形属性。
  ➢ X1：X1 坐标值。
  ➢ Y1：Y1 坐标值。
  ➢ Orientation（方向）：放置方向。
  ➢ Locked（锁定）：确定是否锁定。
  ➢ Mirrored（镜像）：确定是否镜像显示。
  ➢ Display Model（显示模式）：确定是否显示模型。
  ➢ Show Hidden Pins（显示隐藏引脚）：确定是否显示隐藏引脚。

> Show Designator（显示标号）：确定是否显示标号。
- "Object Specific（对象特性）"选项组：显示对象特性。
  > Description（描述）：对象的基本描述。
  > Lock Designator（锁定标号）：确定是否锁定标号。
  > Lock Part ID（锁定元器件 ID）：确定是否锁定元器件 ID。
  > Pins Locked（引脚锁定）：锁定的引脚。
  > File Name（文件名称）：文件名称。
  > Configuration（配置）：文件配置。
  > Library（元器件库）：库文件。
  > Symbol Reference（符号参考）：符号参考说明。
  > Component Designator（组件标号）：对象所在的元器件标号。
  > Current Part（当前元器件）：对象当前包含的元器件。
  > Comment（注释）：关于元器件的说明。
  > Current Footprint（当前封装）：当前元器件封装。
  > Component Type（元器件类型）：当前元器件类型。
  > Database Table Name（数据库表的名称）：数据库中表的名称。
  > Use Library Name（所用元器件库的名称）：所用元器件库名称。
  > Use Database Table Name（所用数据库表的名称）：当前对象所用的数据库表的名称。
  > Design Item ID（设计 ID）：元器件设计 ID。

在选择元器件的每一栏属性后都另有一栏，在该栏中单击将弹出下拉列表，在下拉列表中可以选择搜索时对象和被选择的对象在该项属性上的匹配程度，包含以下 3 个选项。
- Same（相同）：被查找对象的该项属性必须与当前对象相同。
- Different（不同）：被查找对象的该项属性必须与当前对象不同。
- Any（忽略）：查找时忽略该项属性。

例如，这里对晶体管搜索类似对象，搜索的目的是找到所有与晶体管有相同取值和相同封装的器件，在设置匹配程度时，在"Comment（注释）"和"Current Footprint（当前封装）"文本框中输入"Same（相同）"，其余保持默认设置即可。

（3）单击"Apply（应用）"按钮，在工作窗口中将屏蔽所有不符合搜索条件的对象，并跳转到最近的一个符合要求的对象上，此时可以逐个查看这些相似的对象。

4.2 报表打印输出

原理图设计完成后，经常需要输出一些数据或图纸。本节将介绍 Altium Designer 18 原理图的报表打印输出。

Altium Designer 18 具有丰富的报表功能，可以方便地生成各种不同类型的报表。当电路原理图设计完成并且经过编译检查之后，应该充分利用系统所提供的这种功能来创建各种原理图的报表文件。借助于这些报表，用户能够从不同的角度更好地掌握整个项目的设计信息，以便为下一步的设计工作做好充足的准备。

4.2.1　打印输出

为方便原理图的浏览和交流，经常需要将原理图打印到图纸上。Altium Designer 18 提供了直接将原理图打印输出的功能。

在打印之前首先进行页面设置。选择菜单栏中的"文件"→"页面设置"选项，弹出"Schematic Print Properties（原理图打印属性）"对话框，如图 4-8 所示。单击 按钮 Printer Setup... ，弹出打印机设置对话框，对打印机进行设置，如图 4-9 所示。设置、预览完成后，单击 按钮 Print ，打印原理图。

此外，选择菜单栏中的"文件"→"打印"选项，或单击"原理图标准"工具栏中的（打印）按钮，也可以实现打印原理图的功能。

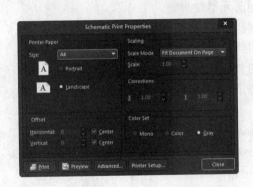
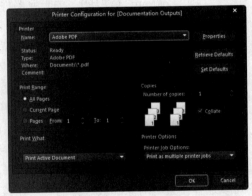

图 4-8　"Schematic Print Properties（原理图打印属性）"对话框

图 4-9　设置打印机

4.2.2　网络表

在由原理图生成的各种报表中，网络表最为重要。所谓网络，指的是彼此连接在一起的一组元器件引脚，一个电路实际上就是由若干网络组成的，而网络表就是对电路或者电路原理图的一个完整描述，描述的内容包括两个方面：一是电路原理图中所有元器件的信息（包括元器件标识、元器件引脚和 PCB 封装形式等）；二是网络的连接信息（包括网络名称、网络节点等），这些都是进行 PCB 布线、设计 PCB 不可缺少的依据。

具体来说，网络表包括两种，一种是基于单个原理图文件的网络表，另一种是基于整个项目的网络表。

4.2.3　基于整个项目的网络表

下面我们以 MCU.PrjPCB 为例，介绍项目网络表的创建过程及功能特点。在创建网络表之前，应先进行简单的选项设置。

1. 网络表选项设置

打开项目文件 MCU.PrjPCB,并打开其中的任一电路原理图文件。选择菜单栏中的"工程"→"工程选项"选项,弹出"项目管理选项"对话框。选择"Options(选项)"选项卡,如图 4-10 所示。其中主要选项的功能如下。

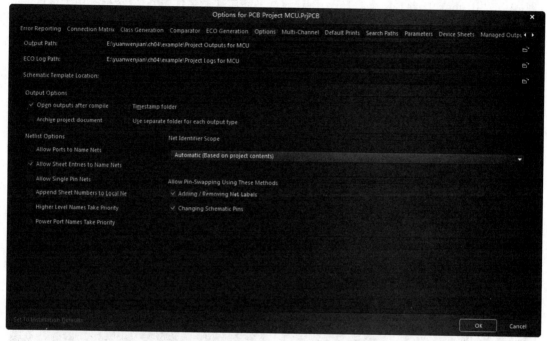

图 4-10 "Options(选项)"选项卡

（1）"Output Path（输出路径）"文本框:用于设置各种报表（包括网络表）的输出路径,系统会根据当前项目所在的文件夹自动创建默认路径。例如,在图 4-10 中,系统创建的默认路径为":\yuanwenjian\ch04\example\Project Outputs for MCU"。单击右侧的"打开"图标,可以对默认路径进行更改。

（2）"ECO Log Path（ECO 日志路径）"文本框:用于设置 ECO Log 文件的输出路径,系统会根据当前项目所在的文件夹自动创建默认路径。单击右侧的 "打开"图标,可以对默认路径进行更改。

（3）"Output Options（输出选项）"选项组:用于设置网络表的输出选项。一般保持默认设置即可。

（4）"Netlist Options（网络表选项）"选项组:用于设置创建网络表的条件。

● "Allow Ports to Name Nets（允许自动命名端口网络）"复选框:用于设置是否允许用系统产生的网络名代替与电路输入/输出端口相关联的网络名。如果所设计的项目只是普通的原理图文件,不包含层次关系,可勾选该复选框。

● "Allow Sheet Entries to Name Nets（允许自动命名原理图入口网络）"复选框:用于设置是否允许用系统生成的网络名代替与图纸入口相关联的网络名,系统默认勾选。

● "Allow Sheet Entries to Name Nets（允许单独的引脚网络）"复选框:用于设

置生成网络表时，是否允许系统自动将引脚号添加到各个网络名称中。

- "Append Sheet Numbers to Local Nets（将原理图编号附加到本地网络）"复选框：用于设置生成网络表时，是否允许系统自动将图号添加到各个网络名称中。当一个项目中包含多个原理图文档时，勾选该复选框，便于查找错误。
- "Higher Level Names Take Priority（高层次命名优先）"复选框：用于设置生成网络表时排序优先权。勾选该复选框，系统以名称对应结构层次的高低决定优先权。
- "Power Port Names Take Priority（电源端口命名优先）"复选框：用于设置生成网络表时的排序优先权。勾选该复选框，系统将对电源端口的命名给予更高的优先权。

在本例中，使用系统默认的设置即可。

2．创建项目网络表

选择菜单栏中的"设计"→"工程的网络表"→"Protel（生成项目网络表）"命令，系统自动生成当前项目的网络表文件 MCU Circuit.NET，并存放在当前项目下的 Generated\Netlist Files 文件夹中。双击，即可打开该项目网络表文件 MCU Circuit.NET，如图 4-11 所示。该网络表是一个简单的 ASCII 码文本文件，由多行文本组成。内容分成了两大部分，一部分是元器件的信息，另一部分是网络信息。

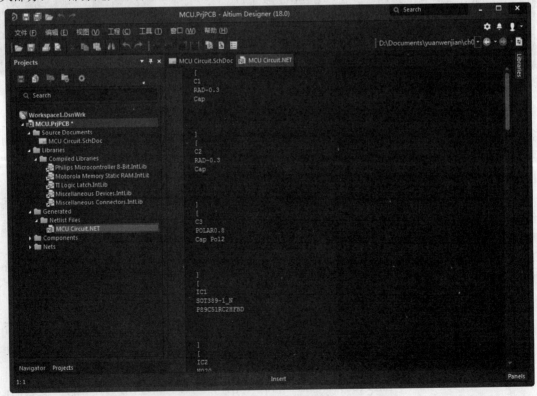

图 4-11　打开项目网络表文件 MCU Circuit.NET

元器件信息由若干小段组成，每个元器件的信息为一小段，用方括号"[]"分隔，由元器件标识、元器件封装形式、元器件型号和数值组成，如图 4-12 所示。空行则是由系统自动生成的。

网络信息同样由若干小段组成，每一个网络的信息为一小段，用圆括号"（）"分隔，由网络名称和网络中所有具有电气连接关系的元器件序号及引脚组成，如图 4-13 所示。

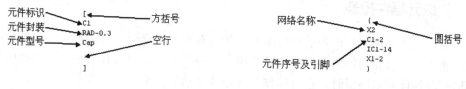

图 4-12　单个元器件的信息组成　　　　　　　图 4-13　网络的信息组成

4.2.4　基于单个原理图文件的网络表

下面以实例项目 MCU.PrjPCB 中的一个原理图文件 MCU Circuit.SchDoc 为例，介绍基于单个原理图文件网络表的创建过程。

打开项目 MCU.PrjPCB 中的原理图文件 MCU Circuit.SchDoc。选择菜单栏中的"设计"→"文件的网络表"→"Protel（生成网络表文件）"选项，系统自动生成当前原理图的网络表文件 MCU Circuit.NET，并存放在当前项目下的 Generated\Netlist Files 文件夹中。双击，即可打开该原理图的网络表文件 MCU Circuit.NET，如图 4-14 所示。

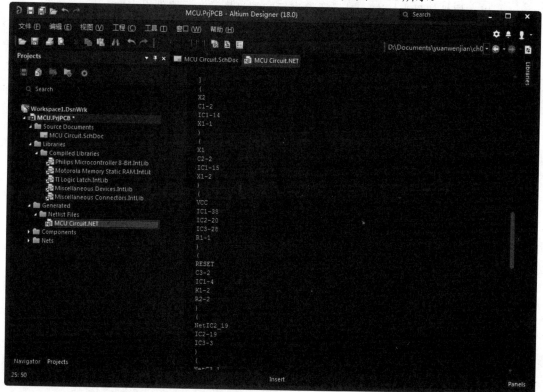

图 4-14　打开原理图中的网络表文件 MCU Circuit.NET

该网络表的组成形式与上述基于整个项目的网络表是一样的，在此不再重复。

由于该项目只有一个原理图文件，因此基于原理图文件的网络表 MCU Circuit.NET 与基于整个项目的网络表 MCU Circuit.NET，不但名称相同，所包含的内容也是完全相同的。

4.2.5　生成元器件报表

元器件报表主要用来列出当前项目中用到的所有元器件标识、封装形式、元器件库中的名称等，相当于一份元器件清单。依据这份报表，用户可以详细查看项目中元器件的各类信息，同时在制作印制电路板时，也可以作为元器件采购的参考。

下面我们仍以项目 MCU.PrjPCB 为例，介绍元器件报表的创建过程及功能特点。

1. 元器件报表的选项设置

打开项目 MCU.PrjPCB 中的原理图文件 MCU Circuit.SchDoc，选择菜单栏中的"报告"→"Bill of Materials（元器件清单）"选项，系统弹出相应的元器件报表对话框。在该对话框中，可以对要创建的元器件报表的选项进行设置，如图 4-15 所示。在对话框的左侧有两个列表框，它们的功能如下：

● "Grouped Columns（聚合的纵队）"列表框：用于设置元器件的归类标准。如果将"All Columns（全部纵队）"列表框中的某一属性信息拖到该列表框中，则系统将以该属性信息为标准，对元器件进行归类，显示在元器件报表中。

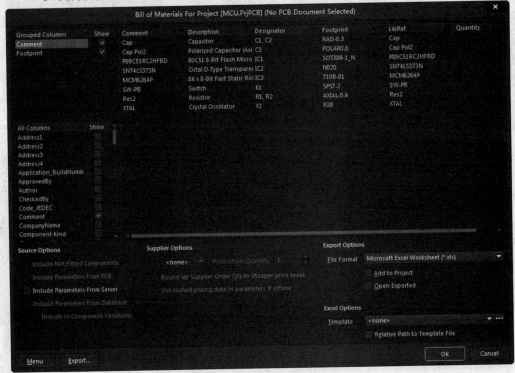

图 4-15　设置元器件报表

● "All Columns（全部纵队）"列表框：用于列出系统提供的所有元器件属性信息，

如Description（描述）、Component Kind（元器件种类）等。对于需要查看的有用信息，勾选右侧与之对应的复选框，即可在元器件报表中显示出来。在图 4-15 中使用了系统的默认设置，即只勾选了"Comment（注释）""Description（描述）""Designator（标号）""Footprint（封装）""LibRef（库编号）"和"Quantity（数量）"6 个复选框。

例如，我们勾选了"All Columns（全部纵队）"列表框中的"Description（描述）"复选框，将该选项拖到"Grouped Columns（聚合的纵队）"列表框中，此时所有描述信息相同的元器件被归为一类，显示在右侧的元器件列表框中，如图 4-16 所示。

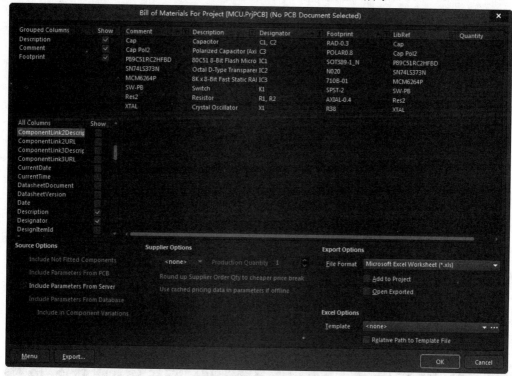

图 4-16　元器件归类显示

另外，在右侧元器件列表框的各选项中，都有一个下三角按钮▼，单击该按钮，同样可以设置元器件列表的显示内容。

例如，单击元器件列表中"Description（描述）"选项的下三角按钮▼，会弹出如图4-17 所示的下拉列表。

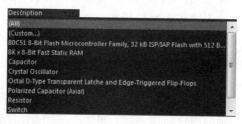

图 4-17　"Description(描述)"下拉列表

在该下拉列表中可以选择"All（显示全部元器件）"选项，也可以选择"Custom（定制方式显示）"选项，还可以只显示具有某一具体描述信息的元器件。例如，选择"XTAL（晶振体）"选项，则相应的元器件列表如图 4-18 所示。

在列表框的下方还有若干选项和按钮，其功能如下：

● "File Format（文件格式）"下拉列表：用于为元器件报表设置文件输出格式。单击右侧的下三角按钮，可以选择不同的文件输出格式，如 CVS 格式、Excel 格式、PDF 格式、html 格式、文本格式、XML 格式等。

● "Add to Project（添加到项目）"复选框：若勾选该复选框，则系统在创建了元器件报表之后会将报表直接添加到项目中。

● "Open Exported（打开输出报表）"复选框：若勾选该复选框，则系统在创建了元器件报表以后，会自动以相应的格式打开。

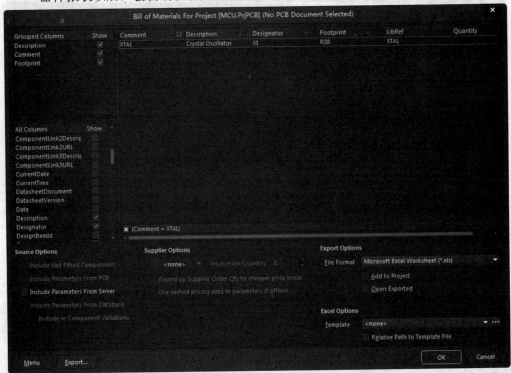

图 4-18　只显示描述信息为"XTAL"的元器件

● "Template（模板）"下拉列表：用于为元器件报表设置显示模板。单击右侧的下三角按钮，可以使用曾经用过的模板文件，也可以单击按钮重新选择。选择时，如果模板文件与元器件报表在同一目录下，则可以勾选下方的"Relative Path to Template File（模板文件的相对路径）"复选框，使用相对路径搜索，否则应该使用绝对路径搜索。

● "Menu（菜单）"按钮：单击该按钮，弹出如图 4-19 所示的"Menu（菜单）"菜单。由于该菜单中的各项命令比较简单，在此不一一介绍，用户可以自己练习操作。

● "Export（输出）"按钮：单击该按钮，可以将元器件报表保存到指定的文件夹中。

图4-19 "Menu（菜单）"菜单

● "Force Columns to View（强制多列显示）"复选框：若勾选该复选框，则系统将根据当前元器件报表窗口的大小重新调整各栏的宽度，使所有项目都可以显示出来。

设置好元器件报表的相应选项后，就可以进行元器件报表的创建、显示及输出了。元器件报表可以以多种格式输出，但一般选择Excel格式。

2. 元器件报表的创建

（1）单击"Menu（菜单）"按钮，在"Mcnu（菜单）"菜单中选择"Report（报表）"选项，系统将弹出"Report Preview（报表预览）"对话框，如图4-20所示。

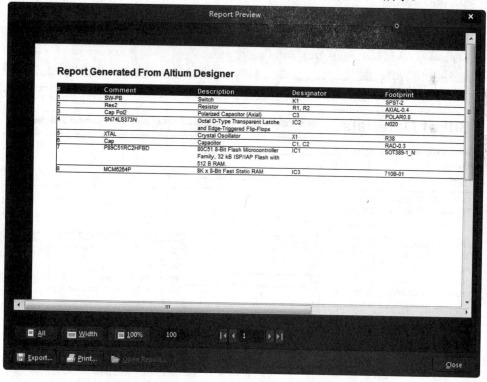

图4-20 "Report Preview（报表预览）"对话框

（2）单击 按钮 Export... ，可以将该报表进行保存，默认文件名为MCU.xls，是一个Excel文件；单击 按钮 Open Report... ，可以将该报表打开；单击 按钮 Print... ，可以将该报表打印输出。

（3）在"元器件报表"对话框中，单击按钮 ... ，在X:\Program Files\AD 18\Template目录下，选择系统自带的元器件报表模板文件BOM Default Template.XLT，如图4-21所示。

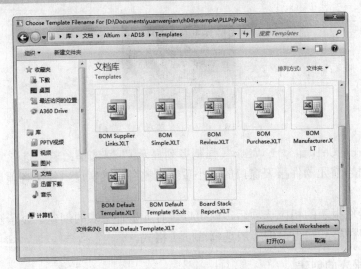

图 4-21　选择元器件报表模板文件

（4）单击"打开"按钮后，返回"Report Preview（报表预览）"对话框。单击"确定"按钮，退出该对话框。

（5）单击按钮 Export... ，输出带模板的报表文件，如图 4-22 所示。

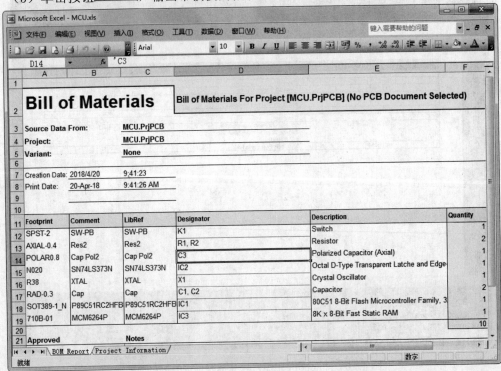

图 4-22　带模板报表文件

此外，Altium Designer 18 还为用户提供了简易的元器件报表，不需要进行设置即可生成。选择菜单栏中的"报告"→"Simple BOM（简单元器件清单报表）"选项，系统在"Projects（工程）"面板中自动添加"Components（元器件）"和"Net（网络）"选项组，显示工程文件中所有的元器件与网络，如图 4-23 所示。

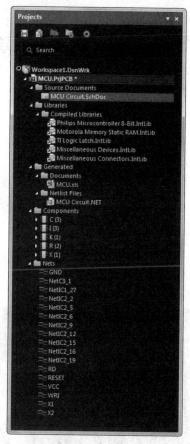

图 4-23　简易元器件报表

4.3　操作实例——音量控制电路

音量控制电路是所有音响设备中必不可少的单元电路。本实例设计一个如图 4-24 所示的音量控制电路，并对其进行报表输出操作。

具体的设计过程如下：

1. 新建项目

启动 Altium Designer 18，选择菜单栏中的"Files（文件）"→"新的"→"项目"→"Project（工程）"选项，弹出"New Project（新建工程）"对话框，如图 4-25 所示。在该对话框中显示工程文件类型，创建一个 PCB 项目文件——"音量控制电路.PrjPcb"。

2. 创建和设置原理图图纸

（1）在"Projects（工程）"面板的"音量控制电路.PrjPcb"项目文件上右击，在弹

出的快捷菜单中选择"添加新的到工程"→"Schematic（原理图）"选项，新建一个原理图
文件，并自动切换到原理图编辑环境。

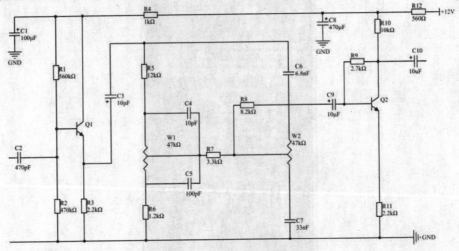

图 4-24　音量控制电路

图 4-25　"New Project（新建工程）"对话框

　　（2）用保存项目文件同样的方法，将该原理图文件另存为"音量控制电路原理
图.SchDoc"。保存后，"Projects（工程）"面板中将显示出用户设置的名称。

　　（3）设置电路原理图图纸的属性。打开"Properties（属性）"面板，按照图 4-26 设

置完成。

（4）设置图纸的标题栏。选择"Parameters（参数）"选项卡，出现标题栏设置选项。在"Address（地址）"选项中输入地址，在"Organization（机构）"选项中输入设计机构名称，在"ProjectName（项目名称）"选项中输入原理图的名称。其他选项可以根据需要设置，如图 4-27 所示。

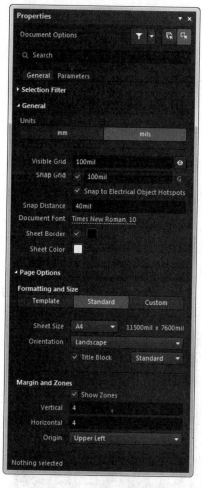

图 4-26 设置"Properties（属性）"面板

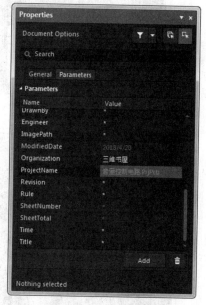

图 4-27 "Parameters（参数）"选项卡

3. 元器件的放置和属性设置

（1）激活"Libraries（库）"面板，在库文件列表中选择名为 Miscellaneous Devices.IntLib 的库文件，然后在过滤条件文本框中输入关键字 CAP，筛选出包含该关键字的所有元器件，选择其中名为 CapPol2 的电解电容，如图 4-28 所示。

（2）单击"Place CapPol2（放置 CapPol2）"按钮，然后将光标移动到工作窗口，进入如图 4-29 所示的电解电容放置状态。

（3）按 Tab 键，在弹出的"Properties（属性）"面板中修改元器件属性。将"Designator（标号）"设为 C1，激活"Comment（注释）"文本框后的"不可见"按钮；选择"Parameters

（参数）"选项卡，把"Value（值）"改为 100μF，如图 4-30 所示。

图 4-28　选择元器件

图 4-29　电解电容放置状态

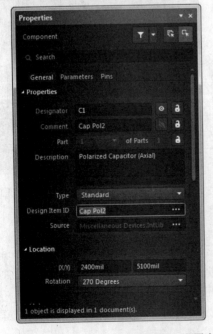

图 4-30　设置电解电容 C1 的属性

（4）按 Space 键，翻转电容至如图 4-31 所示的角度。

（5）在适当的位置单击，即可在原理图中放置电容 C1，同时编号为 C2 的电容自动附在光标上，如图 4-32 所示。

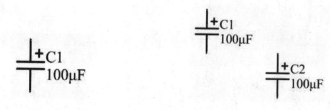

图 4-31　翻转电容　　　　　　图 4-32　放置电容 C2

（6）设置电容属性。再次按 Tab 键，修改电容 C3 的属性，如图 4-33 所示。

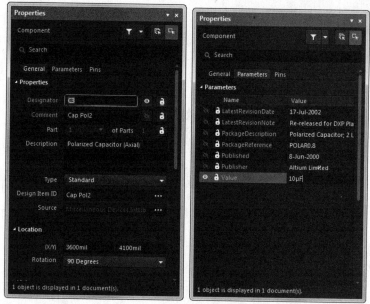

图 4-33　设置电容属性

（7）按 Space 键翻转电容 C3，并在图 4-34 所示的位置单击放置该电容。

本例中有 10 个电容，其中，C1、C3、C8、C9 和 C10 为电解电容，容量分别为 100μF、10μF、470μF、10μF、10μF；而 C2、C4、C5、C6 和 C7 为普通电容，容量分别为 470nF、10nF、100nF、6.8nF、33nF。

图 4-34　放置电容 C3

（8）参照上面的数据，放置好其他电容，如图 4-35 所示。

（9）放置电阻。本例中用到 12 个电阻，为 R1～R12，阻值分别为 560kΩ、470kΩ、2.2kΩ、1kΩ、12kΩ、1.2kΩ、3.3kΩ、8.2kΩ、2.7kΩ、10kΩ、2.2kΩ 和 560Ω。与放置电容相

似，将这些电阻放置在原理图中合适的位置，如图 4-36 所示。

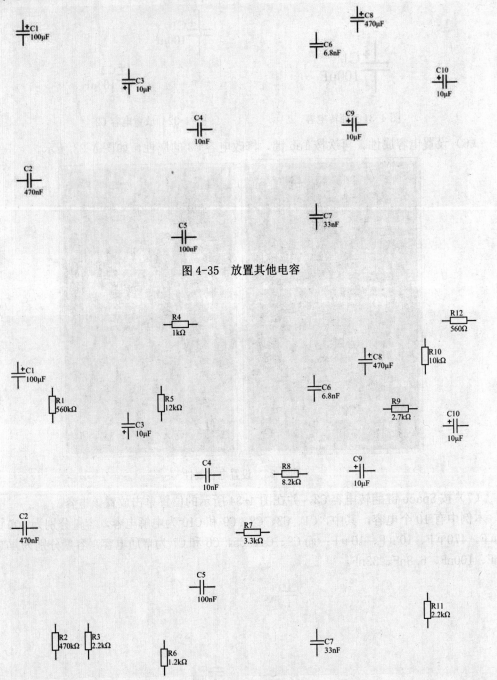

图 4-35　放置其他电容

图 4-36　放置电阻

（10）采用同样的方法选择和放置两个电位器，如图 4-37 所示。

（11）以同样的方法选择和放置两个晶体管 Q1 和 Q2，放置在 C3 和 C9 附近，如图 4-38 所示。

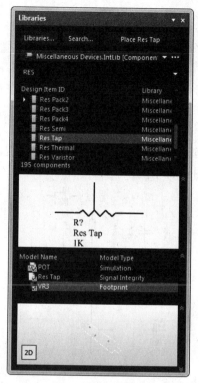

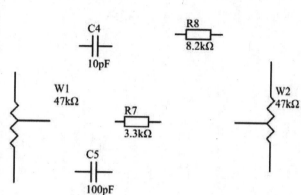

图 4-37　放置电位器

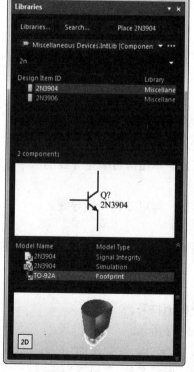

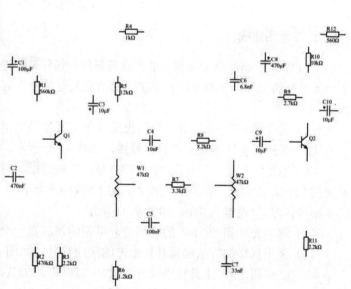

图 4-38　放置晶体管

4．布局元器件

元器件放置完成后，需要适当地进行调整，将它们分别排列在原理图中最恰当的位置，这样有助于后续的设计。

（1）选择元器件，按住鼠标左键进行拖动。将元器件移至合适的位置后释放鼠标左键，即可对其完成移动操作。

在移动对象时，可以通过按 Page Up 键或 Page Down 键来缩放视图，以便观察细节。

（2）选择元器件的标注部分，按住鼠标左键进行拖动，可以移动元器件标注的位置。

（3）采用同样的方法调整所有的元器件，效果如图 4-39 所示。

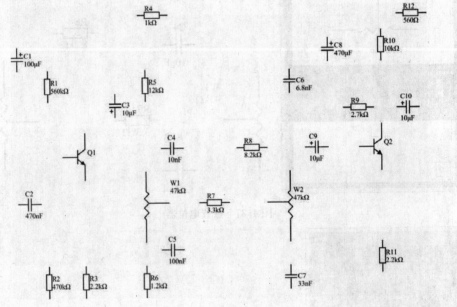

图 4-39　元器件调整效果

5．原理图连线

（1）单击"布线"工具栏中的"放置导线"按钮█，进入导线放置状态，将光标移动到某个元器件的引脚上（如 R1），十字光标的交叉符号变为红色，单击即可确定导线的一个端点。

（2）将光标移动到 R2 处，再次出现红色交叉符号后单击，即可放置一段导线。

（3）采用同样的方法放置其他导线，如图 4-40 所示。

（4）单击"布线"工具栏中的"GND 端口"按钮█，进入接地放置状态。按 Tab 键，在弹出的"Properties（属性）"面板中，将"Style（类型）"设置为"Power Ground（接地）"，"Name（名称）"设置为 GND，如图 4-41 所示。

（5）移动光标到 C8 下方的引脚处，单击即可放置一个接地符号。

（6）采用同样的方法放置其他地方的接地符号，如图 4-42 所示。

（7）在"应用工具"工具栏中选择放置"＋12V"电源工具，按 Tab 键，在弹出的"Properties（属性）"面板中将"Style（类型）"设置为"Bar"，"Name（电源名称）"设置为＋12V，如

图 4-43 所示。

（8）在原理图中放置电源并检查和整理连接导线，布线后的原理图如图 4-44 所示。

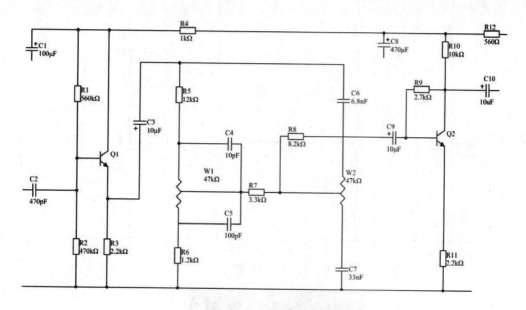

图 4-40　放置导线

图 4-41　设置"Power Ground（接地）"属性

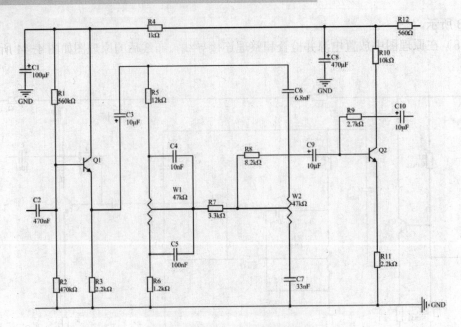

图 4-42　放置接地符号

图 4-43　设置电源属性

6. 报表输出

（1）选择菜单栏中的"设计"→"工程的网络表"→"Protel（生成项目网络表）"选项，系统自动生成了当前项目的网络表文件"音量控制电路原理图.NET"，并存放在当前项目的"Generated \Netlist Files"文件夹中。双击，打开该原理图的网络表文件"音量控制电路原理图.NET"，如图 4-45 所示。该网络表是一个简单的 ASCII 码文本文件，由多行文本组成。内容分为两大部分，一部分是元器件信息，另一部分是网络信息。系统会自动生成当前的原理图的网络表文件。

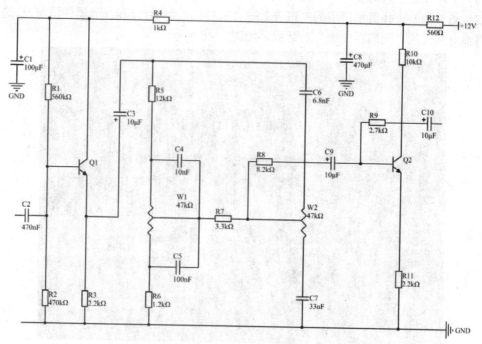

图 4-44　布线后的原理图

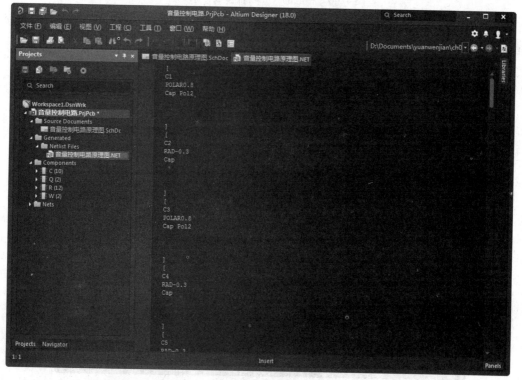

图 4-45　打开原理图的网络表文件"音量控制电路原理图.NET"

（2）在只有一个原理图的情况下，该网络表的组成形式与上述基于整个原理图的网络表是同一个，在此不再重复。

Step3 （3）选择菜单栏中的"报告"→"Bill of Materials（元器件清单）"选项，系统将弹出相应的"元器件报表"对话框，如图 4-46 所示。

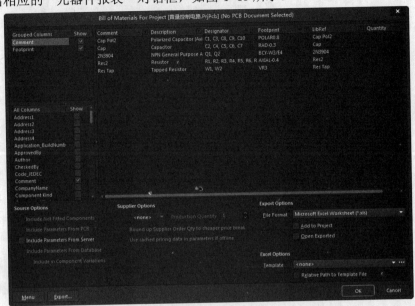

图 4-46　相应的"元器件报表"对话框

（4）单击"Menu（菜单）"按钮，在弹出的 Menu 菜单中选择"Report（报表）"选项，系统将弹出"Report Preview（报表预览）"对话框，如图 4-47 所示。

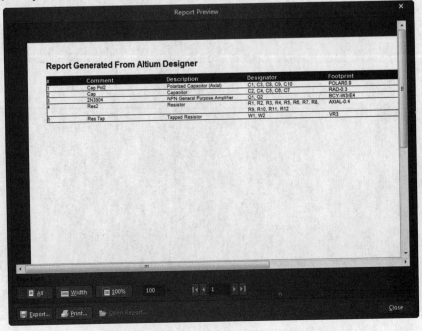

图 4-47　"Report Preview（报表预览）"对话框

（5）单击"Export（输出）"按钮，可以将该报表进行保存，默认文件名为"音量控制电路.xls"，是一个 Excel 文件；单击"Print（打印）"按钮，可以将该报表进行打印输出。

（6）在"元器件报表"对话框中单击按钮 ⋯，在 X:\Program Files\AD18\Templates 目录下，选择系统自带的元器件报表模板文件 BOM Default Template.XLT。

（7）单击"打开"按钮，返回"元器件报表"对话框。单击"OK（确定）"按钮，退出该对话框。

7. 编译并保存项目

（1）选择菜单栏中的"工程"→"Compile PCB Projects（编译 PCB 项目）"选项，系统将自动生成信息报告，并在"Messages（信息）"面板中显示出来，如图 4-48 所示。项目完成结果如图 4-49 所示。本例没有出现任何错误信息，表明电气检查通过。

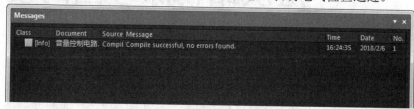

图 4-48　"Messages（信息）"面板

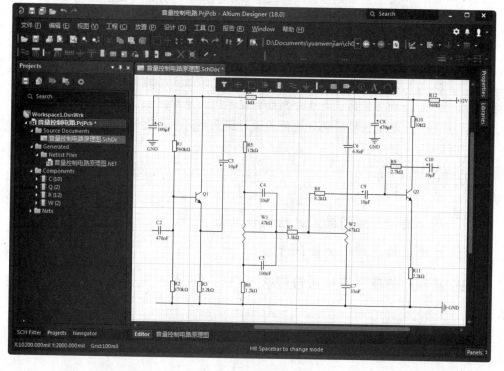

图 4-49　项目完成结果

（2）保存项目，完成音量控制电路原理图的设计。

第 **5** 章

层次结构原理图的设计

前面我们介绍了一般电路原理图的基本设计方法，即将整个系统的电路绘制在一张原理图上，这种方法适用于规模较小、逻辑结构较简单的系统电路设计。对于大规模的电路系统来说，由于所包含的电气对象数量繁多，结构关系复杂，很难在一张原理图上完整地绘出，即使勉强绘制出来，其错综复杂的结构也非常不利于电路的阅读、分析与检查。

因此，对于大规模的复杂系统，应该采用另外一种设计方法，即电路的模块化设计方法。将整体系统按照功能分解成若干个电路模块，每个电路模块具有特定的独立功能及相对独立性，可以由不同的设计者分别绘制在不同的原理图上。这样可以使电路结构更清晰，同时也便于设计团队共同参与设计，加快工作进程。

- ◉ 层次结构原理图的基本结构和组成
- ◉ 层次结构原理图的设计方法
- ◉ 层次结构原理图之间的切换

5.1 层次结构原理图的基本结构和组成

层次结构电路原理图的设计理念是将实际的总体电路按模块划分，划分的原则是每一个电路模块都应具有明确的功能特征和相对独立的结构，而且还要有简单、统一的接口，便于模块间的连接。

针对每一个具体的电路模块，可以分别绘制相应的电路原理图，该原理图一般称之为子原理图，而各个电路模块之间的连接关系则采用一个顶层原理图来表示。顶层原理图主要由若干个原理图符号即图纸符号组成，用来表示各个电路模块之间的系统连接关系，描述了整体电路的功能结构。这样，把整个系统电路分解成顶层原理图和若干个子原理图以分别进行设计。

Altium Designer 18 系统提供的层次原理图设计功能非常强大，能够实现多层的层次化设计功能。用户可以将整个电路系统划分为若干个子系统，每一个子系统可以划分为若干个功能模块，而每一个功能模块还可以再细分为若干个基本的小模块，这样依次细分下去，就把整个系统划分为多个层次，电路设计化繁为简。

一个两层结构原理图的基本结构如图 5-1 所示，由顶层原理图和子原理图共同组成，这就是所谓的层次化结构。

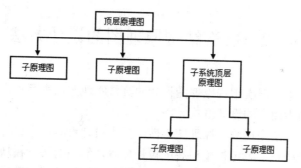

图 5-1 两层结构原理图的基本结构

其中，子原理图为描述某一电路模块具体功能的普通电路原理图，只不过增加了一些输入输出端口，作为与上层原理图进行电气连接的接口。普通电路原理图的绘制方法在前面已经学习过，主要由各种具体的元器件、导线等构成。

顶层原理图即母图的主要构成元素不再是具体的元器件，而是代表子原理图的图纸符号，图 5-2 所示为一个采用层次结构设计的顶层原理图。

该顶层原理图主要由 4 个图纸符号组成，每一个图纸符号都代表一个相应的子原理图文件。在图纸符号的内部给出了一个或多个表示连接关系的电路端口，对于这些端口，在子原理图中都有相同名称的输入、输出端口与之相对应，以便建立起不同层次间的信号通道。

图纸符号之间也是借助于电路端口进行连接的，也可以使用导线或总线完成连接。此外，同一个项目的所有原理图（包括顶层原理图和子原理图）中，相同名称的输入、输出端口和电路端口之间，在电气意义上都是相互连通的。

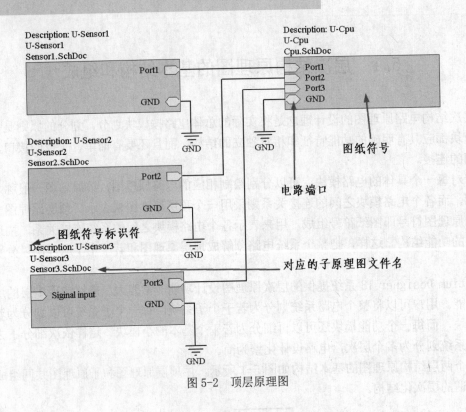

图 5-2　顶层原理图

5.2　层次结构原理图的设计方法

基于上述设计理念，层次结构原理图设计的具体实现方法有两种，一种是自上而下的设计方式，另一种是自下而上的设计方式。

自上而下的设计方法是在绘制原理图之前，要求设计者对这个设计有一个整体的把握。把整个设计分成多个模块，确定每个模块的设计内容，然后对每一模块进行详细的设计。在C 语言中，这种设计方法被称为自顶向下，逐步细化。该设计方法要求设计者在绘制原理图之前就对系统有比较深入的了解，对电路的模块划分比较清楚。

自下而上的设计方法是设计者先绘制子原理图，根据子原理图生成原理图符号，进而生成上层原理图，最后完成整个设计。这种方法比较适用于对整个设计不是非常熟悉的用户，这也是一种适合初学者选择的设计方法。

5.2.1　自上而下的层次结构原理图设计

本节以"基于通用串行数据总线 USB 的数据采集系统"的电路设计为例，详细介绍自上而下层次结构原理图的具体设计过程。

采用层次结构原理图的设计方法，将实际的总体设计按照电路模块的划分原则划分为 4个电路模块，即 CPU 模块和三路传感器模块 Sensor1、Sensor2 和 Sensor3。首先绘制出层次原理图中的顶层原理图，然后再分别绘制出每一电路模块的具体原理图。

自上而下绘制层次结构原理图的操作步骤如下：

（1）启动 Altium Designer 18，选择菜单栏中的"File（文件）"→"新的"→"项目"→"PCB 工程"选项，则在"Projects（工程）"面板中出现了新建的项目文件，另存为"USB 采集系统.PrjPCB"。

（2）在项目文件"USB 采集系统.PrjPCB"上右击，在弹出的快捷菜单中选择"添加新的到工程"→"Schematic（原理图）"选项，在该项目文件中新建一个电路原理图文件，另存为"Mother.SchDoc"，并完成图纸相关参数的设置。

（3）选择菜单栏中的"放置"→"页面符"选项，或者单击"布线"工具栏中的"放置页面符"按钮，光标将变为十字形状，并带有一个页面符标志。

（4）移动光标到需要放置页面符的地方，单击，确定页面符的一个顶点；移动光标到合适的位置再一次单击，确定其对角顶点，即可完成页面符的放置。

（5）光标仍处于放置页面符的状态，重复上一步操作即可放置其他页面符。右击或者按 Esc 键即可退出操作。

（6）设置页面符的属性。双击需要设置属性的页面符，或者在绘制状态时按 Tab 键，系统将弹出 "Properties（属性）"面板，如图 5-3 所示。该面板中主要选项含义如下：

图 5-3　"Properties（属性）"面板

1）"Properties(属性)"选项组：

● "Designator（标号）"：用于设置页面符的名称。这里输入 Modulator（调制器）。

● "File Name（文件名）"：用于显示该页面符所代表的下层原理图的文件名。

● Bus Text Style（总线文本类型）：用于设置线束连接器中文本显示类型。单击右侧的下三角按钮，有两个选项供选择："Full（全程）"和"Prefix（前缀）"。

- "Line Style（线宽）"：用于设置页面符边框的宽度，有 4 个选项供选择：Smallest、Small、Medium 和 Large。
- "Fill Color（填充颜色）"：若选中该复选框，则页面符内部被填充。否则，页面符是透明的。

2）"Source（资源）"选项组

- "File Name（文件名）"：用于设置该页面符所代表的下层原理图的文件名，输入 CPU.schdoc（调制器电路）。

3）Sheet Entries（原理图入口）选项组：

在该选项组中可以为页面符添加、删除和编辑与其余元器件连接的原理图入口，其功能与工具栏中的"添加原理图入口"按钮作用相同。

单击"Add（添加）"按钮，在该选项组中自动添加原理图入口，如图 5-4 所示。

图 5-4　"Sheet Entries（原理图入口）"选项组

- ：用于设置页面符文字的字体类型、字体大小、字体颜色，同时对字体添加加粗、斜体、下划线、横线等效果，如图 5-5 所示。
- "Other（其余）"：用于设置页面符中原理图入口的电气类型、边框的颜色和填充颜色。单击其中的颜色块，可以在弹出的对话框中设置颜色，如图 5-6 所示。

图 5-5　文字设置　　　　　　　　　图 5-6　原理图入口参数

4）"Parameters（参数）"选项卡。

选择图 5-3 中的"Parameters（参数）"选项卡，如图 5-7 所示。在该选项卡中可以对页面符的图纸符号进行添加、删除和编辑标注文字。单击"Add（添加）"按钮，添加参数显示如图 5-8 所示。

在该选项卡中可以设置标注文字的"名称""值""位置""颜色""字体""定位"以及类型等。

单击按钮 ⊙，显示 Value 值；单击按钮 🅐，显示 Name。

按照上述方法放置另外 3 个原理图符号 U-Sensor2、U-Sensor3 和 U-Cpu，并设置好相应的属性，如图 5-9 所示。

（7）选择菜单栏中的"放置"→"添加原理图入口"选项，或者单击"布线"工具栏中的"添加原理图入口"按钮 ◪，光标将变为十字形状。

图5-7 "Parameters（参数）"选项卡

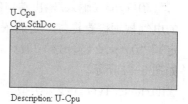

图5-8 添加参数显示

（8）移动光标到页面符内部，选择放置原理图入口的位置，单击，会出现一个随光标移动的原理图入口，但只其能在原理图符号内部的边框上移动，在适当的位置再次单击即可完成原理图入口的放置。此时，光标仍处于放置原理图入口的状态，继续放置其他的原理图入口。右击或者按 Esc 键即可退出操作。

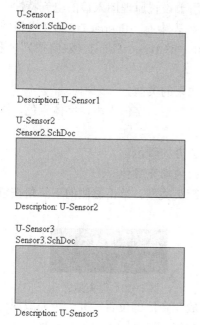

图5-9 放置并设置好的4个原理图符号及相应属性

（9）设置原理图入口的属性。根据层次结构电路图的设计要求，在顶层原理图中，每一个页面符上的所有原理图入口都应该与其所代表的子原理图上的一个电路输入、输出端口相对应，包括端口名称及接口形式等。因此，需要对原理图入口的属性加以设置。双击需要设置属性的原理图入口，或者在绘制状态时按 Tab 键，系统将弹出 "Properties（属性）"面板，如图5-10所示。该面板的主要选项的含义如下：

● "Name（名称）"：用于设置原理图入口名称。这是原理图入口最重要的属性之一，具有相同名称的原理图入口在电气上是连通的。

图 5-10　"Properties（属性）"面板

- "I/O Type（输入/输出端口的类型）"：用于设置原理图入口的电气特性，对后面的电气规则检查提供一定的依据。在下拉列表中有"Unspecified（未指明或不确定）""Output（输出）""Input（输入）"和"Bidirectional（双向型）"4 种类型，如图 5-11 所示。

- "Harness Type（线束类型）"：用于设置线束的类型。

- "Font（字体）"：用于设置端口名称的字体类型、字体大小、字体颜色，同时对字体添加加粗、斜体、下划线、横线等效果。

- "Border Color（边界）"：用于设置端口边界的颜色。

- "Fill Color（填充颜色）"：用于设置端口内填充颜色。

- "Kind（类型）"：用于设置原理图入口的箭头类型。单击右侧的下三角按钮，有 4 个选项可供选择，如图 5-12 所示。

图 5-11　输入/输出端口的类型　　　　图 5-12　箭头类型

（10）按照同样的方法，把所有的原理图入口放在合适的位置，并一一完成属性设置。

（11）使用导线或总线把每一个原理图符号上的相应原理图入口连接起来，并放置好接地符号，完成顶层原理图的绘制，如图 5-13 所示。

根据顶层原理图中的原理图符号，把与之相对应的子原理图分别绘制出来，这一过程就是使用原理图符号来建立子原理图的过程。

（12）选择菜单栏中的"设计"→"从页面符创建图纸"选项，此时光标将变为十字形状。移动光标到原理图符号 U-Cpu 内部，单击，系统自动生成一个新的原理图文件，名称为 Cpu.SchDoc，与相应的原理图符号所代表的子原理图文件名一致，如图 5-14 所示。此时可以看到，在该原理图中已经自动放置好了与 4 个电路端口方向一致的输入、输出端口。

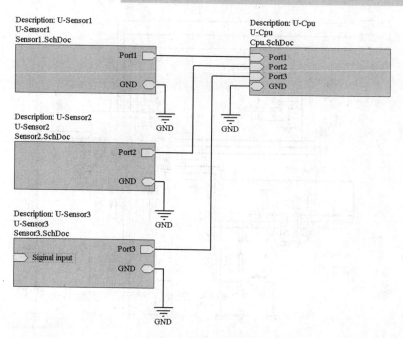

图5-13　顶层原理图

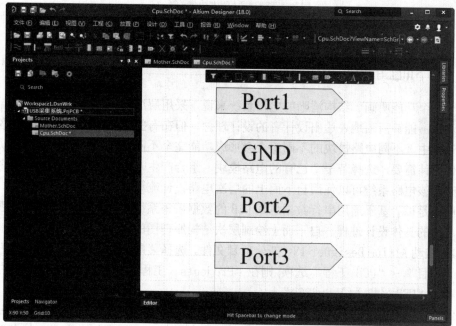

图5-14　由原理图符号U-Cpu建立的子原理图

（13）使用普通电路原理图的绘制方法，放置各种所需的元器件并进行电气连接，完成Cpu子原理图的绘制，如图5-15所示。

（14）使用同样的方法，用顶层原理图中的另外3个原理图符号U-Sensor1、U-Sensor2、U-Sensor3建立与其相对应的3个子原理图Sensor1.SchDoc、Sensor2.SchDoc、Sensor3.SchDoc，并且分别绘制出来。

采用自上而下的层次电路图设计方法，完成了整个USB数据采集系统的电路原理图绘制。

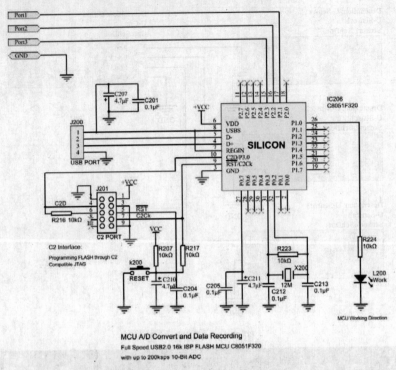

图 5-15　绘制子原理图 Cpu. SchDoc

5.2.2　自下而上的层次结构原理图设计

对于一个功能明确、结构清晰的电路系统来说，采用层次电路设计方法，使用自上而下的设计流程，能够清晰地表达出设计者的设计理念，但在有些情况下，特别是在电路的模块化设计过程中，不同电路模块的不同组合会形成功能完全不同的电路系统。用户可以根据自己的具体设计需要，选择若干个已有的电路模块，组合产生一个符合设计要求的完整电路系统。此时，该电路系统可以使用自下而上的层次电路设计流程来完成。

下面还是以"基于通用串行数据总线 USB 的数据采集系统"电路设计为例，介绍自下而上层次电路的具体设计过程。自下而上绘制层次结构原理图的操作步骤如下：

（1）启动 Altium Designer 18，新建项目文件。选择菜单栏中的"File（文件）"→"新的"→"项目"→"PCB 工程"选项，则在"Projects（工程）"面板中出现了新建的项目文件，另存为"USB 采集系统. PrjPCB"。

（2）新建原理图文件作为子原理图。在项目文件"USB 采集系统. PrjPCB"上右击，在弹出的快捷菜单中选择"添加新的到工程"→"Schematic（原理图）"选项，在该项目文件中新建原理图文件，另存为"Cpu. SchDoc"，并完成图纸相关参数的设置。采用同样的方法建立原理图文件 Sensor1. SchDoc、Sensor2. SchDoc 和 Sensor3. SchDoc。

（3）绘制各个子原理图。根据每一模块的具体功能要求，绘制电路原理图。例如，CPU模块主要完成主机与采集到的传感器信号之间的 USB 接口通信，这里使用带有 USB 接口的单片机 C8051F320 来完成。而三路传感器模块 Sensor1、Sensor2、Sensor3 则主要完成对三路传感器信号的放大和调制，具体绘制过程不再赘述。

（4）放置各子原理图中的输入、输出端口。子原理图中的输入、输出端口是子原理图与顶层原理图之间进行电气连接的重要通道，应该根据具体设计要求进行放置。

例如，在原理图 Cpu. SchDoc 中，三路传感器信号分别通过单片机 P2 口的 3 个引脚 P2.1、P2.2、P2.3 输入到单片机中，是原理图 Cpu. SchDoc 与其他 3 个原理图之间的信号传递通道，所以在这 3 个引脚处放置了 3 个输入端口，名称分别为 Port1、Port2、Port3。除此之外，还放置了一个共同的接地端口 GND。放置的输入、输出电路端口电路原理图 Cpu. SchDoc 与图 5-10 完全相同。

同样，在子原理图 Sensor1. SchDoc 的在信号输出端放置一个输出端口 Port1，在子原理图 Sensor2. SchDoc 的信号输出放置一个输出端口 Port2，在子原理图 Sensor3. SchDoc 的信号输出端放置一个输出端口 Port3，分别与子原理图 Cpu. SchDoc 中的 3 个输入端口相对应，并且都放置了共同的接地端口。移动光标到需要放置原理图符号的地方，单击确定原理图符号的一个顶点，移动光标到合适的位置再一次单击确定其对角顶点，即可完成原理图符号的放置。放置了输入、输出电路端口的 3 个子原理图 Sensor1. SchDoc、Sensor2. SchDoc 和 Sensor3. SchDoc 分别如图 5-16～图 5-18 所示。

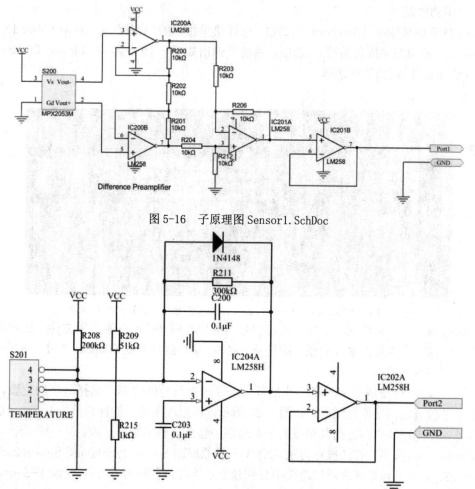

图 5-16　子原理图 Sensor1. SchDoc

图 5-17　子原理图 Sensor2. SchDoc

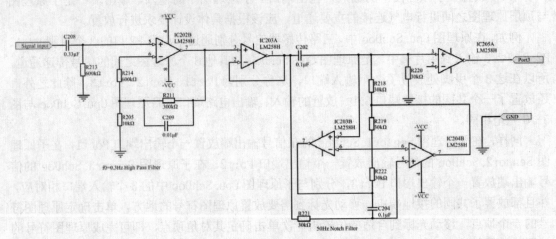

图 5-18 子原理图 Sensor3.SchDoc

（5）在项目 USB 采集系统.PrjPCB 中新建一个原理图文件 Mother1.PrjPCB，以便进行顶层原理图的绘制。

（6）打开原理图文件 Mother1.PrjPCB，选择菜单栏中的"设计"→"Create Sheet Symbol From Sheet（原理图生成页面符）"选项，系统将弹出如图 5-19 所示的"Choose Document to Place（选择文件放置）"对话框。

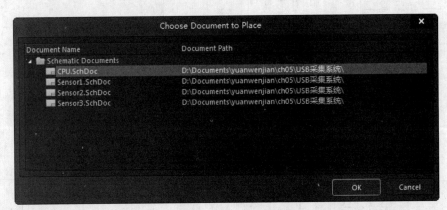

图 5-19 "Choose Document to Place（选择文件放置）"对话框

在该对话框中，系统列出了同一项目中除当前原理图外的所有原理图文件，用户可以选择其中的任何一个原理图来建立原理图符号。例如，这里选择 Cpu.SchDoc，单击"OK（确定）"按钮，关闭该对话框。

（7）此时光标变成十字形状，并带有一个原理图符号的虚影。选择适当的位置，将该原理图符号放置在顶层原理图中，如图 5-20 所示。该原理图符号的标识符为 U-Cpu，边缘已经放置了 4 个电路端口，方向与相应的子原理图中输入、输出端口一致。

Step8 （8）按照同样的操作方法，由 3 个子原理图 Sensor1.SchDoc、Sensor2.SchDoc 和 Sensor3.SchDoc 可以在顶层原理图中分别建立 3 个原理图符号 U-Sensor1、U-Sensor2 和 U-Sensor3，如图 5-21 所示。

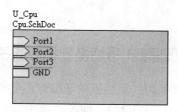

图 5-20 放置 U_Cpu 原理图符号

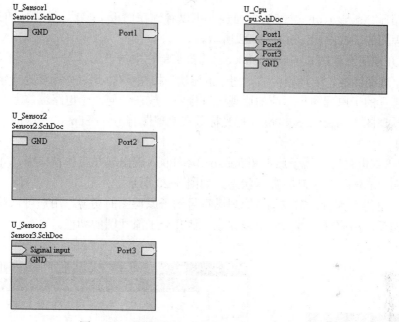

图 5-21 在顶层原理图中建立 3 个原理图符号

（9）设置原理图符号和电路端口的属性。由系统自动生成的原理图符号不一定完全符合设计要求，很多时候还需要进行编辑，如原理图符号的形状、大小、电路端口的位置要有利于布线连接，电路端口的属性需要重新设置等。

（10）用导线或总线将原理图符号通过电路端口连接起来，并放置接地符号，完成顶层原理图的绘制，结果和图 5-13 所示完全一致。

5.3 层次结构原理图之间的切换

在绘制完成的层次结构原理图中，一般都包含顶层原理图和多张子原理图。用户在编辑时，常常需要在这些图中来回切换查看，以便了解完整的电路结构。对于层次较少的层次结构原理图，由于结构简单，直接在"Projects（工程）"面板中单击相应原理图文件的图标即可进行切换查看，但是对于包含较多层次的原理图，结构十分复杂，单纯通过"Projects（工程）"面板来切换就很容易出错。在 Altium Designer 18 系统中，提供了层次结构原理图切换的专用命令，以帮助用户在复杂的层次结构原理图之间方便地进行切换，实现多张原理图的同步查看和编辑。

5.3.1 由顶层原理图中的原理图符号切换到相应的子原理图

由顶层原理图中的原理图符号切换到相应的子原理图的操作步骤如下：

Step1 （1）打开"Projects（工程）"面板，选中项目"USB 采集系统.PrjPCB"，选择菜单栏中的"工程"→"Compile PCB Project USB 采集系统.PrjPCB"选项，完成对该项目的编译。

（2）打开"Navigator（导航）"面板，可以看到在面板上显示了该项目的编译信息，其中包括原理图的层次结构，如图 5-22 所示。

（3）打开顶层原理图 Mother.SchDoc，选择菜单栏中的"工具"→"上/下层次"选项，或者单击"原理图标准"工具栏中的"上/下层次"按钮，此时光标变为十字形状。移动光标到与欲查看的子原理图相对应的原理图符号处，放在任何一个电路端口上。例如，在这里要查看子原理图 Sensor2.SchDoc，把光标放在原理图符号 U-Sensor2 中的一个电路端口 Port2 上即可。

（4）单击该电路端口，子原理图 Sensor2.SchDoc 就出现在工作窗口中，并且具有相同名称的输出端口 Port2 处于高亮显示状态，如图 5-23 所示。

右击，退出切换状态，完成了由原理图符号到子原理图的切换，用户可以对该子原理图进行查看或编辑。用同样的方法，可以完成其他几个子原理图的切换。

图 5-22 "Navigator（导航）"面板

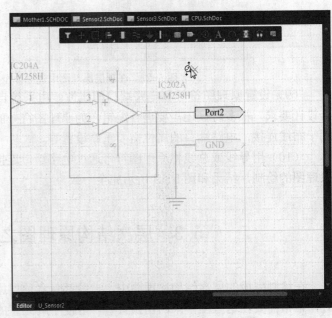

图 5-23 切换到相应子原理图

5.3.2 由子原理图切换到顶层原理图

由子原理图切换到顶层原理图的操作步骤如下：

（1）打开任意一个子原理图，选择菜单栏中的"工具"→"上/下层次"选项，或者单击"原理图标准"工具栏中的"上/下层次"按钮 ⬆⬇，此时光标变为十字形状。移动光标到任意一个输入/输出端口处，如图 5-24 所示。在这里，打开子原理图 Sensor3.SchDoc，把光标置于接地端口 GND 处。

（2）单击，顶层原理图 Mother.SchDoc 就出现在工作窗口中，并且在代表子原理图 Sensor3.SchDoc 的原理图符号中，具有相同名称的接地端口 GND 处于高亮显示状态。右击，退出切换状态，完成了由子原理图到顶层原理图的切换。此时，用户可以对顶层原理图进行查看或编辑。

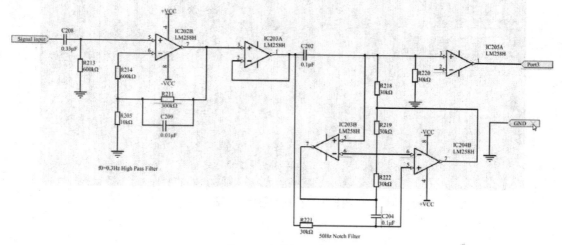

图 5-24　选择子原理图中的任一输入/输出端口

5.4　层次设计表

通常设计的层次结构原理图层次较少，结构也比较简单。但是对于多层次的层次结构原理图，其结构关系却是相当复杂的，用户不容易看懂。因此，系统提供了一种层次设计表作为用户查看复杂层次结构原理图的辅助工具。借助层次设计表，用户可以清晰地了解层次结构原理图的层次结构关系，进一步明确层次电路图的设计内容。生成层次设计表的主要操作步骤如下：

（1）编译整个项目。前面已经对项目"USB 采集系统.PrjPCB"进行了编译。

（2）选择菜单栏中的"报告"→"项目报告"→"Report Project Hierarchy（项目层次报表）"选项，生成有关该项目的层次设计表。

（3）打开"Projects（工程）"面板，可以看到，该层次设计表被添加在该项目下的 Generated\Text Documents\文件夹中，是一个与项目文件同名，扩展名为*.REP 的文本文件。

（4）双击该层次设计表文件，则系统转换到文本编辑器界面，可以查看该层次设计表。生成的层次设计表如图 5-25 所示。

从图 5-20 中可以看出，在生成的设计表中，使用缩进格式明确地列出了本项目中的各个原理图之间的层次关系。原理图文件名越靠左，说明该文件在层次电路图中的层次越高。

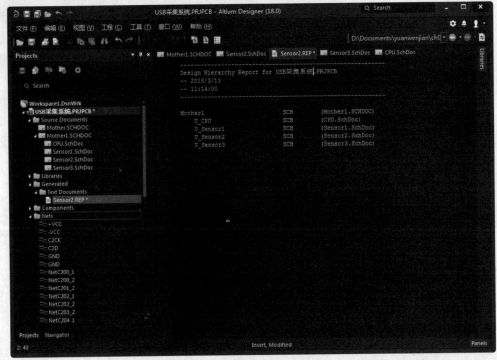

图 5-25　生成的层次设计表

5.5　操作实例

下面通过实例详细介绍两种层次结构原理图的设计步骤。本实例参考随书光盘"yuanwen jian\ch05\5.5\4 Port Serial Interface"下的项目文件。

1. 自上而下层次化原理图设计

Step1　(1) 建立工作环境。

1) 在 Altium Designer 18 主窗口中，选择"File (文件)"→"新的"→"项目"→"PCB 工程"选项，新建印制电路板工程文件，选择"File (文件)"→"新的"→"Schematic (原理图)"选项，新建原理图文件。

2) 右击新建的原理图文件，选择"另存为"选项，将新建的原理图文件保存为 Top.SchDoc。

Step2　(2) 选择"放置"→"页面符"选项，或者单击"布线"工具栏中的"放置页面符"按钮 ，鼠标将变为十字形状，并带有一个页面符标志。

Step3　(3) 移动鼠标到需要放置页面符的地方，单击，确定页面符的一个顶点；移动鼠标到合适的位置，再一次单击，确定其对角顶点，即可完成页面符的放置。

此时，鼠标仍处于放置页面符的状态，重复操作即可放置其他的页面符。

单击鼠标右键，或者按 Esc 键便可退出操作。

Step4　(4) 设置页面符属性。此时放置的页面符并没有具体的意义，需要进一步进行设置，包括其标识符、所表示的子原理图文件，以及一些相关的参数等。

1）选择"放置"→"添加原理图入口"选项，或者单击"布线"工具栏中的"添加原理图入口"按钮 ，鼠标将变为十字形状。

2）移动鼠标到页面符内部，选择要放置的位置，单击，会出现一个原理图入口随鼠标移动而移动，但只能在页面符内部的边框上移动。在适当的位置再一次单击，即可完成原理图入口的放置。

3）鼠标仍处于放置原理图入口的状态，重复上述的操作即可放置其他的原理图入口。单击鼠标右键，或者按 Esc 键便可退出操作。

Step5 （5）设置原理图入口的属性。

1）双击需要设置属性的原理图入口（或在绘制状态下按 Tab 键），系统将弹出相应的原理图入口属性编辑对话框，对原理图入口的属性加以设置。

2）使用导线或总线把每一个方块电路图上的相应原理图入口连接起来，并放置好接地符号，完成顶层原理图的绘制，如图 5-26 所示。

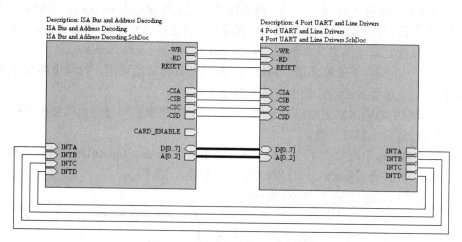

图 5-26　设计完成的顶层原理图

3）根据顶层原理图中的页面符，把与之相对应的子原理图分别绘制出来，这一过程就是使用方块电路图来建立子原理图的过程。

Step6 （6）选择"设计"→"从页面符创建原理图"选项，这时鼠标将变为十字形状。移动鼠标到上图左侧页面符内部，单击鼠标左键，系统自动生成一个新的原理图文件，名称为 ISA Bus Address Decoding.SchDoc，与相应的页面符所代表的子原理图文件名一致，如图 5-27 所示。用户可以看到，在该原理图中已经自动放置好了与 14 个与原理图入口方向一致的输入输出端口。

Step7 （7）使用普通电路原理图的绘制方法，放置各种所需的元器件并进行电气连接，完成 ISA Bus Address Decoding.SchDoc 子原理图的绘制，如图 5-28 所示。

Step8 （8）使用同样的方法，由顶层原理图中的另外 1 个方块电路图"4 Port UART and Line Drivers"建立对应的子原理图"4 Port UART and Line Drivers.SchDoc"，并且绘制出来。

这样就采用自上而下的层次结构原理图设计方法完成了整个系统的电路原理图绘制。

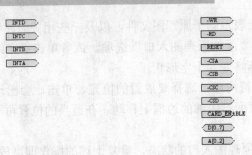

图 5-27 由方块电路图产生的子原理图

2. 自下而上层次结构原理图设计

Step1 （1）新建项目文件。

1）在 Altium Designer 18 主窗口中选择 "Files（文件）" → "新的" → "Project（工程）" 选项，新建印制电路板工程文件；选择 "Files（文件）" → "新的" → "Schematic（原理图）" 选项。

2）右键选择 "保存工程为" 选项，将新建的工程文件保存为 My job. PrjPCB；然后右键选择 "另存为" 选项，将新建的原理图文件保存为 ISA Bus Address Decoding. SchDoc。

同样的方法建立原理图文件 4 Port UART and Line Drivers. SchDoc。

Step2 （2）绘制各个子原理图。根据每一模块的具体功能要求，绘制电路原理图。

Step3 （3）放置各子原理图中的输入输出端口。

1）子原理图中的输入输出端口是子原理图与顶层原理图之间进行电气连接的重要通道，应该根据具体设计要求加以放置。

2）放置了输入输出端口的两个子原理图 ISA Bus Address Decoding. SchDoc 和 4 Port UART and Line Drivers. SchDoc，分别如图 5-28 和图 5-29 所示。

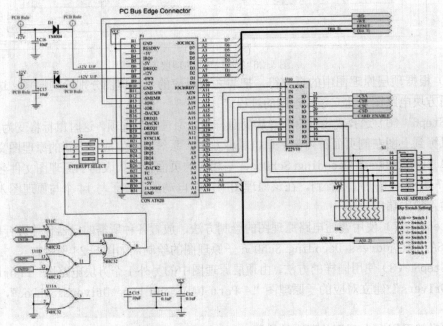

图 5-28 子原理图 ISA Bus Address Decoding. SchDoc

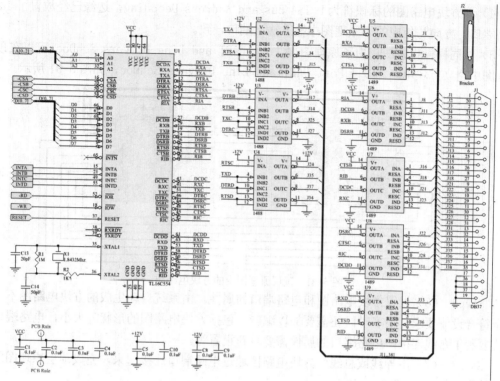

图 5-29 子原理图 4 Port UART and Line Drivers.SchDoc

Step4 （4）在工程文件 My job.PrjPCB 中新建一个原理图文件 Top1.SchDoc，以便进行顶层原理图的绘制。

Step5 （5）生成方块图。

1）打开原理图文件 Top1.SchDoc，选择"设计"→"Create Sheet Symbol From Sheet（原理图生成页面符）"选项，系统弹出如图 5-30 所示的"Choose Document to place"（选择文件放置）对话框。

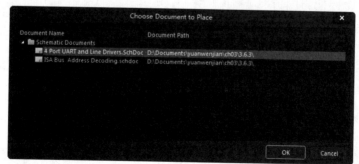

图 5-30 "Choose Document to place"（选择文件放置）对话框

2）在该对话框中，系统列出了同一项目中除当前原理图外的所有原理图文件，用户可以选择其中的任何一个原理图来建立方块电路图。例如，这里选择 ISA Bus Address Decoding.SchDoc。

3）鼠标变成十字形状，并带有一个方块电路图的虚影。选择适当的位置，单击，即可将该方块电路图放置在顶层原理图中。

4）该方块电路图的标识符为 U_ISA Bus and Address Decoding，边缘已经放置了 14 个电路端口，方向与相应的子原理图中输入输出端口一致。

5）按同样操作方法，由子原理图 4 Port UART and Line Drivers.SchDoc 可以在顶层原理图中建立方块电路图 U_4 Port UART and Line Drivers.SchDoc，如图 5-31 所示。

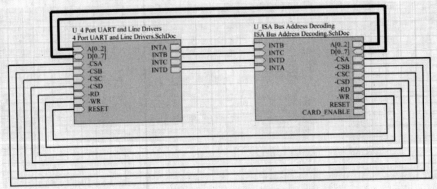

图 5-31　顶层原理图中的方块电路图

Step6　（6）设置方块电路图和电路端口的属性。由系统自动生成的方块电路图不一定完全符合设计要求，很多时候还需要加以编辑，包括方块电路图的形状、大小，电路端口的位置要利于布线连接，电路端口的属性需要重新设置等。

Step7　（7）用导线或总线将方块电路图通过电路端口连接起来，完成顶层原理图的绘制，结果和图 5-26 完全一致。

第 **6** 章

原理图编辑中的高级操作

Altium Designer 18 为原理图编辑提供了一些高级操作，掌握了这些高级操作，将大大提高电路设计的工作效率。

本章将详细介绍这些高级操作，包括工具的使用、元件编号管理、元件的过滤和原理图的查错与编译等。

- ◎ 工具的使用
- ◎ 元件编号管理
- ◎ 元件的过滤
- ◎ 原理图的电气检测及编译

6.1 工具的使用

在原理图编辑器中，选择菜单栏中的"工具"选项，弹出的"工具"菜单如图 6-1 所示。本节以 4 Port Serial Interface 项目文件为例来说明"工具"菜单的使用，。为了方便用户使用，将其保存在附带光盘文件夹 yuanwenjian\ch06\example 中。

图 6-1 "工具"菜单

6.1.1 自动分配元器件标号

"原理图标注"命令用于自动分配元器件标号。使用它不但可以减少手动分配元器件标号的工作量，而且可以避免因手动分配而产生的错误。选择菜单栏中的"工具"→"标注"→"原理图标注"选项，弹出如图 6-2 所示的"Annotate（标注）"对话框。在该对话框中，可以设置原理图编号的一些参数和样式，使得在原理图自动命名时符合用户的要求。该对话框在前面和后面章节中均有介绍，这里不再赘述。

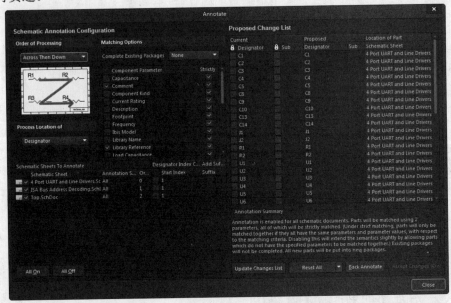

图 6-2 "Annotate（标注）"对话框

6.1.2 回溯更新原理图元器件标号

"反向标注原理图"命令用于从印制电路回溯更新原理图元器件标号。在设计印制电路时，有时可能需要对元器件重新编号，为了保持原理图和 PCB 图之间的一致性，可以使用该命令基于 PCB 图来更新原理图中的元器件标号。

选择菜单栏中的"工具"→"标注"→"反向标注原理图"选项，系统将弹出一个对话框，要求选择 WAS-IS 文件，用于从 PCB 文件更新原理图文件的元器件标号。WAS-IS 文件是在 PCB 文档中执行"重新标注"选项后生成的文件。当选择 WAS-IS 文件后，系统将弹出一个消息框，报告所有将被重新命名的元器件。当然，这时原理图中的元器件名称并没有真正被更新。单击"OK（确定）"按钮，弹出"Annotate（标注）"对话框，在该对话框中可以预览系统推荐的重命名，然后再决定是否执行更新命令，创建新的 ECO 文件。

6.2 元器件编号管理

对于元器件较多的原理图，当设计完成后，往往会发现元器件的编号变得很混乱，或者有些元器件还没有编号。用户可以逐个地手动更改这些编号，但是这样比较烦琐，而且容易出现错误。Altium Designer 18 提供了元器件编号管理的功能。

1. "Annotate（标注）"对话框

选择菜单栏中的"工具"→"标注"→"原理图标注"选项，系统将弹出如图 6-2 所示"Annotate（标注）"对话框。在该对话框中，可以对元器件进行重新编号。"Annotate（标注）"对话框分为两部分：左侧是"Schematic Annotate Configuration（原理图注释配置）"，右侧是"Proposed Change List（提议更改列表）"。

（1）在左侧的"Schematic Annotate Configuration（原理图注释配置）"选项卡中列出了当前工程中的所有原理图文件。通过文件名前面的复选框，可以选择对哪些原理图进行重新编号。

在选项卡左上方的"Order of Processing（编号顺序）"下拉列表中列出了 4 种编号顺序，即"Up Then Across（先向上后左右）""Down Then Across（先向下后左右）""Across Then Up（先左右后向上）"和"Across Then Down（先左右后向下）"。

在"Matching Options（匹配选项）"选项组中列出了元器件的参数名称。通过勾选参数名前面的复选框，用户可以选择是否根据这些参数进行编号。

（2）在右侧的"Current（当前的）"列表框中列出了当前的元器件编号，在"Proposed（被提及的）"列表框中列出了新的编号。

2. 重新编号的方法

对原理图中的元器件进行重新编号的操作步骤如下：

（1）选择要进行编号的原理图。

（2）选择编号的顺序和参照的参数，在"Annotate（标注）"对话框中，单击"Reset All（全部重新编号）"按钮，对编号进行重置。系统将弹出"Information（信息）"对话框，提示用户编号发生了哪些变化。单击"OK（确定）"按钮，重置后，所有的元器件编号将被消除，如图 6-3 所示。

（3）单击 按钮 Update Changes List ，重新编号，系统将弹出如图 6-4 所示的"Information"（信

息）对话框，提示用户相对前一次状态和相对初始状态发生的改变。

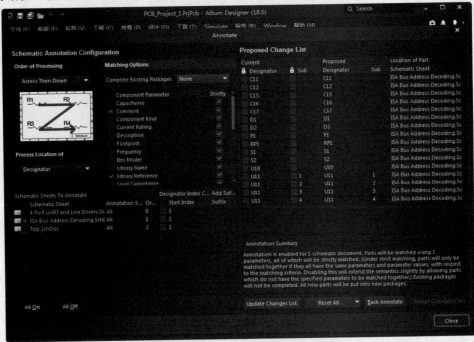

图 6-3　重置后的元器件编号

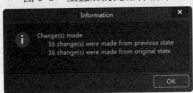

图 6-4　"Information（信息）"对话框

（4）在"Proposed Change List（提议更改列表）"中可以查看重新编号后的变化。如果对这种编号满意，则单击 按钮 Accept Changes (Create ECO)，在弹出的"Engineering Change Order（工程更新操作顺序）"对话框中更新修改，如图 6-5 所示。

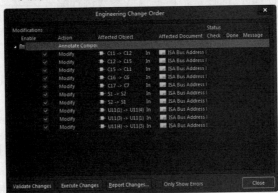

图 6-5　"Engineering Change Order（工程更新操作顺序）"对话框

（5）在"Engineering Change Order（工程更新操作顺序）"对话框中，单击 按钮

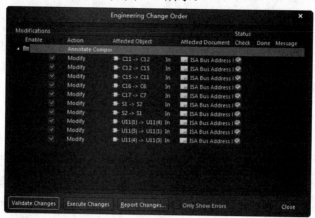

，可以验证修改的可行性，如图 6-6 所示。

图 6-6　验证修改的可行性

（6）单击　按钮 Report Changes... ，系统将弹出如图 6-7 所示的"Report Preview（报表预览）"对话框，在其中可以将修改后的报表输出。

（7）单击"Engineering Change Order（工程更新操作顺序）"对话框中的　按钮 Execute Changes ，即可执行修改，对元器件的重新编号便完成了。

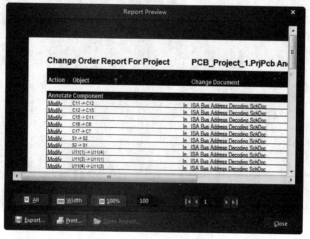

图 6-7　"Report Preview（报表预览）"对话框

6.3　元器件的过滤

在进行原理图或 PCB 设计时，用户经常希望能够查看并且编辑某些对象，但是在复杂的电路中，尤其是在进行 PCB 设计时，要将某个对象从中区分出来是十分困难的。因此，Altium Designer 18 提供了一个十分人性化的过滤功能。经过过滤后，被选定的对象将清晰地显示在工作窗口中，而其他未被选定的对象则呈现为半透明状。同时，未被选定的对象也将变成为不可操作状态，用户只能对选定的对象进行操作。

1. 使用"Navigator（导航）"面板

在原理图编辑器或 PCB 编辑器的"Navigator（导航）"面板中，单击一个项目，即可在工作窗口中启用过滤功能，后面将进行详细的介绍。

2. 使用"List（列表）"面板

在原理图编辑器或 PCB 编辑器的"List（列表）"面板中使用查询功能时，查询结果将在工作窗口中启用过滤功能，后面将进行详细的介绍。

3. 使用"PCB Filter（PCB 过滤）"工具

使用"PCB Filter（PCB 过滤）"工具可以对 PCB 工作窗口的过滤功能进行管理。例如，在"PCB"面板中有 3 个列表框，第一个列表框中列出了 PCB 中所有的网络类；第二个列表框中列出了该网络类中包含的所有网络；构成该网络的所有元器件显示在第三个列表框中。勾选"Select（选择）"复选框，则 GND 网络将以高亮显示，如图 6-8 所示。

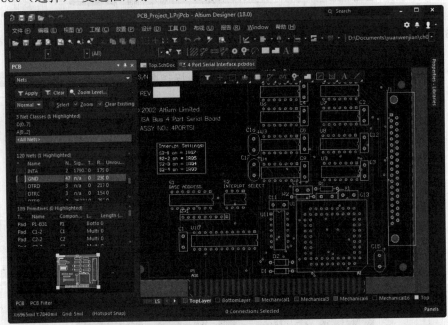

图 6-8　选择 GND 网络

在 PCB 面板中对于高亮网络有"Normal（正常）""Mask（遮挡）"和"Dim（变暗）"3 种显示方式，用户可通过面板中的下拉列表进行选择。

- "Normal（正常）"：直接高亮显示用户选择的网络或元器件，其他网络及元器件的显示方式不变。
- "Mask（遮挡）"：高亮显示用户选择的网络或元器件，其他元器件和网络以遮挡方式显示（灰色），这种显示方式更为直观。
- "Dim（变暗）"：高亮显示用户选择的网络或元器件，其他元器件或网络按色阶变暗显示。

对于显示控制，有 3 个控制选项，即选择、缩放和清除现有的。

- "Select（选择）"：勾选该复选框，在高亮显示的同时选中用户选定的网络或元器件。

- "Zoom（缩放）"：勾选该复选框，系统会自动将网络或元器件所在区域完整地显示在用户可视区域内。如果被选网络或元器件在图中所占区域较小，则会放大显示。
- "Clear Existing（清除现有的）"：勾选该复选框，在用户选择显示一个新的网络或元器件时，上一次高亮显示的网络或元器件会消失，与其他网络或元器件一起按比例降低亮度显示。不勾选该复选框时，上一次高亮显示的网络或元器件仍然以较暗的高亮状态显示。

4. 使用"Filter（过滤）"菜单

在原理图编辑器中按 Y 键，即可弹出"Filter（过滤）"菜单，如图 6-9 所示。

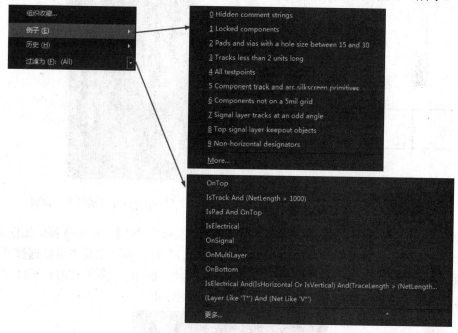

图 6-9 "Filter（过滤）"菜单

"Filter（过滤）"菜单中列出了 10 种常用的查询关键字，另外也可以选择其他的过滤操作元语，并加上适当的参数，如 InNet（'GND'）。

单击"原理图标准"工具栏中的"清除当前过滤器"按钮 ，即可清除过滤显示。

6.4 在原理图中添加 PCB 设计规则

Altium Designer 18 允许用户在原理图中添加 PCB 设计规则。当然，PCB 设计规则也可以在 PCB 编辑器中定义。不同的是，在 PCB 编辑器中，设计规则的作用范围是在规则中定义的，而在原理图编辑器中，设计规则的作用范围就是添加规则所处的位置。这样，用户在进行原理图设计时，可以提前定义一些 PCB 设计规则，以便进行下一步 PCB 设计。

对于元器件、引脚等对象，可以使用前面介绍的方法添加设计规则，而对于网络、属性对话框，需要在网络上放置 PCB Layout 标志来设置 PCB 设计规则。

例如，对图 6-10 所示电路的 VCC 网络和 GND 网络添加一条设计规则，设置 VCC 和 GND 网络的走线宽度为 30mil 的操作步骤如下：

（1）选择菜单栏中的"放置"→"指示"→"参数设置"选项，即可放置 PCB Layout 标志，此时按 Tab 键，弹出如图 6-11 所示的"Properties（属性）"面板。

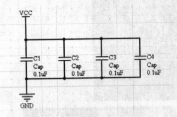

图 6-10   示例电路   图 6-11   "Properties（属性）"面板

（2）在"Rules（规则）"选项组中单击"Add（添加）"按钮，系统将弹出如图 6-12 所示的"Choose Design Rule Type（选择设计规则类型）"对话框，在其中可以选择要添加的设计规则。双击 Width Constraint 选项，系统将弹出如图 6-13 所示的"Edit PCB Rule（From Schematic）-Max-Min Width Rule（编辑 PCB 规则）"对话框。

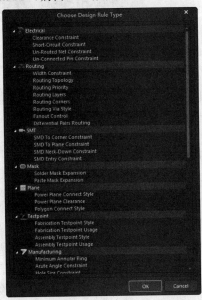

图 6-12   "Choose Design Rule Type（选择设计规则类型）"对话框

其中各选项的含义如下：

- "Min Width（最小值）"：走线的最小宽度。
- "Preferred Width（首选的）"：走线首选宽度。
- "Max Width（最大值）"：走线的最大宽度。

（3）这里将这3个选项都改成30mil，单击"OK"按钮确认。

（4）将修改完的PCB布局标志放置到相应的网络中，完成对VCC和GND网络走线宽度的设置，如图6-14所示。

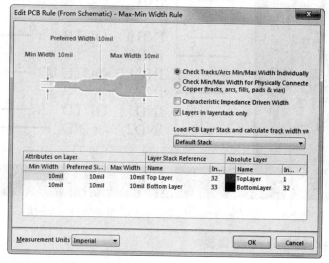

图6-13　"Edit PCB Rule(From Schematic)-Max-Min Width Rule（编辑PCB规则）"对话框

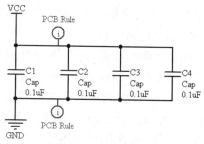

图6-14　将PCB布局标志添加到网络中-Max-Min Width Rule

6.5　使用Navigator（导航）面板进行快速浏览

1. "Navigator（导航）"面板

"Navigator（导航）"面板的作用是快速浏览原理图中的元器件、网络及违反设计规则的内容等。"Navigator（导航）"面板是Altium Designer 18强大集成功能的体现之一。

在对原理图文档编译以后，单击"Navigator（导航）"面板中的"Interactive Navigation（相互导航）"按钮，就会在下面的"网络/总线"列表框中显示出原理图中的所有网络。单击其中的一个网络，立即在下面的列表框中显示出与该网络相连的所有节点，同时工作窗口中的图纸将该网络的所有元器件高亮显示，并置于选中状态，如图 6-15 所示。

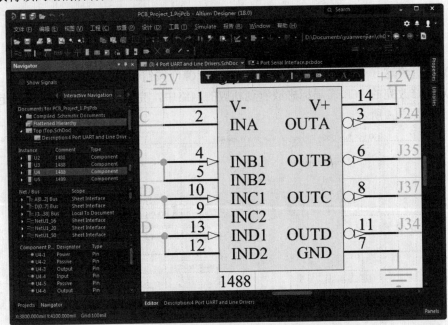

图 6-15 在"Navigator（导航）"面板中选择一个网络

2. "SCH Filter（SCH 过滤）"面板

"SCH Filter（SCH 过滤）"面板的作用是根据所设置的过滤器，快速浏览原理图中的元器件、网络及违反设计规则的内容等，如图 6-16 所示。

下面简要介绍"SCH Filter（SCH 过滤）"面板。

- "Consider objects in（对象查找范围）"下拉列表：用于设置查找范围，包括"Current Document（当前文档）""Open Document（打开文档）"和"Open Document of the Same Project（在同一个项目中打来文档）"3 个选项。

- "Find items matching these criteria（设置过滤器过滤条件）"文本框：用于设置过滤器，即输入查找条件。如果用户不熟悉输入语法，可以单击下面的"Helper（帮助）"按钮，在弹出的"Query Helper（查询帮助）"对话框中输入过滤器查询条件语句，如图 6-17 所示。

- "Favorites（收藏）"按钮：用于显示并载入收藏的过滤器。单击该按钮，系统将弹出收藏过滤器记录窗口。

- "History（历史）"按钮：用于显示并载入曾经设置过的过滤器，可以大大提高搜索效率。单击该按钮，系统将弹出如图 6-18 所示的对话框。选择其中一个记录后，单击即可实现过滤器的加载。单击"Add To Favorites（添加到收藏）"按钮，可以将历史记录过滤器添加到收藏夹。

- "Select（选择）"复选框：用于设置是否将符合匹配条件的元器件置于选中状态。

- "Zoom（缩放）"复选框：用于设置是否将符合匹配条件的元器件进行放大显示。

- "Deselect（取消选定）"复选框：用于设置是否将不符合匹配条件的元器件置于

取消选中状态。

- "Mask out（屏蔽）"复选框：用于设置是否将不符合匹配条件的元器件屏蔽。
- "Apply（应用）"按钮：用于启动过滤查找功能。

 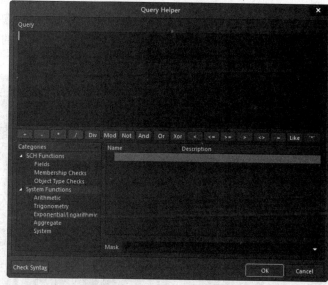

图 6-16　"SCH Filter（SCH 过滤）"面板　　图 6-17　"Query Helper（查询帮助）"对话框

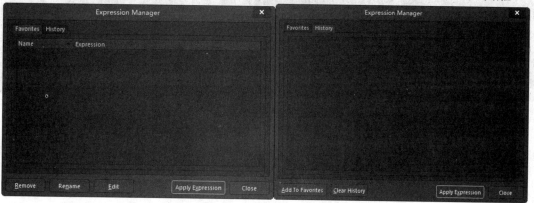

图 6-18　"Expression Manager"对话框

6.6　原理图的电气检测及编译

　　Altium Designer 18 和其他的 Protel 家族软件一样提供了电气检查规则，可以对原理图的电气连接特性进行自动检查，检查后的错误信息将在"Messages（信息）"面板中列出，同时也在原理图中标注出来。用户可以对检查规则进行设置，然后根据面板中所列出的错误信息来对原理图进行修改。有一点需要注意，原理图的自动检测机制只是按照用户所绘制原理图中的连接进行检测，系统并不知道原理图的最终效果，所以如果检测后的"Messages（信息）"面板中并无错误信息出现，这并不表示该原理图的设计完全正确。用户还需将网络表中的内容与所要求的设计反复对照和修改，直到完全正确为止。

6.6.1 原理图的自动检测设置

原理图的自动检测可以在"Project Options（项目选项）"中设置。选择菜单栏中的"工程"→"工程选项"选项，系统将弹出如图 6-19 所示的"Options for PCB Project（PCB项目的选项）"对话框，所有与项目有关的选项都可以在该对话框中进行设置。

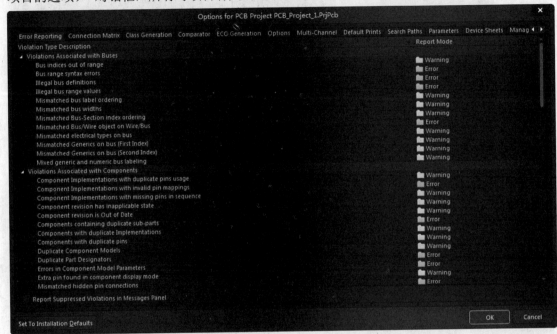

图 6-19 "Options for PCB Project（PCB 项目的选项）"对话框

在该对话框的各选项卡中，与原理图检测有关的主要有"Error Reporting（错误报表）"选项卡、"Connection Matrix（连接矩阵）"选项卡和"Comparator（比较器）"选项卡。当对工程进行编译操作时，系统会根据该对话框中的设置进行原理图的检测，系统检测出的错误信息将在"Messages（信息）"面板中列出。

1. "Error Reporting（错误报表）"选项卡的设置

在该选项卡中可以对各种电气连接错误的等级进行设置。其中的电气错误类型检查主要分为 9 类。各类又包括不同选项，各选项含义读者可以参阅帮助文件。

2. "Connection Matrix（连接矩阵）"选项卡

在该选项卡中，用户可以定义一切与违反电气连接特性有关报告的错误等级，特别是元器件引脚、端口和原理图符号上端口的连接特性。当对原理图进行编译时，错误的信息将在原理图中显示出来。要想改变错误等级的设置，单击选项卡中的颜色块即可，每单击一次改变一次，与"Error Reporting（错误报表）"选项卡一样，也包括 4 种错误等级，即"No Report（不显示错误）""Warning（警告）""Error（错误）"和"Fatal Error（严重的错误）"。在该选项卡的任何空白区域中右击，将弹出一个快捷菜单，可以设置各种特殊形式，如图 6-20 所示。当对项目进行编译时，该选项卡的设置与"Error Reporting（错误报表）"选项卡中的设置将共同对原理图进行电气特性的检测。所有违反规则的连接将以不同的错误等级在"Messages（信息）"面板中显示出来。单击"Set To Installation Defaults（设置成安装默认值）"按钮，可恢复系统的默认设置。对于大多数的原理图设计，保持默认的设置即可，但对于特殊原理图的设计，则需用户进行一定的改动。

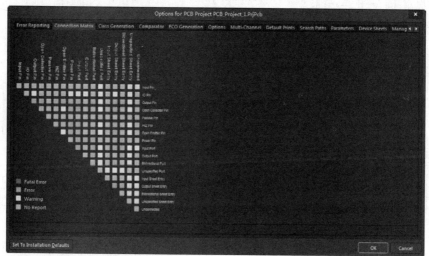

图 6-20 "Connection Matrix（连接矩阵）"选项卡设置

6.6.2 原理图的编译

对原理图的各种电气错误等级设置完毕后，用户便可对原理图进行编译操作，随即进入原理图的调试阶段。选择菜单栏中的"工程"→"Compile PCB Project（工程文件编译）"选项，即可进行文件的编译。

文件编译完成后，系统的自动检测结果将出现在"Messages（信息）"面板中。打开"Messages（信息）"面板的方法有以下 2 种。

- 选择菜单栏中的"视图"→"Panels（工作面板）"→"System（系统）"→"Messages（信息）"选项。
- 单击工作窗口右下方的"Panels（工作面板）"标签，在弹出的菜单中选择"Messages（信息）"选项。

6.6.3 原理图的修正

当原理图绘制无误时，"Messages（信息）"面板中将为空。当出现错误的等级为"Error（错误）"或"Fatal Error（严重的错误）"时，"Messages（信息）"面板将自动弹出。错误等级为"Warning（警告）"时，需要用户自己打开"Messages（信息）"面板对错误进行修改。

下面以 4.3 节的"音量控制电路原理图.SchDoc"为例，介绍原理图的修正操作步骤。为方便操作，将原理图放置到"yuanwenjian\ch06\音量控制电路"文件夹下。如图 6-21 所示，原理图中 A 点和 B 点应该相连接，在进行电气特性的检测时该错误将在"Messages（信息）"面板中出现。

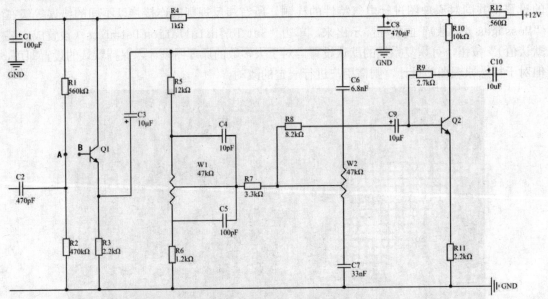

图 6-21　存在错误的音量控制电路原理图

（1）单击音量控制电路原理图标签，使该原理图处于激活状态。

（2）在该原理图的自动检测"Connection Matrix（连接矩阵）"选项卡中，将纵向的"Unconnected（不相连的）"和横向的"Passive Pins（被动引脚）"相交颜色块设置为褐色的"Error（错误）"错误等级。单击"OK（确定）"按钮，关闭该对话框。

（3）选择菜单栏中的"工程"→"Compile PCB Project 音量控制电路原理图.PrjPcb（工程文件编译）"选项，对该原理图进行编译。此时"Messages（信息）"面板将出现在工作窗口的下方，如图 6-22 所示。

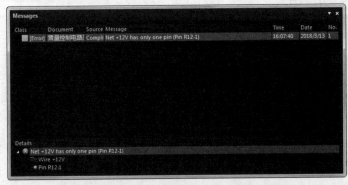

图 6-22　编译后的"Messages（信息）"面板

（4）在"Message（信息）"面板中双击错误选项，系统将在下方"Details（细节）"列表框中列出该项错误的详细信息。同时，工作窗口将跳到该对象上。除了该对象外，其他所有对象处于被遮挡状态，跳转后只有该对象可以进行编辑。

（5）选择菜单栏中的"放置"→"线"选项，或者单击"布线"工具栏中的"放置线"按钮，放置导线。

（6）重新对原理图进行编译，检查是否还有其他的错误。

（7）保存调试成功的原理图。

6.7　操作实例——计算机扬声器电路原理图

计算机扬声器是一种非常实用的多媒体计算机外设。本实例设计一个如图 6-23 所示的计算机扬声器电路原理图，并对其进行查错和编译操作。具体的操作步骤如下。

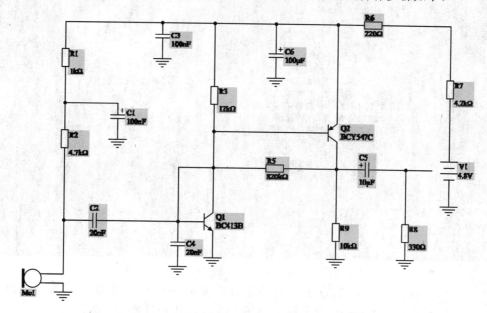

图6-23　计算机扬声器电路原理图

1. 新建项目并创建原理图文件

（1）为电路创建一个项目，以便维护和管理该电路的所有设计文档。启动 Altium Designer 18，选择菜单栏中的"Files（文件）"→"新的"→"项目"→"Project（工程）"选项，新建印制电路板工程文件，弹出"New Project（新建工程）"对话框，在该对话框中显示工程文件类型，如图6-24所示。默认选择"PCB Project"选项及"Default（默认）"选项，在"Name（名称）"文本框中输入文件名称"计算机扬声器电路"，在"Location（路径）"文本框中选择文件路径。完成设置后，单击按钮 OK ，关闭该对话框，打开"Projects（工程）"面板，在面板中出现了新建的工程类型。

（2）选择菜单栏中的"Files（文件）"→"保存工程为"选项，将项目以适当的文件名保存。

（3）在"Projects（工程）"面板的项目文件上右击，在弹出的快捷菜单中选择"添加新的到工程"→"Schematic（原理图）"选项，新建一个原理图文件，并自动切换到原理图编辑环境。

图 6-24 "New Project（新建工程）"对话框

（4）用保存项目文件的方法，将该原理图文件另存为"计算机扬声器电路原理图. SchDoc"。保存后"Projects（工程）"面板中显示出用户设置的名称。

（5）设置电路原理图图纸的属性。打开"Properties（属性）"面板，按照图 6-25 进行设置。

（6）设置图纸的标题栏。在"Properties（属性）"面板中选择"Parameters（参数）"选项卡，在"Address1（地址）"选项中输入地址，在"Organization（机构）"选项中输入设计机构名称，在"Title（标题）"选项中输入原理图的名称，其他选项可以根据需要进行设置，如图 6-26 所示。

2．元器件的放置与属性设置

（1）激活"Libraries（库）"面板，单击其中的"Search（搜索）"按钮，在弹出的"Libraries Search（搜索库）"对话框中输入查找内容 mic2。

（2）单击"Search（查找）"按钮进行搜索，并返回"Libraries（库）"面板，搜索结束后，即可从元器件列表中选择扬声器元器件，如图 6-27 所示。

（3）单击"Place Mic2（放置 Mic2）"按钮，然后将光标移动到工作窗口，进入如图 6-28 所示的扬声器放置状态。按 Tab 键，在弹出的"Component（元器件）"属性编辑面板中修改元器件属性，具体设置如图 6-29 所示。

图 6-25　设置图纸属性

图 6-26　"Parameters（参数）"选项卡

图 6-27　选择扬声器元器件

图 6-28　扬声器放置状态

图 6-29　设置"Properties（属性）"面板

（4）采用同样的方法，在"Libraries（库）"面板中选择电阻、电容、晶体管、电源等元器件，然后将它们放置到工作窗口中，如图 6-30 所示。

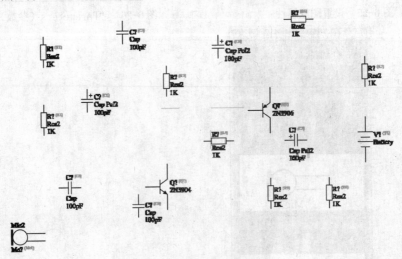

图 6-30　放置其他元器件

（5）设置元器件属性。双击元器件，可以打开元器件的属性设置面板。例如，双击一个电阻，在弹出的"Properties（属性）"面板中设置电阻元器件的属性，如图 6-31 所示。

采用同样的办法设置其他各个元器件的属性。

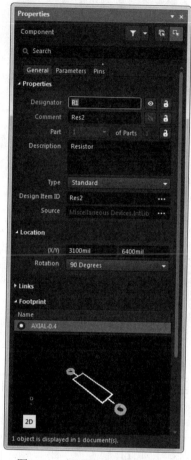

图 6-31　设置电阻元器件属性

3. 元器件布局

（1）选中元器件，按住鼠标左键进行拖动，将元器件移至合适的位置后释放鼠标左键，即可对其进行移动操作。移动对象时，通过按 Page Up 键或 Page Down 键来缩放视图，以便观察细节。

（2）选中元器件的标注部分，按住鼠标左键进行拖动，可以移动元器件标注的位置。

（3）采用同样的方法调整所有的元器件，元器件布局调整后的效果如图 6-32 所示。

4. 原理图连线

（1）单击"布线"工具栏中的"放置线"按钮![icon]，进入导线放置状态。将光标移动到一个元器件的引脚上，十字光标的叉号变为红色，单击，即可确定导线的一个端点。

（2）将光标移动到另外一个需要连接的元器件引脚处，再次出现红色交叉符号后单击，即可放置一段导线。

（3）采用同样的方法放置其他导线，如图 6-33 所示。

（4）单击"布线"工具栏中"放置 GND 端口"按钮![icon]，进入接地放置状态。按 Tab 键，弹出"Properties（属性）"面板，将"Name（名称）"设置为 GND，激活"不可见"按钮 ，如图 6-34 所示。

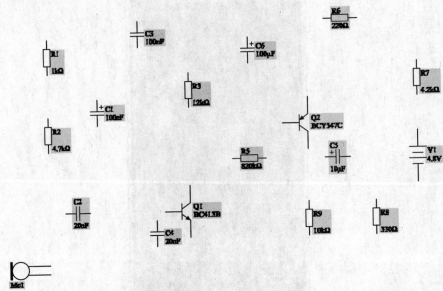

图 6-32　元器件布局调整后的效果

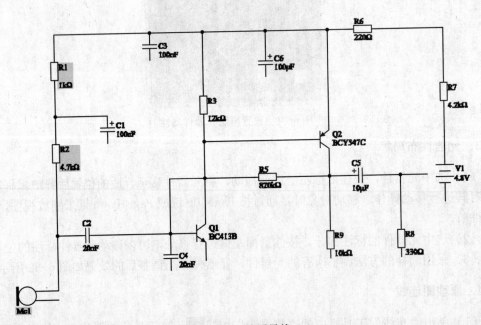

图 6-33　放置导线

（5）将光标移动到 Mic1 下方的引脚处单击，放置一个接地符号。

（6）采用同样的方法放置其他地方的接地符号，如图 6-35 所示。

（7）选择菜单栏中的"工程"→"Compile PCB Project 计算机扬声器电路.PrjPcb（工程文件编译）"选项，对该工程文件中的原理图进行编译。本例没有出现任何错误信息，表明电气检查通过。

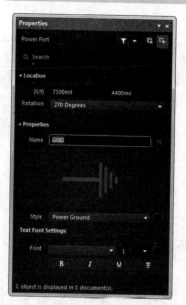

图 6-34　设置接地属性

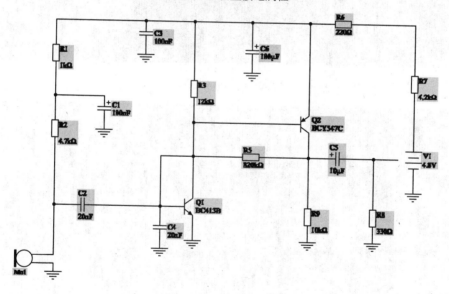

图 6-35　放置接地符号

5. 报表输出

（1）选择菜单栏中的"设计"→"文件的网络表"→"Protel（生成网络表文件）"命令。

（2）系统自动生成了当前原理图的网络表文件"计算机扬声器电路原理图.NET"，并存放在当前项目下的"Generated\Netlist Files"文件夹中。双击打开该原理图的网络表文件"计算机扬声器电路原理图.NET"，如图 6-36 所示。

（3）选择菜单栏中的"报告"→"Bill of Materials（元器件清单）"选项，系统将弹出相应的"元器件报表"对话框，选中"Add to Project（添加到项目）"和"Open Exported

（打开输出报表）"复选框，设置元器件报表，如图 6-37 所示。

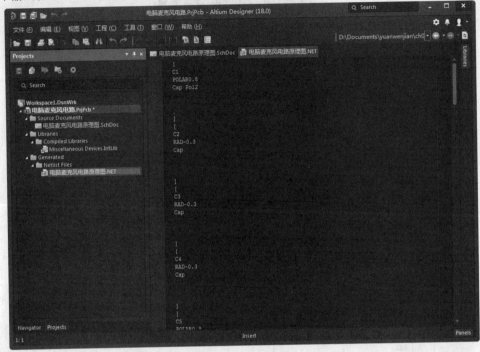

图 6-36　网络表文件

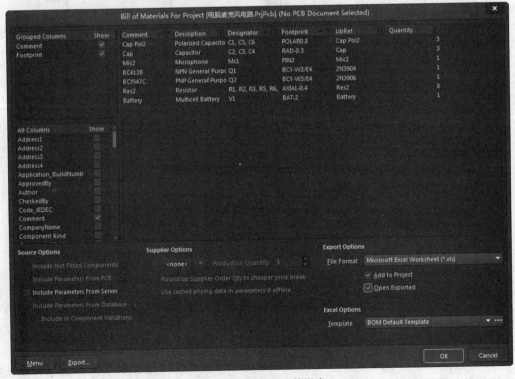

图 6-37　设置元器件报表

（4）单击"Menu（菜单）"按钮，在"Menu（菜单）"菜单中执行"Report（报表）"选项，系统将弹出"Report Preview（报表预览）"对话框，如图6-38所示。

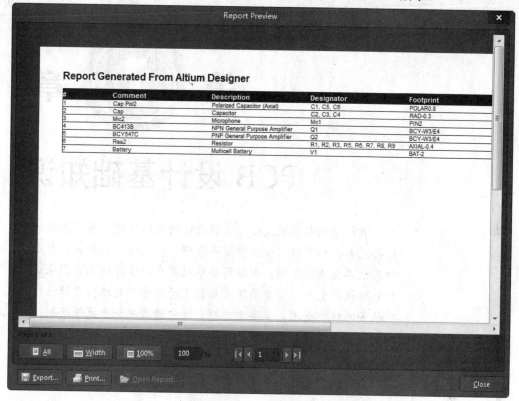

图6-38 "Report Preview（报表预览）"对话框

（5）单击"Export（输出）"按钮，可以将该报表进行保存，默认文件名为"计算机扬声器电路原理图.xls"，是一个Excel文件；单击"Open Report（打开报表）"按钮，可以将该报表打开；单击"Print（打印）"按钮，可以将该报表进行打印输出。

（6）在"元器件报表"对话框中，单击▦按钮，在安装目录C:\Program Files\AD18\Template下选择系统自带的元器件报表模板文件BOM Default Template.XLT。

（7）单击"打开"按钮后，返回"元器件报表"对话框。单击"OK（确定）"按钮，退出该对话框。

6．保存项目

保存项目，完成计算机扬声器电路原理图的设计。

第 **7** 章

PCB 设计基础知识

　　设计印制电路板是整个工程设计的最终目的。原理图设计得再完美，如果电路板设计得不合理，性能将大打折扣，严重时甚至不能正常工作。制板商要参照用户所设计的 PCB 图来进行电路板的生产。由于要满足功能上的需要，电路板设计往往有很多的规则要求，如要考虑到实际中的散热和干扰等问题。本章主要介绍印制电路板的结构、PCB 编辑器的特点、PCB 设计界面及 PCB 设计流程等知识，使读者对电路板的设计有一个全面的了解。

知 识 点

- PCB 编辑器界面简介
- 新建 PCB 文件
- PCB 面板的应用

7.1 PCB 编辑器界面简介

PCB 编辑器界面主要包括菜单栏、工具栏和工作面板 3 个部分，如图 7-1 所示。

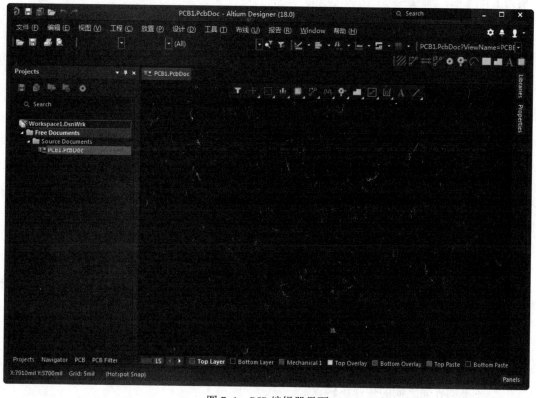

图 7-1 PCB 编辑器界面

7.1.1 菜单栏

在 PCB 设计过程中，各项操作都可以使用菜单栏中相应的命令来完成，菜单栏中的各菜单命令功能与原理图编辑器类似，这里只对不同的菜单项简要介绍如下：

- "设计"菜单：用于添加或删除元器件库、导入网络表、原理图与 PCB 间的同步更新和印刷电路板的定义，以及电路板形状的设置、移动等操作。
- "工具"菜单：用于为 PCB 设计提供各种工具，如 DRC 检查、元器件的手动与自动布局、PCB 图的密度分析及信号完整性分析等操作。
- "布线"菜单：用于执行与 PCB 自动布线相关的各种操作。

7.1.2 工具栏

工具栏中以图标按钮的形式列出了常用菜单命令的快捷方式，用户可根据需要对工具栏中包含的命令进行选择，对摆放位置进行调整。

右击菜单栏或工具栏的空白区域即可弹出工具栏的快捷菜单，如图 7-2 所示。它包含 6 个命令，带有标志 √ 的命令表示被选中而出现在工作窗口上方的工具栏中。每一个命令代表一系列工具选项。

- "PCB 标准"选项：用于控制 PCB 标准工具栏的打开与关闭，如图 7-3 所示。

图 7-2 工具栏的快捷菜单

图 7-3 "PCB 标准"工具栏

- "过滤器"选项：用于控制"过滤器"工具栏 的打开与关闭，可以快速定位各种对象。
- "应用工具"选项：用于控制"应用工具"栏 的打开与关闭。
- "布线"选项：用于控制"布线"工具栏 的打开与关闭。
- "导航"选项：用于控制"导航"工具栏的打开与关闭。通过这些按钮，可以实现在不同界面之间的快速跳转。
- "Customize（用户定义）"选项：用于用户自定义设置。

7.2 新建 PCB 文件

新建 PCB 文件有两种方法，下面分别进行介绍。

Step1 Step2 7.2.1 利用菜单命令创建 PCB 文件

除了采用设计向导生成 PCB 文件外，用户也可以使用菜单命令直接创建一个 PCB 文件，之后再为该文件设置各种参数。创建一个空白 PCB 文件可以采用以下几种方式：

（1）选择菜单栏中的"工程"→"添加新的到工程"→"PCB（PCB 文件）"选项。

（2）选择菜单栏中的"文件"→"新的"→PCB 选项，创建一个空白 PCB 文件。

新创建的 PCB 文件的各项参数均采用系统默认值。在进行具体设计时，还需要对该文件的各项参数进行设置，这些将在本章后面的内容中进行介绍。

7.2.2 利用模板创建 PCB 文件

Altium Designer 18 还提供了通过 PCB 模板创建 PCB 文件的方式，其操作步骤如下：

（1）选择"文件"→"打开"选项，弹出如图 7-4 所示的"Choose Document to Open（选择要打开的文件）"对话框。

该对话框默认的路径是 Altium Designer 18 自带的模板路径，在该路径中为用户提供了很多可用的模板。与原理图文件面板一样，在 Altium Designer18 中没为模板设置专门的文件形式，在该对话框中能够打开的都是包含模板信息的扩展名为.PrjPcb 和.PcbDoc 的文件。

（2）从对话框中选择所需的模板文件，然后单击"打开"按钮，即可生成一个 PCB 文件，生成的文件将显示在工作窗口中。

图 7-4　"Choose Document to Open"对话框

7.3.3 利用快捷菜单创建 PCB 文件

Altium Designer 18 还提供了通过右键快捷菜单创建 PCB 文件的方式，其具体步骤如下：

在"Projects（工程）"面板中的工程文件上单击鼠标右键，在弹出的快捷菜单中选择"添加新的到工程"→"PCB（PCB 文件）"选项，如图 7-5 所示。在该工程文件中新建一个印制电路板文件。

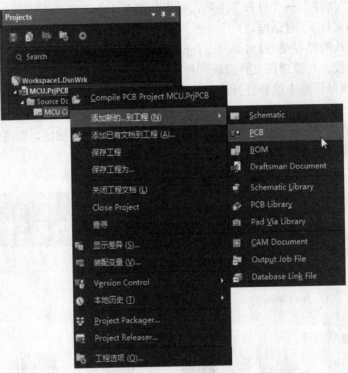

图 7-5 工程文件快捷菜单

7.3 PCB 面板的应用

在 PCB 设计中，最重要的一个面板就是 PCB 面板，如图 7-6 所示。该面板的功能与原理图编辑环境中的"Navigator（导航）"面板相似，可用于对电路板中的各种对象进行精确定位，并以特定的效果显示出来。在该面板中还可以对各种对象（如网络、规则及元器件封装等）的属性进行设置。总体来说，通过该面板可以对整个电路板进行全局的观察及修改，其功能非常强大。

1. 定位对象的设置

单击 PCB 面板最上方的下三角按钮，可在该下拉列表中选择想要查看的对象，如图 7-7 所示。

在图 7-8 所示的下拉列表中选择其他选项时，其 PCB 面板自顶向下各列表框中显示的对象分别介绍如下：

- 如果选择"Nets（网络）"选项，在"Net Classes（网络类）"列表框中单击某一个网络类，即可在此列表框中显示该网络类的所有网络信息。
- 如果选择"Components（元器件）"选项，则自顶向下各列表框中显示的对象分别为元器件分类、选中分类中的所有元器件及选中元器件的相关信息。
- 如果选择"From-To Editor（连接指示线编辑器）"选项，则自顶向下各列表框中显示的对象分别为起点网络、终点网络及各连接指示线的起始点焊盘。

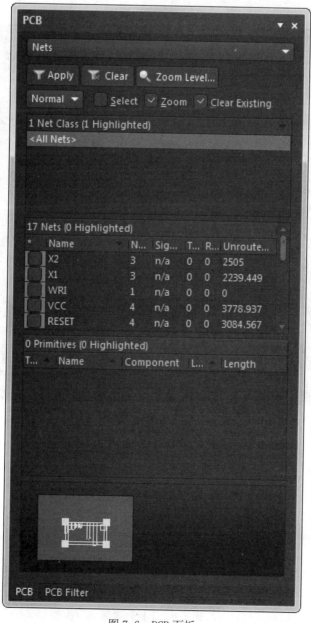

图 7-6　PCB 面板

- 如果选择"Split Plane Editor（分割中间层编辑器）"选项，则自顶向下各列表框中显示的对象是"Split Plane（分割层）"的网络信息。需要注意的是，只有当电路板的"Layer Stack Manager（层管理）"中设置了"Internal Plane（内平面）"时，选择该选项时才会有内容。
- 如果选择"Hole Size Editor（钻孔尺寸编辑器）"选项，则自顶向下各列表框中分别为不同类型的选择条件以及焊盘（钻孔）尺寸、数量、所属层等相关信息。
- 如果选择"3D Models（3D 模型）"选项，则自顶向下各列表框中显示的对象分别为元器件分类、选中分类中的所有元器件及选中元器件的 3D 模型信息。

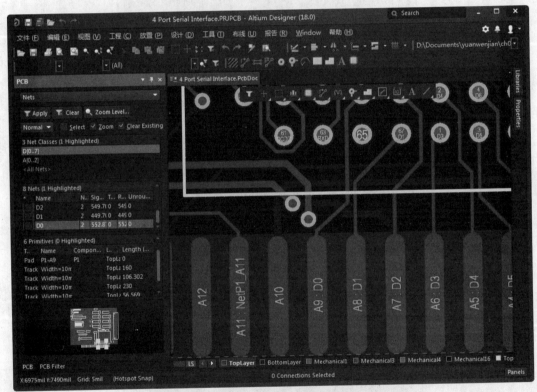

图 7-7　D0 网络对象的定位显示

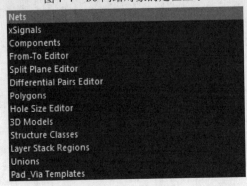

图 7-8　下拉列表框

2. 定位对象效果显示的设置

定位对象时，电路板上的相应显示效果可以通过以下 3 个复选框进行设置。

- "Select（选择）"复选框：用于定义在定位对象时是否将该对象置于选中状态（当对象周围出现虚线框时即表示处于选中状态）。
- "Zoom（缩放）"复选框：用于定义在定位对象时是否同时放大显示该对象。
- "Clear Existing（清除现有的）"：复选框：，可恢复印刷电路板的最初显示效果，即完全显示 PCB 中的所有对象。

选择其中的一项（这里以选择 Nets 选项为例），此时将在面板下方的各列表框中列出该电路板中与 Nets 相关的所有信息。

- "Net Classes（网络类）"列表框：网络类，如导线类、总线类等。
- "Nets（网络）"列表框：每一个网络类包含的所有网络列表。在"Net Classes（网络类）"列表框中单击某一个网络类，即可在此列表框中显示该网络类包含的所有网络信息。
- "Primitives（图元）"列表框：每一个网络中的对象，如焊盘、导线或过孔等。单击"Nets（网络）"列表框中的某一网络，即可在此列表框中显示该网络中包含的对象信息。

双击列表框中任意选项，即可打开该项内容的属性设置对话框，从中可以对电路板中对象任何信息进行修改。例如，双击网络 D0，弹出的 D0"网络属性设置"对话框如图 7-9 所示。

图 7-9 D0"网络属性设置"对话框

3．PCB 缩略图显示窗口

在 PCB 面板的最下方是 PCB 的缩略图显示窗口，如图 7-10 所示。中间的绿色框为电路板，最小的空心边框为此时显示在工作窗口的区域。在该显示窗口中，可以通过鼠标操作，对工作窗口中的 PCB 图进行快速移动及视图的放大、缩小等操作。

4．PCB 面板中的按钮

PCB 面板中有 3 个按钮，主要用于视图显示的操作。

● "Apply（应用）"按钮：单击该按钮，可恢复前一步工作窗口中的显示效果，类似于"撤销"操作。

● "Clear（清除）"按钮：单击该按钮，可恢复印刷电路板的最初显示效果，即完全显示 PCB 中的所有对象。

● "Zoom Level（缩放）"按钮：单击该按钮，可精确设置显示对象的放大程度。

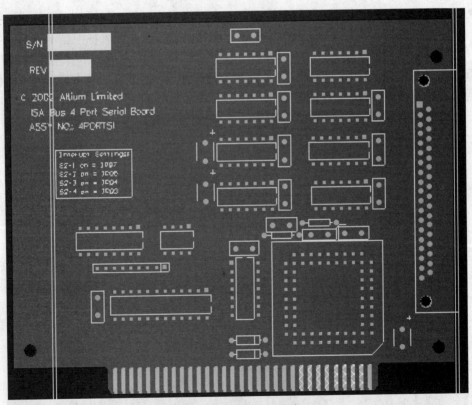

图 7-10　PCB 缩略图显示窗口

5．PCB 下拉列表

PCB 下拉列表中有 3 个选项，功能分别如下：

● "Normal（正常）"选项：表示在显示对象时正常显示其他未选择的对象。

● "Mask（遮挡）"选项：表示在显示对象时遮挡其他未选择的对象。遮挡程度可在工作窗口右下方的"Mask level（透明度）"中进行设置。

● "Dim（变暗）"选项：表示在显示对象时按比例降低亮度，显示其他未选择的对象。

7.4　电路板物理结构及编辑环境参数设置

对于手动生成的 PCB，在进行 PCB 设计前，必须对电路板的各种属性进行详细的设置，主要包括板形的设置、PCB 图纸的设置、电路板层的设置、层的显示设置、颜色的设置、布线框的设置、PCB 系统参数的设置及 PCB 设计工具栏的设置等。

7.4.1　电路板物理边框的设置

1. 边框线的设置

电路板的物理边界即为 PCB 的实际大小和形状，板形的设置是在"Mechanical 1（机械层 1）"上进行的。其具体的操作步骤如下：

（1）新建一个 PCB 文件，使之处于当前的工作窗口中，如图 7-11 所示。

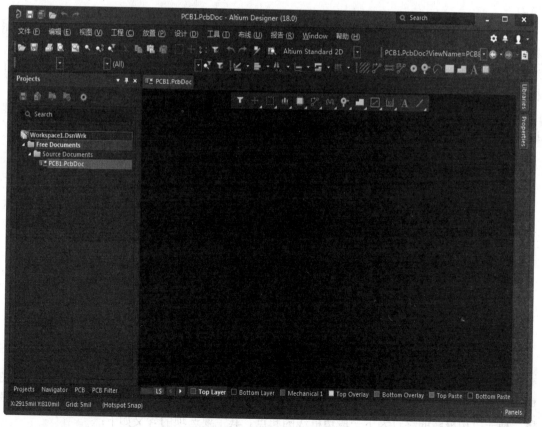

图 7-11　新建的 PCB 文件

默认的 PCB 图为带有栅格的黑色区域，包括以下 13 个工作层面。

- "Top Layer（顶层）"和"Bottom Layer（底层）"：用于建立电气连接的铜箔层。
- "Mechanical 1（机械层）"：用于设置 PCB 与机械加工相关的参数，以及用于 PCB 3D 模型放置与显示。
- "Top Overlay（丝印层）""Bottom Overlay（底层丝印层）"：用于添加电路板的说明文字。
  - ➢ "Top Paste（顶层锡膏防护层）""Bottom Paste（底层锡膏防护层）"：用于添加露在电路板外的铜铂。
  - ➢ "Top Solder（顶层阻焊层）"和"Bottom Solder（底层阻焊层）"：用于添加电路板的绿油覆盖。
- "Drill guide（过孔引导层）"：用于显示设置的钻孔信息。
- "Keep-Out Layer（禁止布线层）"：用于设立布线范围，支持系统的自动布局和自动布线功能。
- "Drill drawing（过孔钻孔层）"：用于查看钻孔孔径。
- "Multi-Layer（多层同时显示）"：可实现多层叠加显示，用于显示与多个电路板层相关的 PCB 细节。

（2）单击工作窗口下方"Mechanical 1（机械层 1）"标签，使该层面处于当前工作窗口中。

（3）选择菜单栏中的"放置"→"线条"选项，此时光标变成十字形状。然后将光标移到工作窗口中的合适位置，单击即可进行线的放置操作，每单击一次就确定一个固定点。通常将板的形状定义为矩形，但在特殊的情况下，为了满足电路的某种特殊要求，也可以将板形定义为圆形、椭圆形或不规则的多边形。这些都可以通过"放置"菜单来完成。

（4）当放置的线组成了一个封闭的边框时，就可结束边框的绘制。右击或者按 Esc 键退出该操作，绘制好的 PCB 边框如图 7-12 所示。

图 7-12　绘制好的 PCB 边框

（5）设置边框线属性。双击任一边框线，即可弹出该边框线的属性设置面板，如图 7-13 所示。为了确保 PCB 图中边框线为封闭状态，可以在该面板中对线的起始点和结束点进行设置，使一段边框线的终点为下一段边框线的起点。其主要选项的含义如下：

图 7-13 边框线 "Properties（属性）" 设置面板

- "Layer（层）" 下拉列表框：用于设置该线所在的电路板层。用户在开始画线时可以不选择 "Mechanical 1（机械层 1）" 层，在此处进行工作层的修改也可以实现上述操作所达到的效果，只是这样需要对所有边框线段进行设置，操作起来比较麻烦。
- "Net（网络）" 下拉列表框：用于设置边框线所在的网络。通常边框线不属于任何网络，即不存在任何电气特性。
- "锁定" 按钮 ⓐ：单击 "Location（位置）" 选项组下的 "锁定" 按钮 ⓐ，边框线将被锁定，无法对该线进行移动等操作。

按 "Enter" 键，完成边框线的属性设置。

2．板形的修改

对边框线进行设置的主要目的是给制板商提供加工电路板形状的依据。也可以在设计时直接修改板形，即在工作窗口中可直接看到自己所设计的电路板的外观形状，然后对板形进行修改。板形的设置与修改主要通过"设计"菜单中的"板子形状"子菜单来完成，如图 7-14 所示。

（1）按照选定对象定义。在机械层或其他层可以利用线条或圆弧定义一个内嵌的边界，以新建对象为参考重新定义板形。具体的操作步骤如下：

1）选择菜单栏中的"放置"→"圆弧"选项，在电路板上绘制一个圆，如图 7-15 所示。

2）选择已绘制的圆，然后选择菜单栏中的"设计"→"板子形状"→"按照选择对象定义"选项，电路板将变成圆形，如图 7-16 所示。

（2）根据板子外形生成线条。在机械层或其他层将板子边界转换为线条。具体的操作步骤如下：

选择"设计"→"板子形状"→"根据板子外形生成线条"选项，弹出"Line/Arc Primitives From Board Shape（从板外形而来的线/弧原始数据）"对话框，如图 7-17 所示。按照需要设置参数，单击"OK（确定）"按钮，退出对话框，板边界自动转化为线条，如图 7-18 所示。

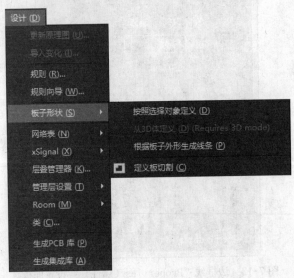

图 7-14　"板子形状"子菜单

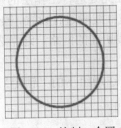

图 7-15　绘制一个圆

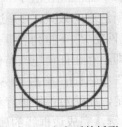

图 7-16　定义后的板形

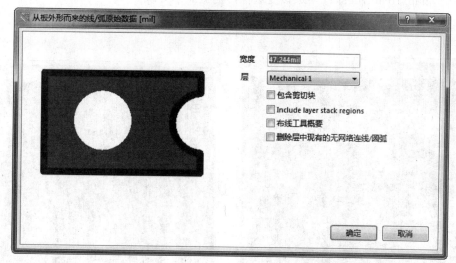

图 7-17 "Line/Arc Primitives From Board Shape（从板外形而来的线/弧原始数据）"对话框

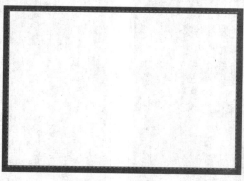

图 7-18 转化边界

7.4.2 电路板图纸的设置

与原理图一样，用户也可以对电路板图纸进行设置，默认状态下的图纸是不可见的。大多数 Altium Designer 18 附带的例子是将电路板显示在一个白色的图纸上，与原理图图纸完全相同。图纸大多被绘制在 Mechanical 16 上，图纸的设置主要通过"Properties（属性）"进行设置。

单击工作窗口的右侧"Properties（属性）"按钮，弹出"Properties（属性）"-"Board（板）"属性编辑面板，如图 7-19 所示。

其中各选项的功能如下：

（1）"search（搜索）"：允许在面板中搜索所需的条目。

（2）"Selection Filter（选择过滤器）"选项组：用于设置过滤对象。

也可单击 中的下三角按钮，弹出如图 7-20 所示的对象选择过滤器。

（3）"Snap Options（捕捉选项）"选项组：设置图纸是否启用捕获功能。

● "Snap To Grid"：勾选该复选框，捕捉到栅格。

- "Snap To Guides"：勾选该复选框，捕捉到向导线。
- "Snap To Grid"：勾选该复选框，捕捉到对象坐标。

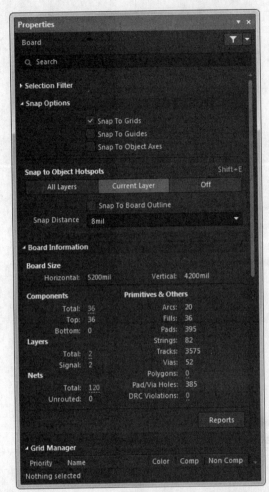

图 7-19　"Properties（属性）"－"Board（板）"属性编辑面板

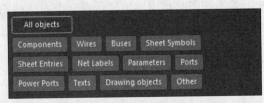

图 7-20　对象选择过滤器

（4）"Snap to Object Hotspots（捕捉对象热点）"选项组：捕捉的对象热点所在层包括"All Layer（所有层）"、"Current Layer（当前层）"和"Off（关闭）"

- "Snap To Board Outline"：勾选该复选框，捕捉到电路板外边界。
- "Snap Distance（栅格范围）"文本框：设置值为半径。

（5）"Board Information（板信息）"选项组：用于显示 PCB 文件中元器件和网络的完

整细节信息。

- 汇总了 PCB 上的各类图元，如导线、过孔、焊盘等的数量，报告了电路板的尺寸信息和 DRC 违例数量；
- 报告了 PCB 上元器件的统计信息，包括元器件总数、各层放置数目和元器件标号列表。
- 列出了电路板的网络统计，包括导入网络总数和网络名称列表，

单击按钮 Reports ，系统将弹出如图 7-21 所示的"Board Report（电路板报表）"对话框，通过该对话框可以生成 PCB 信息的报表文件。在该对话框的列表框中选择要包含在报表文件中的内容。勾选"Selected objects only（只选择对象）"复选框时，单击"All On(全选)"按钮，选择所有板信息。

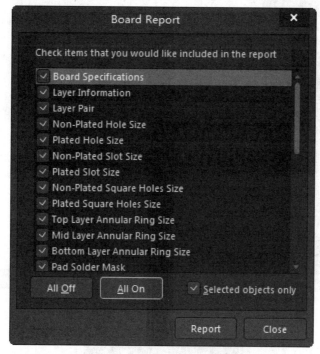

图 7-21 "Board Report（电路板报表）"对话框

报表列表选项设置完毕后，在"Board Report（电路板报表）"对话框中单击按钮 Reports ，系统将生成 Board Information Report 的报表文件并自动在工作窗口中打开。PCB 信息报表如图 7-22 所示。

（6）"Grid Manager（栅格管理器）"选项组：用于定义捕捉栅格。

- 单击"Add（添加）"按钮，在弹出的下拉列表中选择命令，如图 7-23 所示。添加笛卡儿坐标下与极坐标下的栅格，在未选定对象时进行定义。
- 选择添加的栅格参数，激活"Properties（属性）"按钮。单击该按钮，弹出如图 7-24 所示的"Cartesian Grid Editor（笛卡儿栅格编辑器）"对话框，设置栅格间距。
- 单击"删除"按钮 ，删除选中的参数。

（7）"Guide Manager（向导管理器）"选项组：用于定义电路板的向导线，添加或放置横向、竖向、+45°、-45°和捕捉栅格的向导线，在未选定对象时进行定义。

- 单击"Add（添加）"按钮，在弹出的下拉列表中选择选项，如图 7-25 所示。添加对应的向导线。

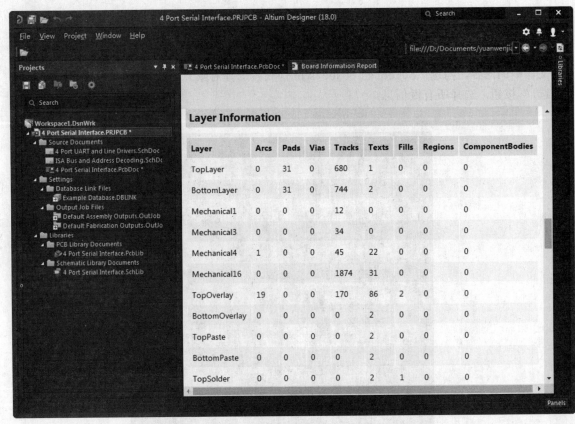

图 7-22　PCB 信息报表

Add Cartesian Grid

Add Polar Grid

图 7-23　"Add（添加）"下拉列表

- 单击"Place（放置）"按钮，在弹出的下拉列表中选择选项，如图 7-26 所示，放置对应的向导线。
- 单击"删除"按钮 🗑，删除选中的参数。

（8）"Other（其余的）"选项组：用于设置其余选项。

- "Units（单位）"选项：设置为公制（mm），也可以设置为英制（mils）。一般在绘制和显示时设为 mil。
- "Polygon Naming Scheme"下拉列表：用于选择多边形命名格式，包括四种，如图 7-27 所示。

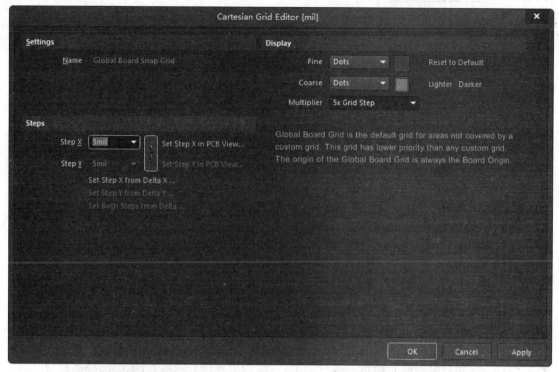

图 7-24 "Cartesian Grid Editor（笛卡儿栅格编辑器）"对话框

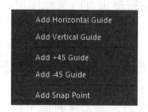

图 7-25 "Add（添加）"下拉列表

图 7-26 "Place（放置）"下拉列表

图 7-27 "Polygon Naming Scheme"下拉列表

- "Designator Display"下拉列表：标识符显示方式，包括"Physical（物理的）"和"Logic（逻辑的）"两种。
- "Route Tool Path"下拉列表：选择布线所在层，从 Mechanical 2、…、Mechanical 15 中选择。

（9）选择菜单栏中的"视图"→"适合文件"选项，此时图纸被重新定义了尺寸，与导入的 PCB 图纸边界范围正好相匹配。如果使用 V+S 或 Z+S 键重新观察图纸，就可以看见新的页面格式已经启用了。

7.4.3 电路板层的设置

1. 电路板的分层

PCB 一般包括很多层，不同的层包含不同的设计信息。制板商通常会将各层分开制作，然后经过压制、处理，最后生成各种功能的电路板。

Altium Designer 18 提供了以下 6 种类型的工作层：

（1）Signal Layers（信号层）：即铜箔层，用于完成电气连接。Altium Designer 18 允许电路板设计 32 个信号层，分别为 Top Layer、Mid Layer 1、Mid Layer 2、…、Mid Layer 30 和 Bottom Layer，各层以不同的颜色显示。

（2）"Internal Planes（中间层，也称内部电源与地线层）"：也属于铜箔层，用于建立电源和地线网络。系统允许电路板设计 16 个中间层，分别为 Internal Layer 1、Internal Layer 2、…、Internal Layer 16，各层以不同的颜色显示。

（3）"Mechanical Layers（机械层）"：用于描述电路板机械结构、标注及加工等生产和组装信息所使用的层面，不能完成电气连接特性，但其名称可以由用户自定义。系统允许 PCB 板设计包含 16 个机械层，分别为 Mechanical Layer 1、Mechanical Layer 2…Mechanical Layer 16，各层以不同的颜色显示。

（4）"Mask Layers（阻焊层）"：用于保护铜线，也可以防止焊接错误。系统允许 PCB 设计包含 4 个阻焊层，即 Top Paste（顶层锡膏防护层）、Bottom Paste（底层锡膏防护层）、Top Solder（顶层阻焊层）和 Bottom Solder（底层阻焊层），分别以不同的颜色显示。

（5）"Silkscreen Layers（丝印层）"：也称图例（legend），通常该层用于放置元器件标号、文字与符号，以标示出各零件在电路板上的位置。系统提供有两层丝印层，即 Top Overlay（顶层丝印层）和 Bottom Overlay（底层丝印层）。

（6）"Other Layers（其他层）"。

- "Drill Guides（钻孔）"和"Drill Drawing（钻孔图）"：用于描述钻孔图和钻孔位置。
- "Keep-Out Layer（禁止布线层）"：用于定义布线区域，基本规则是元器件不能放置于该层上，或者进行布线。只有在这里设置了闭合的布线范围，才能启动元器件自动布局和自动布线功能。
- Multi-Layer（多层）：该层用于放置穿越多层的 PCB 元器件，也用于显示穿越多层的机械加工指示信息。

2. 电路板的显示

在 PCB 编辑器界面右下方单击按钮 Panels，弹出快捷菜单，选择"View Configuration（视图配置）"选项，弹出"View Configuration（视图配置）"面板。在"Layer Sets（层设置）"下拉列表中选择"All Layers（所有层）"，即可看到系统提供的所有层，如图 7-28 所示。

同时还可以选择"Signal Layers（信号层）"、"Plane Layers（平面层）""NonSignal Layers

（非信号层）"和"Mechanical Layers（机械层）"选项，分别在电路板中单独显示对应的层。

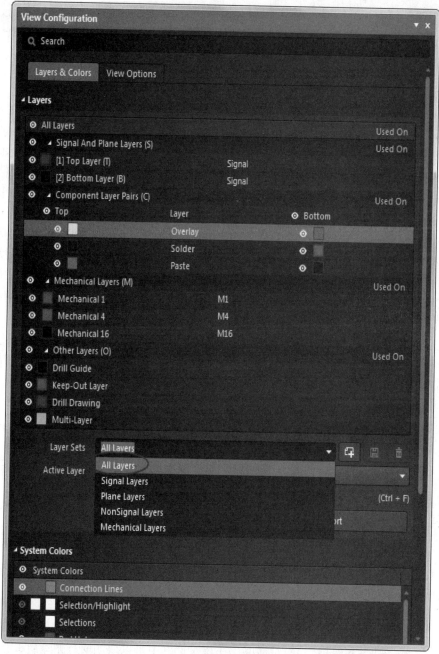

图 7-28　系统所有层的显示

3. 常见层数不同的电路板

（1）Single-Sided Boards（单面板）：PCB 上的元器件集中在其中的一面，导线集中在另一面。因为导线只出现在其中的一面，所以就称这种 PCB 板为单面板（Single-Sided

Boards）。在单面板上，通常只有底面也就是 Bottom Layer（底层）覆盖铜箔，元器件的引脚焊在这一面上，通过铜箔导线完成电气特性的连接。顶层也就是 Top Layer 是空的，安装元器件的一面，称为元器件面。因为单面板在设计线路上有许多严格的限制（因为只有一面可以布线，所以布线间不能交叉而必须以各自的路径绕行），布通率往往很低，所以只有早期的电路及一些比较简单的电路才使用这类的电路板。

（2）Double-Sided Boards（双面板）：这种电路板的两面都可以布线，不过要同时使用两面的布线就必须在两面之间有适当的电路连接才行，这种电路间的"桥梁"叫作过孔（via）。过孔是在 PCB 上充满或涂上金属的小洞，它可以与两面的导线相连接。在双层板中通常不区分元器件面和焊接面，因为两个面都可以焊接或安装元器件，但习惯上称 Bottom Layer（底层）为焊接面，Top Layer（顶层）为元器件面。因为双面板的面积是单面板的 2 倍，而且布线可以互相交错（可以绕到另一面），因此它适用于比单面板复杂的电路上。相对于多层板而言，双面板的制作成本不高，在给定一定面积时，通常都能 100%布通，因此一般的印制板都采用双面板。

（3）Multi-Layer Boards（多层板）：常用的多层板有 4 层板、6 层板、8 层板和 10 层板等。简单的 4 层板是在 Top Layer（顶层）和 Bottom Layer（底层）的基础上增加了电源层和地线层，这样一方面极大程度地解决了电磁干扰问题，提高了系统的可靠性，另一方面可以提高导线的布通率，缩小 PCB 的面积。6 层板通常是在 4 层板的基础上增加了 Mid-Layer 1 和 Mid-Layer 2 两个信号层。8 层板通常包括 1 个电源层、2 个地线层、5 个信号层（Top Layer、Bottom Layer、Mid-Layer 1、Mid-Layer 2 和 Mid-Layer 3）。

多层板层数的设置是很灵活的，设计者可以根据实际情况进行合理设置。各种层的设置应尽量满足以下要求：

- 元器件层的下面为地线层，它提供器件屏蔽层，以及为顶层布线提供参考层。
- 所有的信号层应尽可能与地线层相邻。
- 尽量避免两信号层直接相邻。
- 主电源应尽可能与其对应地相邻。
- 兼顾层结构对称。

4．电路板层数设置

在对电路板进行设计前，可以对电路板的层数及属性进行详细的设置。这里所说的层主要是指 Signal Layers（信号层）、Internal Plane Layers（电源层和地线层）和 Insulation（Substrate）Layers（绝缘层）。

电路板层数设置的具体操作步骤如下：

选择菜单栏中的"设计"→"层叠管理器"选项，系统将弹出如图 7-29 所示的"Layer Stack Manager（层堆栈管理器）"对话框。在该对话框中可以增加层、删除层、移动层所处的位置以及对各层的属性进行设置。

（1）对话框的中心显示了当前 PCB 图的层结构。默认设置为双层板，即只包括"Top Layer（顶层）"和"Bottom Layer（底层）"两层。用户可以单击"Add Layer（添加层）"按钮，添加信号层、电源层和地层，单击"Add Internal Plane（添加平面）"按钮，添加中间层。选定某一层为参考层，执行添加新层的操作时，新添加的层将出现在参考层的下面。当勾选

"底层绝缘体"复选框时，添加层则出现在底层的上面。

（2）双击某一层的名称或选择该层，可直接对该层的名称及铜箔厚度进行设置。

（3）添加新层后，单击"Move Up（上移）"按钮或"Move Down（下移）"按钮，可以改变该层在所有层中的位置。在设计过程的任何时间都可进行添加层的操作。

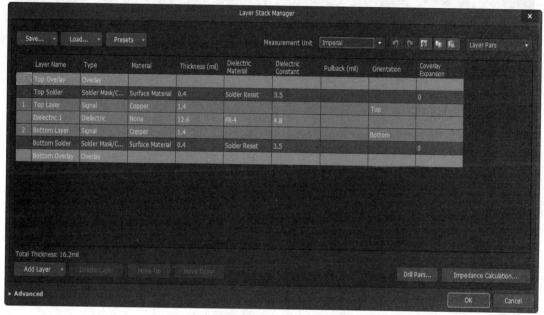

图 7-29 "Layer Stack Manager（层堆栈管理器）"对话框

（4）选择某一层后，单击"Delete Layer（删除层）"按钮，即可删除该层。

（5）单击"Presets（最佳设置）"按钮或在该对话框的任意空白处右击，即可弹出一个菜单，此菜单中的大部分命令均可通过对话框中的按钮进行操作，可以直接选择，进行快速板层设置。

（6）PCB 设计中最多可添加 32 个信号层、16 个电源层和地线层。各层的显示与否可在"View Configuration（视图配置）"面板中进行设置，激活各层中的"显示"按钮即可。

（7）设置层的堆叠类型。单击按钮 **Advanced**，对话框发生变化，增加了电路板堆叠特性的设置，如图 7-30 所示。

电路板的层叠结构中不仅包括拥有电气特性的信号层，还包括无电气特性的绝缘层，两种典型的绝缘层主要指"Core"（填充层）和"Prepreg（塑料层）"。

层的堆叠类型主要是指绝缘层在电路板中的排列顺序，默认的 3 种堆叠类型包括 Layer Pairs（Core 层和 Prepreg 层自上而下间隔排列）、Internal Layer Pairs（Prepreg 层和 Core 层自上而下间隔排列）和 Build-up（顶层和底层为 Core 层，中间全部为 Prepreg 层）。改变层的堆叠类型将会改变"Core"和"Prepreg"在层栈中的分布，只有在信号完整性分析需要用到盲孔或深埋过孔的时候才需要进行层的堆叠类型的设置。

按钮 Drill Pairs... 用于钻孔设置。

按钮 Impedance Calculation... 用于阻抗计算。

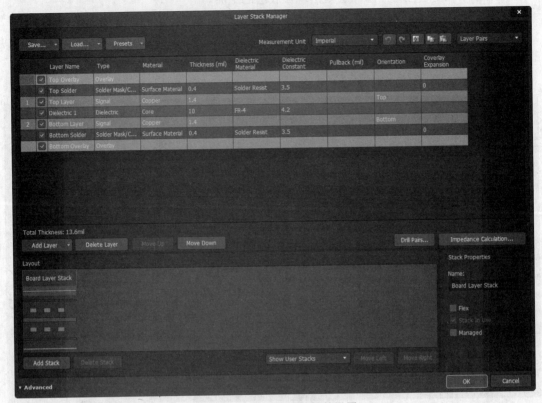

图 7-30　电路板堆叠特性的设置

7.4.4　电路板层显示与颜色设置

PCB 编辑器采用不同的颜色显示各个电路板层，以便于区分。用户可以根据个人习惯进行设置，并且可以决定是否在编辑器内显示该层。

1. 打开"View Configuration（视图配置）"面板。

在界面右下角单击按钮 Panels，弹出快捷菜单，选择"View Configuration（视图配置）"选项，弹出"View Configuration（视图配置）"面板，如图 7-31 所示，该面板包括电路板层颜色设置和系统默认设置颜色的显示两部分。

2. 设置对应层面的显示与颜色

"Layers（层）"选项组用于设置对应层面和系统的显示颜色。

（1）"显示"按钮 用于决定此层是否在 PCB 编辑器内显示。

不同位置的"显示"按钮 启用/禁用层不同。

- 每个层组中启用或禁用一个层、多个层或所有层，如图 7-32 所示。启用/禁用了全部的 Component Layers。
- 启用/禁用整个层组，如图 7-33 所示，所有的 Top Layers 启用/禁用。

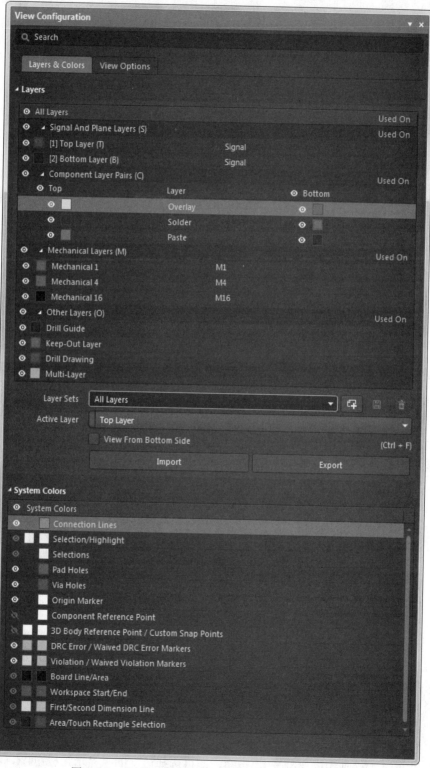

图 7-31　"View Configuration（视图配置）"面板

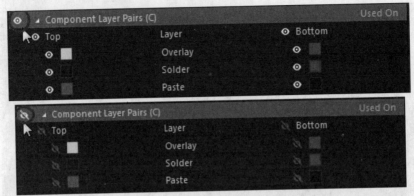

图 7-32　启用/禁用了全部的元器件层

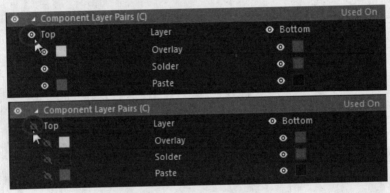

图 7-33　启用/禁用 Top Layers

● 启用/禁用每个组中的单个条目，如图 7-34 所示，突出显示的个别条目已禁用。

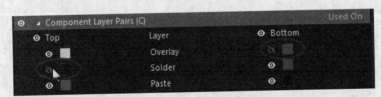

图 7-34　启用/禁用单个条目

（2）如果要修改某层的颜色或系统的颜色，单击其对应的"颜色"栏内的色条，即可在弹出的选择颜色列表中进行修改，如图 7-35 所示。

（3）在"Layer Sets（层设置）"下拉列表中，有"All Layers（所有层）""Signal Layers（信号层）""Plane Layers（平面层）""NonSignal Layers（非信号层）"和"Mechanical Layers（机械层）"选项，它们分别对应其上方的信号层、电源层和地线层、机械层。选择"All Layers（所有层）"决定了在板层和颜色面板中显示全部的层面，还是只显示图层堆栈中设置的有效层面。一般地，为使面板简洁明了，默认选择"All Layers（所有层）"，只显示有效层面，对未用层面可以忽略其颜色设置。

单击"Used On（使用的层打开）"按钮，即可选择该层的"显示"按钮 ，清除其余所有层的选中状态。

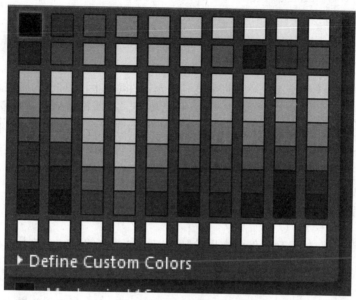

图 7-35   选择颜色列表

3. 显示系统的颜色

在"System Color（系统颜色）"选项组中可以对系统的两种类型可视格点的显示或隐藏进行设置，还可以对不同的系统对象进行设置。

7.4.5   PCB 布线区的设置

对布线区进行设置的主要目的是为自动布局和自动布线做准备。通过菜单栏中的"Files文件"→"新的"→"PCB"选项，或者通过模板创建的 PCB 文件只有一个默认的板形，并无布线区，因此用户如果要使用 Altium Designer 18 系统提供的自动布局和自动布线功能，就需要自己创建一个布线区。

创建布线区的操作步骤如下：

（1）单击工作窗口下方的"Keep-out Layer（禁止布线层）"标签，使该层处于当前的工作窗口中。

（2）选择菜单栏中的"放置"→"Keepout（禁止布线）"→"线径"选项，此时光标变成十字形状。移动光标到工作窗口，在禁止布线层上创建一个封闭的多边形。

（3）完成布线区的设置后，右击或者按 Esc 键即可退出该操作。

布线区设置完毕后，进行自动布局操作时，可将元器件自动导入到该布线区中。

7.5   在 PCB 文件中导入原理图网络表信息

网络表是原理图与 PCB 图之间的联系纽带，原理图和 PCB 图之间的信息可以通过在相应的 PCB 文件中导入网络表的方式完成同步。在执行导入网络表的操作之前，需要在 PCB 设计环境中装载元器件的封装库以及对同步比较器的比较规则进行设置。

7.5.1 装载元器件封装库

由于 Altium Designer 18 采用的是集成的元器件库，因此对于大多数设计来说，在进行原理图设计的同时便装载了元器件的 PCB 封装模型，一般可以省略该项操作。但 Altium Designer 18 同时也支持单独的元器件封装库，只要 PCB 文件中有一个元器件封装不是在集成的元器件库中，用户就需要单独装载该封装所在的元器件库。元器件封装库的添加与原理图中元器件库的添加步骤相同，这里不再赘述。

7.5.2 设置同步比较规则

同步设计是 Protel 系列软件中实现绘制电路图最基本的方法，这是一个非常重要的概念。对同步设计概念最简单的理解就是原理图文件和 PCB 文件在任何情况下保持同步。实现这个目的的最终方法是用同步器来实现，这个概念就称之为同步设计。

同步器的工作原理是检查当前的原理图文件和 PCB 文件，得出它们各自的网络报表并进行比较，比较后得出的不同网络信息将作为更新信息，然后根据更新信息便可以完成原理图设计与 PCB 设计的同步。同步比较规则能够决定生成的更新信息，因此要完成原理图与 PCB 图的同步更新，同步比较规则的设置至关重要。

选择菜单栏中的"工程"→"工程选项"选项，系统将弹出"Options for PCB Project（PCB 项目选项）"对话框，然后选择"Comparator（比较器）"选项卡，在该选项卡中可以对同步比较规则进行设置，如图 7-36 所示。单击 按钮 Set To Installation Defaults ，将恢复软件安装时同步器的默认设置状态。单击"OK(确定)"按钮，即可完成同步比较规则的设置。

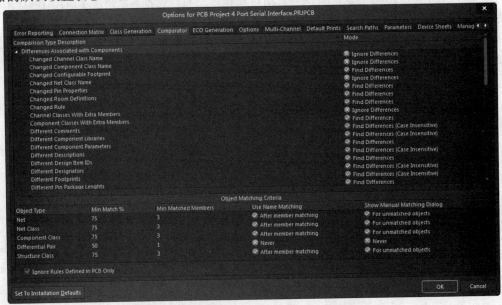

图 7-36 "Comparator（比较器）"选项卡

7.5.3 导入网络报表

完成同步比较规则的设置后，即可进行网络表的导入工作。打开电子资料包中 "yuanwenjian\ch07\example" 文件夹中最小单片机系统项目文件 MCU.PrjPCB，打开原理图文件 MCU Circuit.SchDoc，如图 7-37 所示。将原理图的网络表导入到当前的 PCB1 文件中，操作步骤如下：

Step1 （1）打开 MCU Circuit.SchDoc 文件，使之处于当前的工作窗口中，同时应保证 PCB 1 文件也处于打开状态。

Step2 （2）选择菜单栏中的 "设计" → "Update PCB Document PCB1.PcbDoc（更新 PCB 文件）" 选项，系统将对原理图和 PCB 图的网络报表进行比较并弹出一个 "Engineering Change Order（工程更新操作顺序）" 对话框，如图 7-38 所示。

Step3 （3）单击 "Validate Changes（确认更新）" 按钮，系统将扫描所有的更新操作项，验证能否在 PCB 上执行所有的更新操作。随后在可以执行更新操作的每一项所对应的 "Check（检查）" 栏中将显示标记 ✅，如图 7-39 所示。

- 标记 ✅：说明该项更新操作项都是合乎规则的。
- 标记 ❌：说明该项更新操作是不可执行的，需要返回到以前的步骤中进行修改，然后重新进行更新验证。

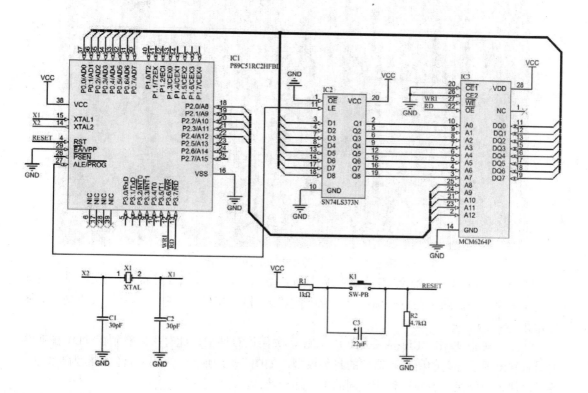

图 7-37　要导入网络表的原理图

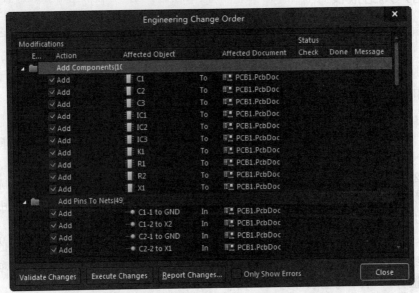

图 7-38　"Engineering Change Order（工程更新操作顺序）"对话框

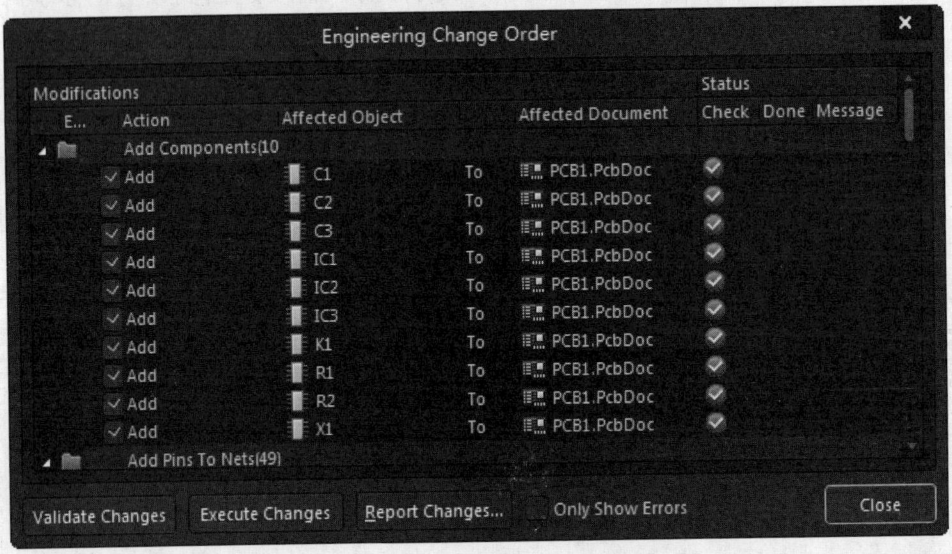

图 7-39　PCB 中能实现的合乎规则的更新

Step4　（4）进行合法性校验后选择"Execute Changes（执行更新）"按钮，系统将完成网络表的导入，同时在每一项的"Done（完成）"栏中显示标记 ，提示导入成功，如图 7-40 所示。

Step5　（5）单击"Close（关闭）"按钮，关闭该对话框。此时可以看到在 PCB 图布线框的右侧出现了导入的所有元器件的封装模型，如图 7-41 所示。该图中紫色边框为布线框，各元器件之间仍保持着与原理图相同的电气连接特性。

需要注意的是，导入网络表时，原理图中的元器件并不直接导入到用户绘制的布线区内，而是位于布线区范围以外。通过随后执行的自动布局操作，系统自动将元器件放置在布线区内。当然，用户也可以手动拖动元器件到布线区内。

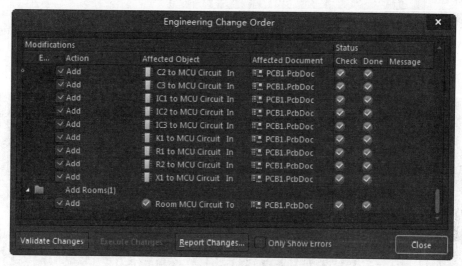

图 7-40 执行更新命令

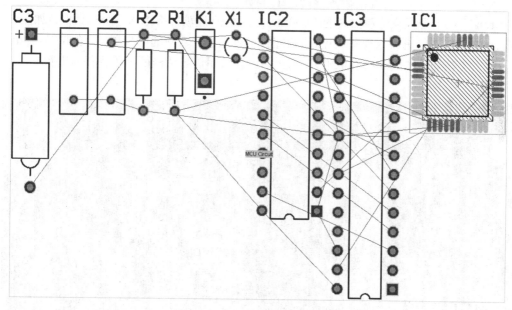

图 7-41 导入网络表后的 PCB 图

7.5.4 原理图与 PCB 图的同步更新

第一次执行导入网络报表操作时，完成上述操作即可完成原理图与 PCB 图之间的同步更新。如果导入网络表后又对原理图或 PCB 图进行了修改，那么要快速完成原理图与 PCB 图设计之间的双向同步更新，可以采用下面的方法实现。

Step1 （1）打开 PCB1.PcbDoc 文件，使之处于当前的工作窗口中。

Step2 （2）选择菜单栏中的"设计"→"Update Schematic in MCU Circuit. SchDoc（更新原理图）"选项，系统将对原理图和 PCB 图的网络报表进行比较，并弹出一个对话框，比较结果并提示用户确认是否查看二者之间的不同之处，如图 7-42 所示。

Step3 （3）单击"Yes（是）"按钮，进入"查看比较结果信息"对话框，如图 7-43 所示。在该对话框中可以查看详细的比较结果，了解二者之间的不同之处。

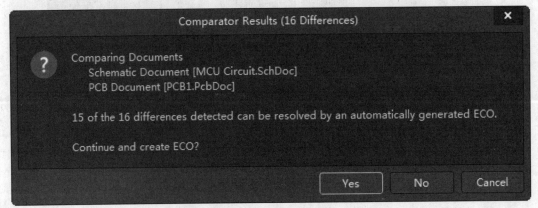

图 7-42 比较结果提示

Step4 （4）选择某一项信息的"Update（更新）"选项，将弹出一个对话框，如图 7-44 所示。用户可以选择更新原理图或更新 PCB 图，也可以进行双向的同步更新。单击"No Updates（不更新）"按钮或"Cancel（取消）"按钮，可以关闭该对话框而不进行任何更新操作。

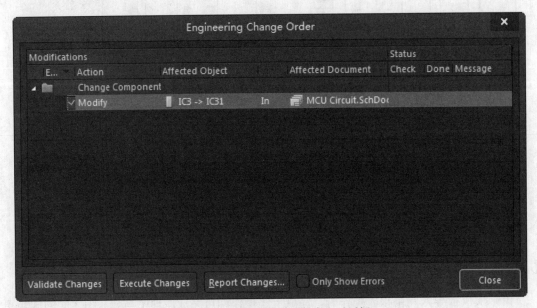

图 7-43 "查看比较结果信息"对话框

Step5 （5）单击"Report Differences（记录不同）"按钮，系统将生成一个表格，如图 7-45 所示。从中可以预览原理图与 PCB 图之间的不同之处，同时可以对此表格进行导出或打印等操作。

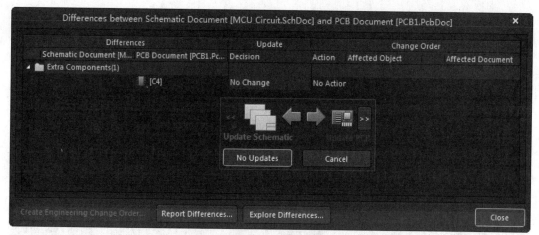

图 7-44　执行同步更新操作

Step6　（6）单击 "Explore Differences（查看不同）" 按钮，弹出 "Differences（不同）" 面板。从中可查看原理图与 PCB 图之间的不同之处，如图 7-46 所示。

Step7　（7）选择 "Update Schematic（更新原理图）" 进行原理图的更新，更新后的对话框中将显示更新信息，如图 7-47 所示。

Step8　（8）单击 "Create Engineering Change Order（创建工程更新规则）" 按钮，系统将弹出 "Engineering Change Order（工程更新顺序）" 对话框，显示工程更新操作信息，完成原理图与 PCB 图之间的同步设计。与网络表的导入操作相同，单击 "Validate Changes（确认更新）" 按钮和 "Execute Changes（执行更新）" 按钮，即可完成原理图的更新。

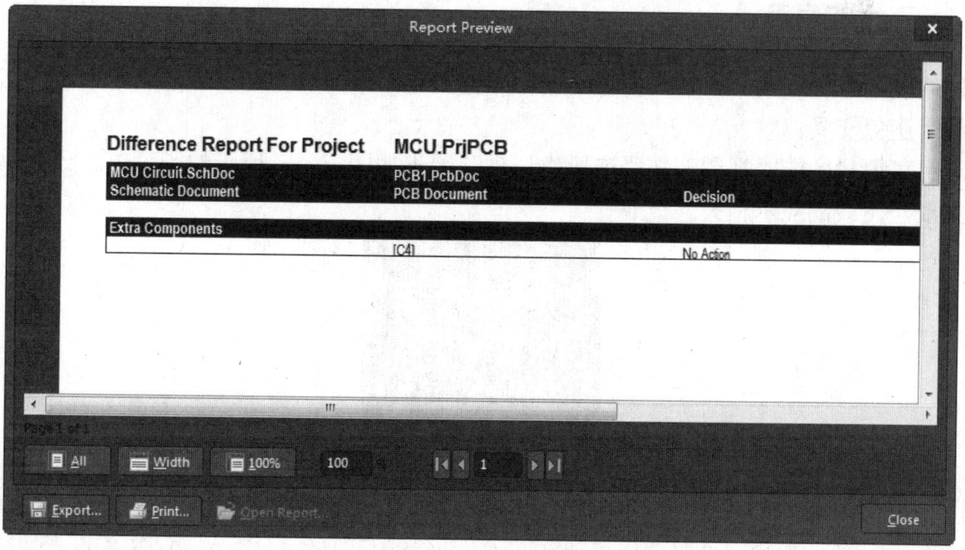

图 7-45　预览原理图

除了通过选择菜单栏中的 "设计" → "Update Schematic in MCU.PrjPcb（更新原理图）" 选项来完成原理图与 PCB 图之间的同步更新之外，选择菜单栏中的 "工程" → "显示差异" 选项，也可以完成同步更新，这里不再赘述。

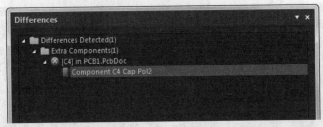

图 7-46 "Differences（不同）"面板

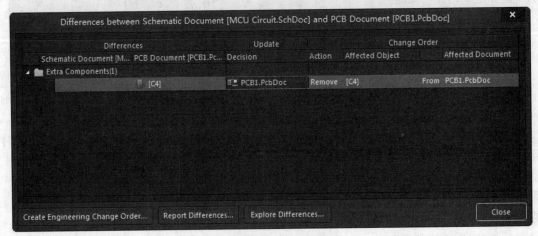

图 7-47 更新信息的显示

7.5.5 飞线的显示

网络表信息导入到 PCB 中，再将元器件布置到电路中，为方便显示与后期布线，切换显示飞线，避免交叉。

选择菜单栏中的"视图"→"连接"选项，弹出如图 7-48 所示的子菜单。该菜单中的命令主要与飞线的显示相关。

图 7-48 显示飞线子菜单

Step1 （1）选择"显示网络"选项，在图中单击，弹出如图 7-49 所示的"Net Name（网络名称）"对话框，输入网络名称 A0，则显示该与网络相连的飞线，如图 7-50 所示。

Step2 （2）选择"显示器件网络"选项，单击电路板中的元器件 C6，显示与该元器件相连的飞线，如图 7-51 所示。

图 7-49 "Net Name（网络名称）"对话框

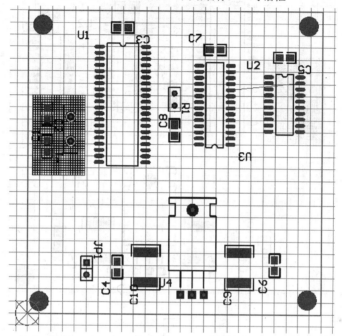

图 7-50 显示网络飞线

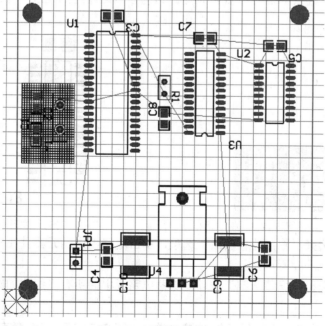

图 7-51 元器件间的飞线

Step3 （3）选择"显示全部"选项，显示电路板中的所有飞线，如图 7-52 所示。

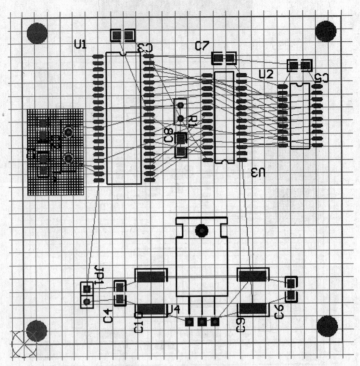

图 7-52　显示全部飞线

Step4 （4）选择"隐藏网络"选项，在图中单击，弹出如图 7-53 所示的"Net Name（网络名称）"对话框。输入网络名称 A0，则隐藏该与该网络相连的飞线，如图 7-54 所示。

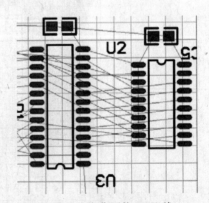

图 7-53　"Net Name（网络名称）"对话框　　　　图 7-54　隐藏网络 A0 飞线

Step5 （5）选择"隐藏器件网络"选项，单击电路板中的元器件 C6，隐藏与该元器件相连的飞线，如图 7-55 所示。

Step6 （6）选择"隐藏全部"选项，隐藏电路板中的所有飞线，如图 7-56 所示。

提示：

除使用菜单命令外，在编辑区按 N 键，弹出如图 7-57 所示的快捷菜单，其中的命令与

"视图"→"连接"下子菜单命令一一对应。

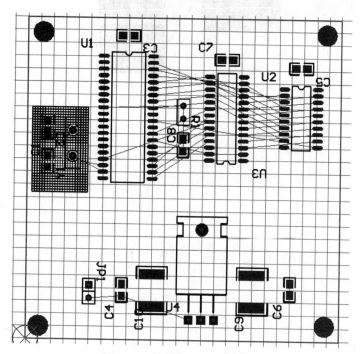

图 7-55　隐藏元器件间的飞线

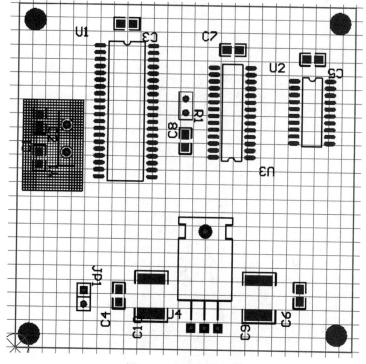

图 7-56　隐藏全部飞线

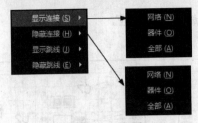

图 7-57　快捷菜单

第 **8** 章

PCB 的布局设计

在完成网络表的导入操作后，元器件已经显示在工作窗口中了，此时就可以开始元器件的布局。元器件的布局指将网络表中的所有元器件放置在 PCB 上，是 PCB 设计的关键一步。好的布局通常让具有电气连接的元器件引脚比较靠近，这样可以使走线距离短，占用空间比较小，从而使整个电路板的导线能够易于连通，获得更好的布线效果。

电路布局的整体要求是整齐、美观、对称、元器件密度均匀，这样才能使电路板的利用率最高，并且降低电路板的制作成本；同时设计者在布局时还要考虑电路的机械结构、散热、电磁干扰及将来布线的方便性等问题。元器件的布局有自动布局和交互式布局两种方式，只靠自动布局往往达不到实际的要求，通常需要将两者结合以获得良好的效果。

- 元件的自动布局
- 元件的手动布局
- 3D 效果图

8.1　元器件的自动布局

Altium Designer 18 提供了强大的 PCB 自动布局功能，PCB 编辑器根据一套智能算法可以自动地将元器件分开，然后放置到规划好的布局区域内并进行合理的布局。选择菜单栏中的"工具"→"器件摆放"选项，其子菜单中包含了与自动布局有关的选项，如图 8-1 所示。

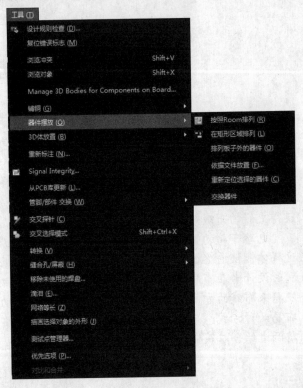

图 8-1　"器件摆放"选项的子菜单

- "按照 Room 排列（空间内排列）"选项：用于在指定的空间内部排列元器件。选择该命令后，光标变为十字形状，在要排列元器件的空间区域内单击，元器件即自动排列到该空间内部。
- "在矩形区域排列"选项：用于将选中的元器件排列到矩形区域内。选择该选项前，需要先将要排列的元器件选中，此时光标变为十字形状，在要放置元器件的区域内单击，确定矩形区域的一角，拖动光标，至矩形区域的另一角后再次单击。确定该矩形区域后，系统会自动将已选择的元器件排列到矩形区域中来。
- "排列板子外的器件"选项：用于将选中的元器件排列在 PCB 的外部。选择该选项前，需要先将要排列的元器件选中，系统自动将选择的元器件排列到 PCB 范围以外的右下方区域内。
- "依据文件放置"选项：用于导入自动布局文件进行布局。

- "重新定位选择的器件"选项：重新进行自动布局。
- "交换器件"选项：用于交换选中的元器件在 PCB 中的位置。

8.1.1 自动布局约束参数

在自动布局前，首先要设置自动布局的约束参数。合理地设置自动布局参数，可以使自动布局的结果更加完善，也就相对地减少了手动布局的工作量，节省了设计时间。

自动布局的参数在"PCB Rules and Constraints Editor（PCB 规则和约束编辑器）"对话框中进行设置。选择菜单栏中的"设计"→"规则"选项，系统将弹出"PCB Rules and Constraints Editor（PCB 规则和约束编辑器）"对话框。单击该对话框中的"Placement"（设置）标签，逐项对其中的选项进行参数设置。

（1）"Room Definition（空间定义规则）"选项：用于在 PCB 上定义元器件布局区域，图 8-2 所示为该选项的设置对话框。在 PCB 上定义的布局区域有两种，一种是区域中不允许出现元器件，另一种则是某些元器件一定要在指定区域内。在该对话框中可以定义该区域的范围（包括坐标范围与工作层范围）和种类。该规则主要用在线 DRC、批处理 DRC 和成群的放置项自动布局的过程中。

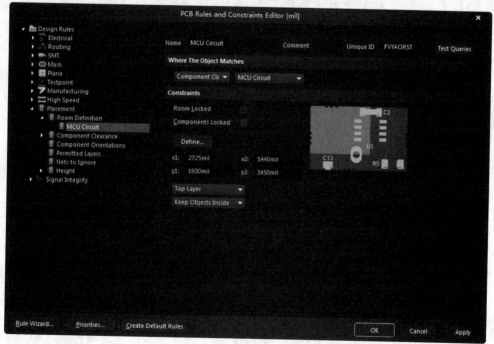

图 8-2 "Room Definition（空间定义规则）"选项的设置对话框

其中各选项的功能如下：

- "Room Locked（区域锁定）"复选框：勾选该复选框，将锁定 Room 类型的区域，以防止在进行自动布局或手动布局时移动该区域。
- "Components Locked（元器件锁定）"复选框：勾选该复选框，将锁定区域中的元器件，以防止在进行自动布局或手动布局时移动该元器件。

- "Define（定义）"按钮：单击该按钮，光标将变成十字形状，移动光标到工作窗口中，单击可以定义 Room 的范围和位置。
- "x1""y1"文本框：用于显示 Room 最左下方的坐标。
- "x2""y2"文本框：用于显示 Room 最右上方的坐标。
- 最后两个下拉列表中列出了该 Room 所在的工作层及对象与此 Room 的关系。

（2）"Component Clearance（元器件间距限制规则）"选项：用于设置元器件间距，图 8-3 所示为该选项的设置对话框。在 PCB 可以定义元器件的间距，该间距会影响到元器件的布局。

- "Infinite（无穷大）"单选按钮：用于设定最小水平间距，当元器件间距小于该数值时将视为违例。
- "Specified（指定）"单选按钮：用于设定最小水平和垂直间距，当元器件间距小于这个数值时将视为违例。

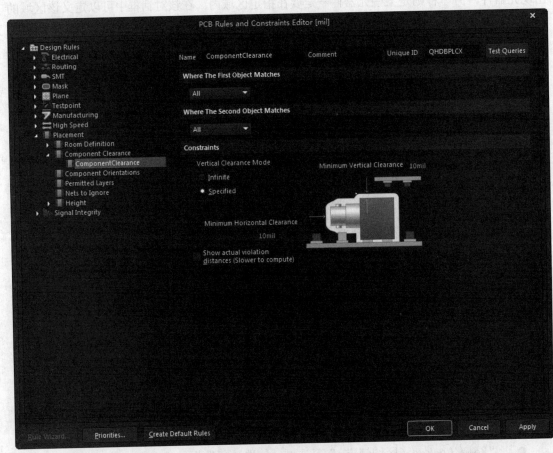

图 8-3　"Component Clearance（元器件间距限制规则）"选项的设置对话框

（3）"Component Orientations（元器件布局方向规则）"选项：用于设置 PCB 上元器件允许旋转的角度，图 8-4 所示为该选项设置内容，在其中可以设置 PCB 上所有元器件允许使用的旋转角度。

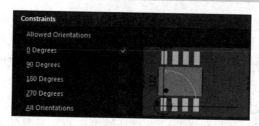

图 8-4 "Component Orientations（元器件布局方向规则）" 选项设置内容

（4）"Permitted Layers（电路板工作层设置规则）"选项：用于设置 PCB 上允许放置元器件的工作层，图 8-5 所示为该选项设置内容。PCB 上的底层和顶层本来是都可以放置元器件的，但在特殊情况下，可能有一面不能放置元器件，通过设置该规则可以满足这种需求。

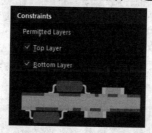

图 8-5 "Permitted Layers（电路板工作层设置规则）"选项设置内容

（5）"Nets To Ignore（网络忽略规则）"选项：用于设置在采用成群的放置项方式执行元器件自动布局时需要忽略布局的网络，如图 8-6 所示。忽略电源网络，将加快自动布局的速度，提高自动布局的质量。如果设计中有大量连接到电源网络的双引脚元器件，设置该规则可以忽略电源网络的布局，并将与电源相连的各个元器件归类到其他网络中进行布局。

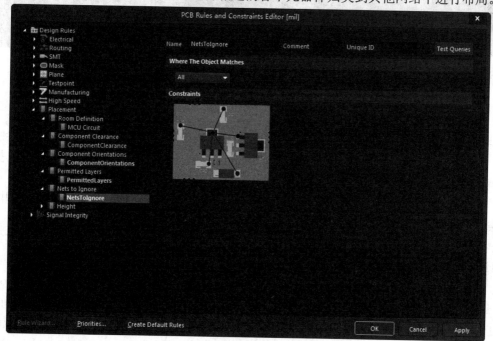

图 8-6 "Nets To Ignore（网络忽略规则）"选项的设置对话框

（6）"Height（高度规则）"选项：用于定义元器件的高度。在一些特殊的电路板上进行布局操作时，电路板的某一区域可能对元器件的高度要求很严格，此时就需要设置该规则。图 8-7 所示为该选项的设置对话框，主要有"Minimum（最小高度）""Preferred（首选高度）"和"Maximum（最大高度）"3 个可选择的设置选项。

元器件布局的参数设置完毕后，单击"OK（确定）"按钮，保存规则设置，返回 PCB 编辑界面，然后就可以采用系统提供的自动布局功能进行 PCB 元器件的自动布局了。

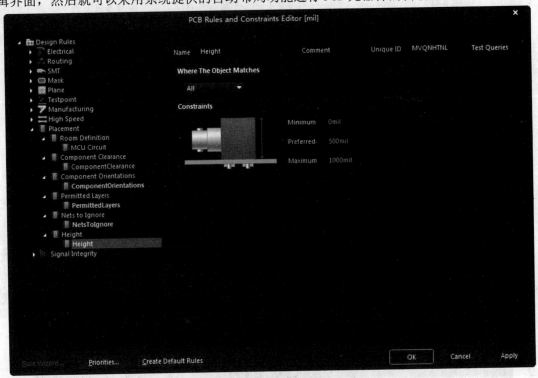

图 8-7　"Height（**高度规则**）"选项的设置对话框

8.1.2　按照 Room 排列

打开单子资料包中"yuanwenjian\ch08\example"文件夹，这里以本书 6.7 节中绘制的如图 8-8 所示的"计算机扬声器电路原理图.SchDoc"为例，介绍元器件的自动布局，其操作步骤如下。

（1）在 PCB 文件编辑器内打开"Keep-out Layer（禁止布线层）"，导入电路原理图的网络表，添加元器件封装，如图 8-9 所示。

（2）单击选择封装元器件所在的 Room，Room 边界显示为白色方框，拖动方框，将选择边界调整为电气边界大小，如图 8-10 所示。

（3）选择要布局的元器件，选择菜单栏中的"工具"→"器件摆放"→"按照 Room 排列"选项，光标变为十字形状；在编辑区绘制矩形区域，即可开始在选择的矩形中自动布局。自动布局需要经过大量的计算，因此需要耗费一定的时间。图 8-11 所示为在 Room 区域内自动布局的结果。

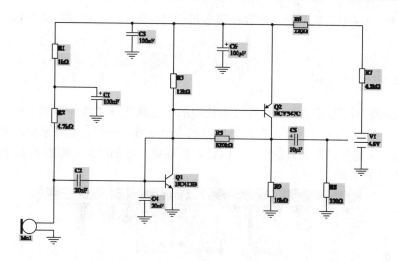

图 8-8　计算机扬声器电路原理图

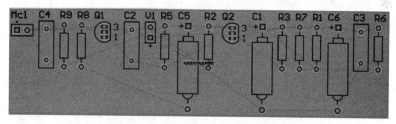

图 8-9　导入 PCB 的封装元器件

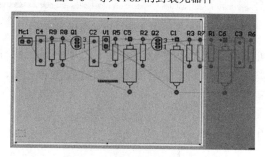

图 8-10　调整 Room 边界

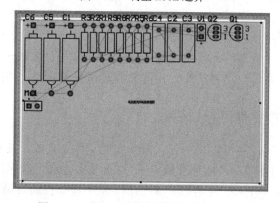

图 8-11　在 Room 区域内自动布局的结果

自动布局结果并不是完美的，还存在很多不合理的地方，因此还需要对自动布局进行调整。

8.1.3 在矩形区域排列

（1）选择要布局的元器件，选择菜单栏中的"工具"→"器件摆放"→"在矩形区域排列"选项，光标变为十字形状；在编辑区绘制矩形区域，即可开始在选择的矩形区域内自动布局。自动布局需要经过大量的计算，因此需要耗费一定的时间。如图 8-12 所示为在矩形区域内自动布局的结果。

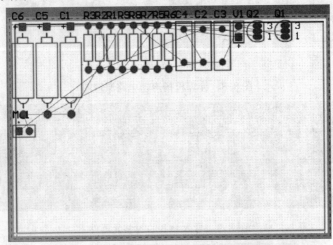

图 8-12　在矩形区域内自动布局的结果

（2）从图 8-12 中可以看出，元器件在自动布局后不再是按照种类排列在一起。各种元器件将按照自动布局的类型选择，初步地分成若干组分布在 PCB 中，同一组的元器件之间用导线建立连接将更加容易。

8.1.4 排列板子外的元器件

在大规模的电路设计中，自动布局涉及大量计算，执行起来往往要花费很长的时间，用户可以进行分组布局，为防止元器件过多影响排列，可将局部元器件排列到板子外，先排列板子内的元器件，然后排列板子外的元器件。

选择需要排列到板子外部的元器件，选择菜单栏中的"工具"→"器件摆放"→"排列板子外的器件"选项，系统自动将选择的元器件放置到板子外侧，如图 8-13 所示。

8.1.5 导入自动布局文件进行布局

对元器件进行布局时，还可以采用导入自动布局文件来完成，其实质是导入自动布局策略。选择菜单栏中的"工具"→"器件摆放"→"依据文件放置"选项，系统将弹出如图 8-14 所示的"Load File Name（导入文件名称）"对话框。从中选择自动布局文件（扩展名为.PIk），然后单击"打开"按钮，即可导入此文件进行自动布局。

通过导入自动布局文件的方法在常规设计中比较少见，这里导入的并不是每一个元器件自动布局的位置，而是一种自动布局的策略。

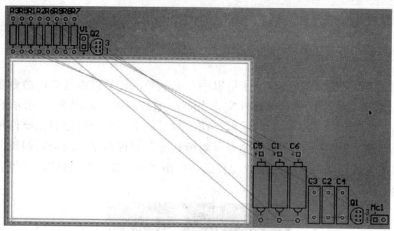

图 8-13　排列板子外侧的元器件

Step1　Step2　Step3　Step4

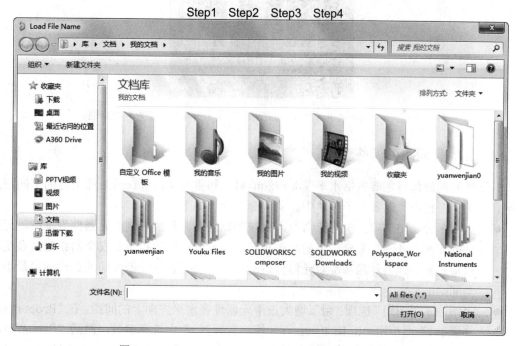

图 8-14　"Load File Name（导入文件名称）"对话框

8.2　元器件的手动布局

元器件的手动布局指手动确定元器件的位置。在元器件自动布局的结果中，虽然设置了自动布局的参数，但是自动布局只是对元器件进行了初步的放置，自动布局中元器件的摆放并不整齐，走线的长度也不是最短，PCB 布线效果也不够完美，因此需要对元器件的布局做进一步调整。在 PCB 上，可以通过对元器件的移动来完成手动布局的操作，但是单纯的手动移动不够精细，不能非常整齐地摆放好元器件。为此，PCB 编辑器提供了专门的手动布局操作，可以通过"编辑"菜单中"对齐"命令的子菜单来完成。

8.2.1 元器件说明文字的调整

对元器件说明文字进行调整，除了可以手动拖动外，还可以通过菜单命令实现。选择菜单栏中的"编辑"→"对齐"→"定位器件文本"选项，系统将弹出如图 8-15 所示的"Component Text Position"（器件文本位置）对话框。在该对话框中，用户可以对元器件说明文字（标号和说明内容）的位置进行设置。该命令是对所有元器件说明文字的全局编辑，每一项都有 9 种不同的摆放位置。选择合适的摆放位置后，单击"OK（确定）"按钮，即可完成元器件说明文字的调整。

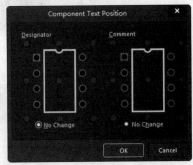

图 8-15　"Component Text Position"（元器件文本位置）对话框

8.2.2 元器件间距的调整

元器件间距的调整主要包括水平（Horizontal）和垂直（Vertical）两个方向上间距的调整。相关命令也在"对齐"子菜单中。主要命令介绍如下：

- "水平分布"选项：执行该命令，系统将以最左侧和最右侧的元器件为基准，元器件的 Y 坐标不变，X 坐标上的间距相等。当元器件的间距小于安全间距时，系统将以最左侧的元器件为基准对元器件进行调整，直到各个元器件间的距离满足最小安全间距的要求为止。
- "增加水平间距"选项：用于增大选中元器件在水平方向上的间距。在"Properties（属性）"面板中"Grid Manager（栅格管理器）"中选择参数，激活"Properties（属性）"按钮，单击该按钮，弹出如图 8-16 所示的"Cartesian Grid Editor（笛卡儿栅格编辑器）"对话框，输入 Step X 参数增加量。
- "减少水平间距"选项：用于减小选中元器件在水平方向上的间距。在"Properties（属性）"面板中"Grid Manager（栅格管理器）"中选择参数，激活"Properties（属性）"按钮。单击该按钮，弹出"Cartesian Grid Editor（笛卡儿栅格编辑器）"对话框，输入 Step X 参数减小量。
- "垂直分布"选项：执行该命令，系统将以最顶端和最底端的元器件为基准，使元器件的 X 坐标不变，Y 坐标上的间距相等。当元器件的间距小于安全间距时，系统将以最底端的元器件为基准对元器件进行调整，直到各个元器件间的距离满足最小安全间距的要求为止。

- "增加垂直间距"选项：用于增大选中元器件在垂直方向上的间距，在"Properties（属性）"面板中"Grid Manager（栅格管理器）"中选择参数，激活"Properties（属性）"按钮，单击该按钮，弹出"Cartesian Grid Editor（笛卡儿栅格编辑器）"对话框，输入 Step Y 参数增大量。

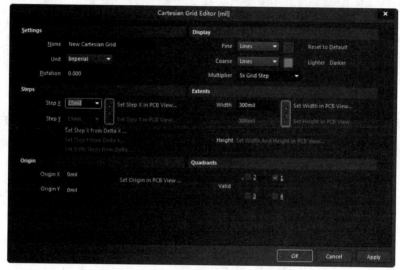

图 8-16　"Cartesian Grid Editor（笛卡儿栅格编辑器）"对话框

- "减少垂直间距"选项：用于减小选中元器件在垂直方向上的间距，在"Properties（属性）"面板中"Grid Manager（栅格管理器）"中选择参数，激活"Properties（属性）"按钮，单击该按钮，弹出"Cartesian Grid Editor（笛卡儿栅格编辑器）"对话框，输入 Step Y 参数减小量。

8.2.3　移动元器件到格点处

格点的存在能使各种对象的摆放更加方便，更容易满足对 PCB 布局的"整齐、对称"的要求。在执行手动布局过程中，移动的元器件往往并不是正好处在格点处，这时就需要选择"编辑"→"对齐"→"移动所有器件原点到栅格上"选项。选择该选项时，元器件的原点将被移到与其最靠近的格点处。

在执行手动布局的过程中，如果所选择的对象被锁定，那么系统将弹出一个对话框询问是否继续。如果用户选择继续的话，则可以同时移动被锁定的对象。

8.2.4　元器件手动布局的具体步骤

下面就利用元器件自动布局的结果，继续进行手动布局调整。自动布局结果如图 8-17 所示。

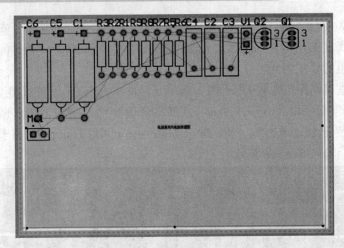

图 8-17　自动布局结果

选择菜单栏中的"视图"→"连接"→"隐藏全部"选项，隐藏电路板中的所有飞线；同时为方便显示，删除 Room 区域，如图 8-18 所示。

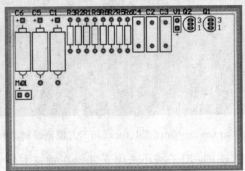

图 8-18　隐藏全部飞线

元器件手动布局的操作步骤如下：

（1）利用鼠标框选 8 个电阻，通过拖动将其移动到 PCB 的中间，重新排列。在拖动过程中按空格键，使其以合适的方向放置，如图 8-19 所示。

（2）调整电阻位置，使其按标号并行排列，如图 8-20 所示。

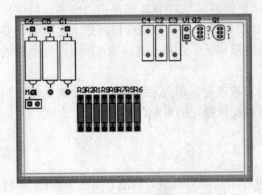

图 8-19　拖动电阻

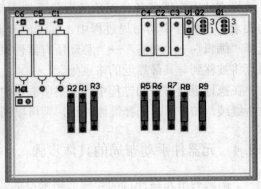

图 8-20　排列电阻

（3）由于标号重叠，为了清晰美观，使用"应用工具"工具栏中的"元器件对齐"按钮 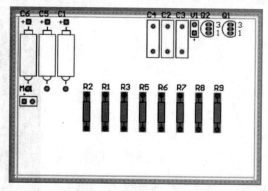 下的"使元器件的水平距离相等"和"顶对齐"选项，修改电阻元器件之间的间距，如图 8-21 所示。

图 8-21　调整电阻元器件间距

（4）将排列好的电阻元器件拖动到电路板合适位置。按照同样的方法，对其他元器件进行排列。

手工调整后的 PCB 布局如图 8-22 所示。

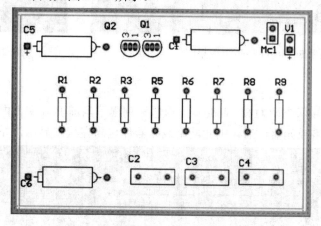

图 8-22　手工布局结果

8.3　3D 效果图

手动布局完毕后，可以通过 3D 效果图，直观地查看视觉效果，以检查手动布局是否合理。

8.3.1　三维效果图显示

在 PCB 编辑器界面中，选择菜单栏中的"视图"→"切换到 3 维模式"选项，系统显示该 PCB 的 3D 效果图，如图 8-23 所示，按住 Shift 键，显示旋转图标，在方向箭头上按住鼠标右键，即可旋转电路板。

在 PCB 编辑器内，单击右下方的按钮 Panels，在弹出的快捷菜单中选择 PCB，弹出 PCB 面板，如图 8-24 所示。

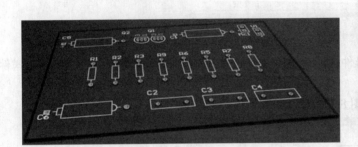

图 8-23　PCB 的 3D 效果图　　　　　　　　　图 8-24　PCB 面板

1. 浏览区域

在 PCB 面板中显示类型为 3D Models，该区域列出了当前 PCB 文件内的所有三维模型。选择其中的一个网络或元器件后，则此网络或元器件呈高亮状态显示，如图 8-25 所示。

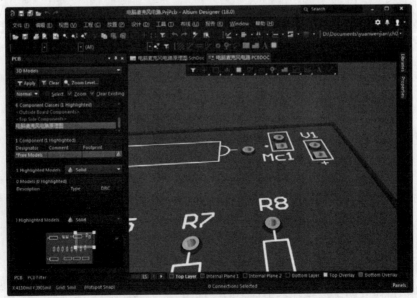

图 8-25　高亮显示元器件

对于网络或元器件有"Normal（正常）""Mask（遮挡）"和"Dim（变暗）"3 种显示方式，用户可通过浏览区域中的下拉列表进行选择。

- "Normal（正常）"：直接高亮显示用户选择的网络或元器件，其他网络及元器件的显示方式不变。
- "Mask（遮挡）"：高亮显示用户选择的网络或元器件，其他元器件和网络以遮挡方式显示（灰色），这种显示方式更为直观。
- "Dim（变暗）"：高亮显示用户选择的网络或元器件，其他元器件或网络按色阶变暗显示。
- 对于显示控制，有 3 个控制选项，即"Select（选择）""Zoom（缩放）"和"Clear Existing（清除现有的）"。
- "Selected（选择）"：勾选该复选框，在高亮显示的同时选中用户选定的网络或元器件。
- "Zoom（缩放）"：勾选该复选框，系统会自动将网络或元器件所在区域完整地显示在用户可视区域内。如果被选网络或元器件在图中所占区域较小，则会放大显示。
- "Clear Existing（清除现有的）"：勾选该复选框，系统会自动清除选定的网络或元器件。

2. 显示区域

该区域用于控制 3D 效果图中模型材质的显示方式，如图 8-26 所示。

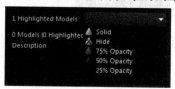

图 8-26　模型材质

3. 预览框区域

将光标移到该区域后，单击左键并按住不放，拖动光标，三维图将跟着移动，展示不同位置上的效果。

8.3.2　"View Configuration（视图设置）"面板

在 PCB 编辑器界面中，单击右下方的按钮 Panels ，在弹出的快捷菜单中选择 View Configuration，弹出"View Configuration（视图设置）"面板。

在"View Configuration（视图设置）"面板"View Options（视图选项）"选项卡中，显示三维面板的基本设置。不同情况下面板设置略有不同，这里重点介绍三维模式下的面板参数设置，如图 8-27 所示。

（1）"General Settings（通用设置）"选项组：显示配置和 3D 主体。

- "Configuration（设置）"下拉列表：用于选择三维视图设置模式，包括 11 种，默认选项为"Custum Configuration（通用设置）"模式，如图 8-28 所示。

图 8-27 "View Options（视图选项）"选项卡

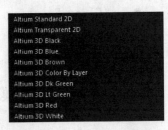

图 8-28 三维视图设置模式

- "3D"：用于控制电路板三维模式的打开与关闭，作用同菜单命令"视图"\"切换到三维模式"。
- "Signal Layer Mode"：用于控制三维模型中信号层的显示模式，包括打开与关闭单层模式，如图 8-29 所示。

a）打开单层模式

b）关闭单层模式

图 8-29 三维视图模式

- "Projection"：用于控制投影显示模式，包括"Orthographic（正射投影）"和"Perspective（透视投影）"。
- "Show 3D Mode"：用于控制是否显示元器件的三维模型。
  (2)"3D Settings（三维设置）"选项组：
- "Board thickness（Scale）"：通过拖动滑动块，设置电路板的厚度，按比例显示。

- "Color"：用于设置电路板颜色模式，包括"Realistic（逼真）"和"By Layer（随层）"。
- "Layer"：在列表框中设置不同层对应的透明度。通过拖动"Transparency（透明度）"选项下的滑动块来设置。

（3）"Mask and Dim Setting（屏蔽和调光设置）"选项组：用于控制对象屏蔽、调光和高亮设置。

- "Dim Objects（屏蔽对象）"：用于设置对象屏蔽程度。
- "Hihtlighted Objects（高亮对象）"：用于设置对象高亮程度。
- "Mask Objects（调光对象）"：用于设置对象调光程度。

（4）"Additional Options（附加选项）"选项组：

- 在"Configuration（设置）"下拉列表选择"Altum Standard 2D"选项或者在菜单栏中选择"视图"→"切换到二维模式"，切换到二维模式，电路板的面板设置如图 8-30 所示。

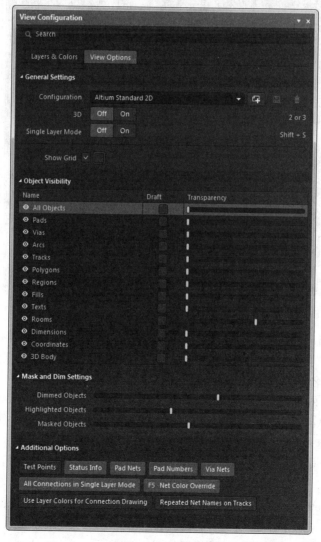

图 8-30　二维模式下的电路板的面板设置

● 在二维模式下添加 "Additional Options（附加选项）" 选项组，在该区域包括 9 种控件，允许配置各种显示设置，包括 "Net Color Override（网路颜色覆盖）"。

（5）"Object Visibility（对象可视化）" 选项组：二维模式下添加 "Object Visibility（对象可视化）" 选项组，在该选项组中可以设置电路板中不同对象的透明度和是否添加草图。

8.3.3 三维动画制作

在 PCB 编辑器界面中单击右下方的按钮 Panels，在弹出的快捷菜单中选择 "PCB 3D Movie Editor（电路板三维动画编辑器）" 选项，弹出 "PCB 3D Movie Editor（电路板三维动画编辑器）" 面板，如图 8-31 所示。

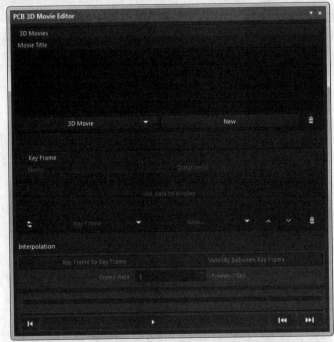

图 8-31　"PCB 3D Movie Editor（电路板三维动画编辑器）" 面板

（1）在 "Movie Title（动画标题）" 选项组中的 "3D Movie（三维动画）" 下拉列表中选择 "New（新建）" 选项，或者单击 "New（新建）" 按钮，在该区域创建 PCB 文件的三维模型动画，默认动画名称为 PCB 3D Video。

（2）在 "PCB 3D Video（动画）" 选项组中创建动画关键帧。在 "Key Frame（关键帧）" 下拉列表中选择 "New（新建）" → "Add（添加）" 选项或者选择 "New（新建）" → "Add（添加）" 选项，创建第一个关键帧，如图 8-32 所示。

（3）选择 "New（新建）" → "Add（添加）" 选项，继续添加关键帧，将时间设置为 3s；按住鼠标中键拖动，在视图中缩放视图，如图 8-33 所示。

（4）选择 "New（新建）" → "Add（添加）" 选项，继续添加关键帧；将时间设置为 3s 秒，按住 Shift 键与鼠标右键，在视图中旋转视图，如图 8-34 所示。

（5）单击工具栏上的 ▷ 键，动画设置如图 8-35 所示。

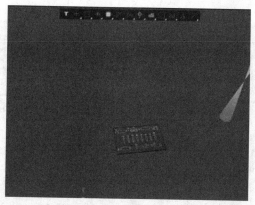

图 8-32　创建第一个关键帧

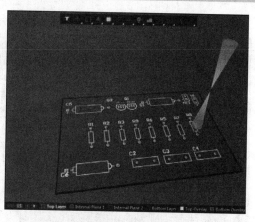

图 8-33　缩放后的视图

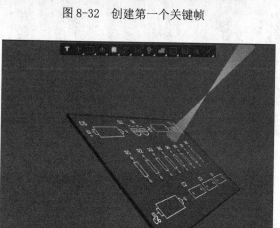

图 8-34　旋转后的视图

图 8-35　电路板的 动画面板设置

8.3.4　三维动画输出

选择菜单栏中的"文件"→"新的"→"Output Job 文件"选项，在"Projects（工程）"面板中"Settings（设置）"文件夹中显示输出文件，系统提供的默认名为 Job1.OutJob，如图 8-36 所示。

图 8-36　显示的输出文件

右侧工作区打开编辑区，如图 8-37 所示。

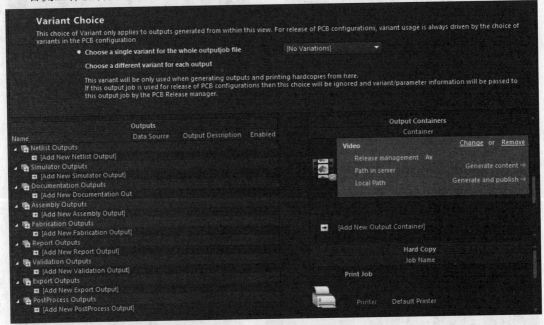

图 8-37　输出文件编辑区

（1）"Variant Choice（变量选择）"选择组：用于设置输出文件中变量的保存模式。

（2）"Outputs（输出）"选项组：显示不同的输出文件类型。

1）加载动画文件，在需要添加的文件类型"Documentation Outputs（文档输出）"中单击"Add New Documentation Output（添加新文档输出）"，弹出快捷菜单，如图 8-38 所示，选择"PCB 3D Video"选项，选择默认的 PCB 文件作为输出文件的依据，或者重新选择文件。加载的动画文件如图 8-39 所示。

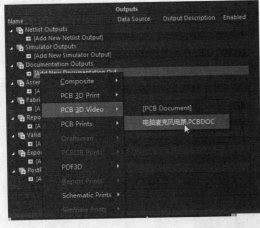

图 8-38　快捷菜单

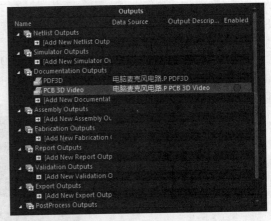

图 8-39　加载的动画文件

2）在加载的输出文件上单击鼠标右键，弹出如图 8-40 所示的输出文件快捷菜单。选择"配置"选项，弹出如图 8-41 所示的"PCB 3D Video"对话框。单击"OK（确定）"按钮，关闭该对话框，默认输出视频配置。

3）单击"PCB 3D Video"对话框中的"View Configulation（视图设置）"按钮 ，弹出如图 8-42 所示的"View Configulation（视图设置）"对话框，用于设置电路板的板层显示与物理材料。

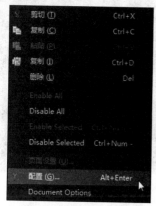

图 8-40　快捷菜单

图 8-41　"PCB 3D Video"对话框

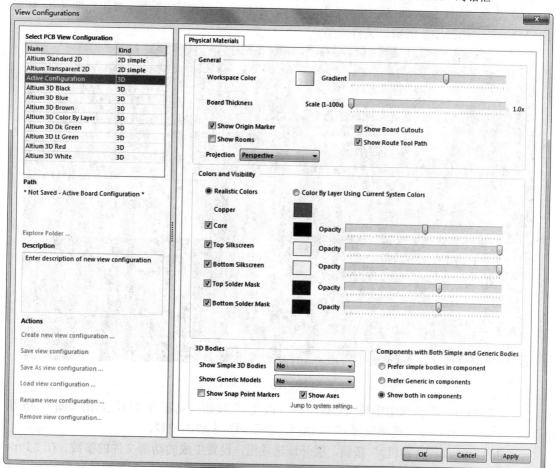

图 8-42　"View Configulation（视图设置）"对话框

4）单击添加的输出文件右侧的单选按钮，建立加载的文件与输出容器的联系，如图 8-43 所示。

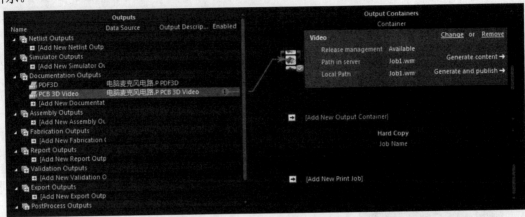

图 8-43　连接加载的文件

（3）"Outputs Containers（输出容器）"选项组：用于设置加载的输出文件保存路径。

1）选择"Add New Output Containers（添加新输出容器）"选项，弹出如图 8-44 所示的快捷菜单，选择添加的输出文件类型。

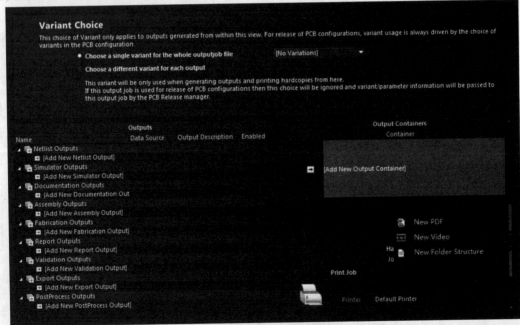

图 8-44　添加输出文件

2）在"Video"选项组中单击"Change（改变）"按钮（见图 8-43），弹出如图 8-45 所示的"Video Setting（视频设置）"对话框，显示预览生成的位置。

单击"Advanced（高级）"按钮，展开该选项组，设置生成的动画文件的参数。在"Type（类型）"下拉列表中选择"Video（FFmpeg）"，在"Format（格式）"下拉列表中选择"FLV（Flash Video）（*.flv）"，设置大小为"704×576"，如图 8-46 所示。

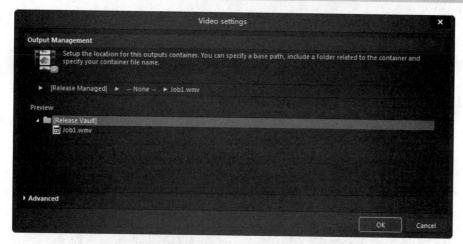

图 8-45　"Video Setting（视频设置）"对话框

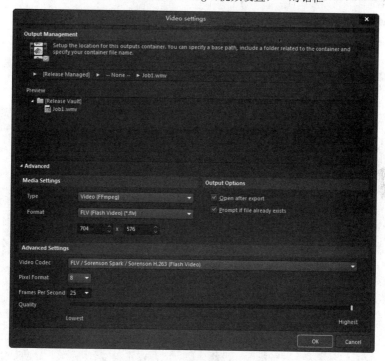

图 8-46　"Advanced（高级）"设置

3）在"Release Managed（发布管理）"选项组中设置发布的视频生成位置，如图 8-47 所示。

- 选择 Release Managed（发布管理）单选按钮，则将发布的视频保存在系统默认路径中。
- 选择"Manually Managed（手动管理）"单选按钮，则手动选择视频的保存位置。
- 勾选"Use relative path（使用相关路径）"复选框，则默认发布的视频与 PCB 文件路径相同。

4）单击"Generate Content（生成目录）"按钮（见图 8-43），在文件设置的路径下生成视频，利用播放器打开的视频文件如图 8-48 所示。

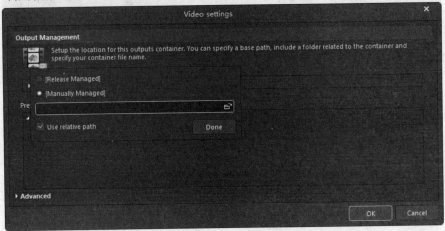

图 8-47　设置发布的视频生成位置

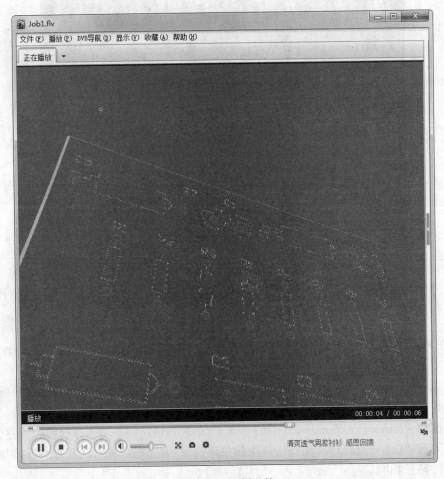

图 8-48　视频文件

8.3.5　三维 PDF 输出

选择菜单栏中的"文件"→"导出"→"PDF 3D"选项，弹出如图 8-49 所示的"Export File（输出文件）"对话框。

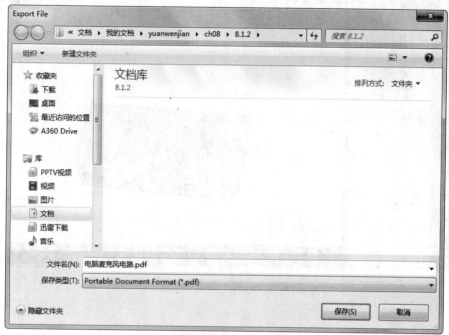

图 8-49　"Export File（输出文件）"对话框

单击"保存"按钮，弹出"PDF 3D"对话框。在该对话框中还可以选择 PDF 文件中显示的视图，进行页面设置，设置输出文件中的对象，如图 8-50 所示，单击按钮 Export，输出 PDF 文件，如图 8-51 所示。

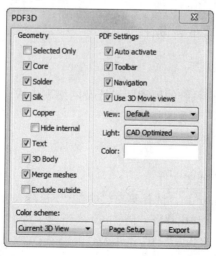

图 8-50　"PDF 3D"对话框

在输出文件中还可以输出其他类型的文件，这里不再赘述，读者可自行练习。

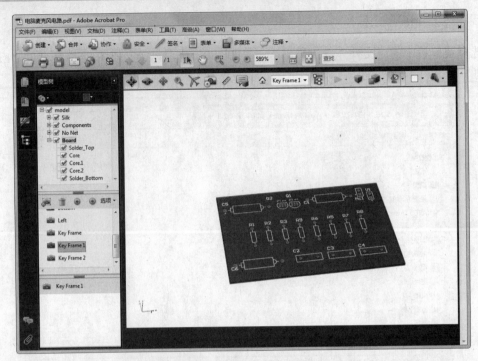

图 8-51　输出的 PDF 文件

8.4　操作实例

本节将通过两个简单的实例来介绍 PCB 布局设计。原理图保存在电子资料包文件夹"yuanwen jian\ch08\8.4"中，用户可以直接使用，也可以自行创建。

8.4.1　单片机系统 PCB 的布局设计

1. 设计要求

完成图 8-52 所示单片机系统的原理图设计及网络表生成，然后完成电路板外形尺寸设定，实现元器件的自动布局及手动调整。

2. 操作步骤

（1）新建项目并创建原理图文件。

1）启动 Altium Designer 18，选择菜单栏中的"Files（文件）"→"新的"→"项目"→"Project（工程）"选项，弹出"New Project（新建工程）"对话框。在该对话框中显示工程文件类型，默认选择"PCB Project"选项及"Default（默认）"选项，在"Name（名称）"文本框中输入单片机系统，在"Location（路径）"文本框中选择文件路径。完成设置后，单击"OK（确定）"按钮，关闭该对话框。打开"Projects（工程）"面板，在面板中出现了新建的工程类型，如图 8-53 所示。

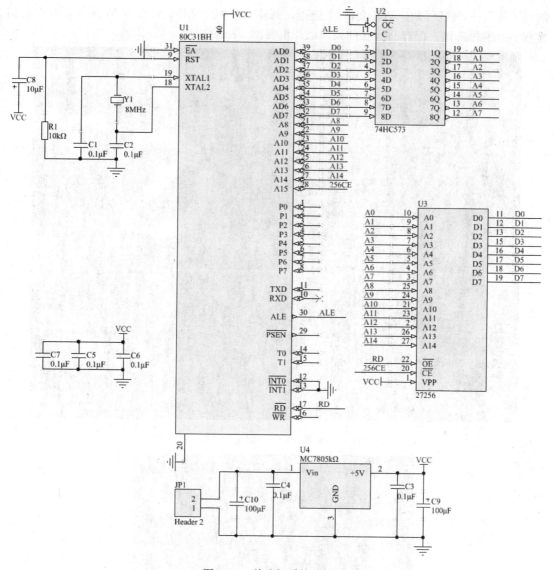

图 8-52　单片机系统原理图

2）在"Projects（工程）"面板的项目文件上右击，在弹出的快捷菜单中选择"添加新的到工程"→"Schematic（原理图）"选项，新建一个原理图文件，如图 8-54 所示，并自动切换到原理图编辑环境。

3）用保存项目文件的方法，将该原理图文件另存为"单片机系统.SchDoc"。

（2）选择"设计"→"浏览库"选项，弹出"Available Libraries"（可用库）对话框，然后在其中加载需要的元器件库，如图 6-55 所示。

1）设计完成如图 8-52 所示的原理图。

2）在原理图编辑环境下，选择菜单栏中的"设计"→"工程的网络表"→"Protel（生成项目网络表）"选项，生成一个对应于该原理图的网络表，如图 8-56 所示。

3）在"Projects（工程）"面板的项目文件上右击，在弹出的快捷菜单中选择"添加新的到工程"→"PCB（新建 PCB 文件）"选项，新建一个 PCB 文件，如图 8-57 所示，并自动切换到 PCB 编辑环境。保存 PCB 文件为"单片机系统.PcbDoc"。

图 8-53　"New Project（新建工程）"对话框

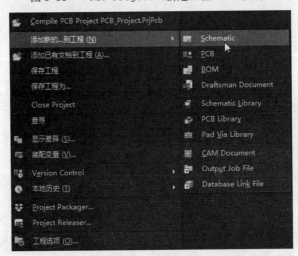

图 8-54　新建原理图文件

（3）规划电路板。

1）单击工作窗口下方的"Mechanical1（机械层1）"标签，将其切换为当前工作层。该层为机械层，一般用于设置电路板的物理边界区域。

2）在"应用工具"工具栏中的"应用工具"按钮下拉菜单中单击"放置线条"按钮，

此时光标变为十字形状，绘制如图 8-58 所示的电路板边框。右击或按 Esc 键退出该操作。

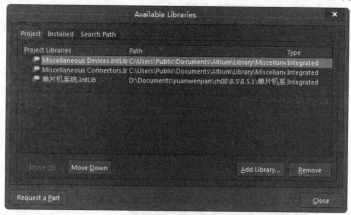

图 8-55　加载需要的元器件库

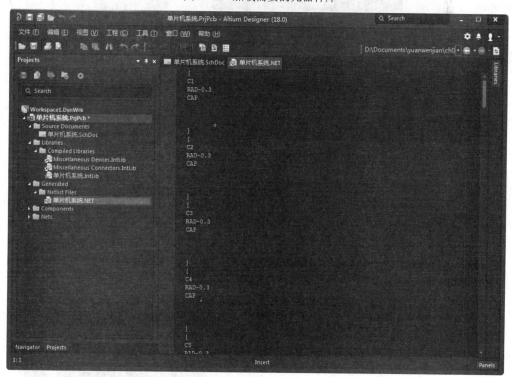

图 8-56　单片机系统原理图的网络表

　　选择该边框，选择菜单栏中的"设计"→"板子形状"→"按照选择对象定义"选项，则直接以绘制的矩形为边界，对边框进行重新定义，如图 8-59 所示。

　　3）单击工作窗口下方的"Keep-Out Layer（禁止布线层）"标签，将其切换为当前工作层。该层为禁止布线层，一般用于设置电路板的布线区域。

　　选择菜单栏中的"放置"→"KeepOut（禁止布线）"→"线径"选项，在边框内部以适当的间隔距离绘制矩形闭合区域，用于定义禁止布线区域，如图 8-60 所示。

　　4）双击任一边框线，系统将弹出如图 8-61 所示的"Properties（属性）"面板。设置完成后单击"确定"按钮。

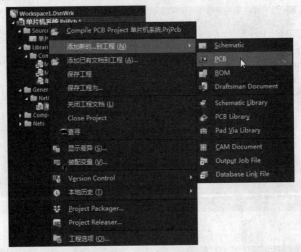

图 8-57 新建 PCB 文件

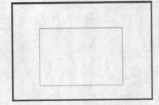

图 8-58 绘制物理边界

图 8-59 重新定义板框大小

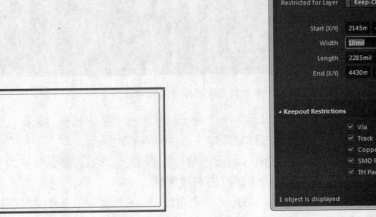

图 8-60 定义禁止布线区域

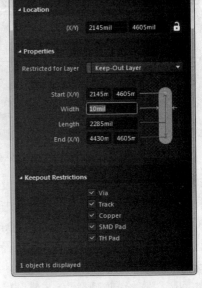

图 8-61 "Properties（属性）"面板

（4）加载网络表与元器件。由于 Altium Designer 18 实现了真正的双向同步设计，在 PCB 设计过程中，用户可以不生成网络表，而直接将原理图内容传输到 PCB。

1）在原理图编辑环境下，选择菜单栏中的"设计"→"Update PCB Document 单片机原理图.PcbDoc（更新 PCB 文件）"选项，系统将弹出如图 8-62 所示的"Engineering Change Order（工程更新操作顺序）"对话框。

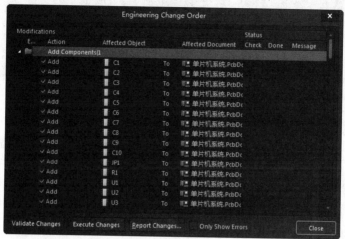

图 8-62　"Engineering Change Order（工程更新操作顺序）"对话框

2）单击"Validate Changes（确认更新）"按钮，系统会逐项检查所提交的修改，并在"Status（状态）"栏的"Check（检查）"项中显示装入的元器件是否正确，正确的标识为 ✅，错误的标识为 ✖。如果出现错误，一般是找不到元器件对应的封装。这时应该打开相应的原理图，检查元器件封装名是否正确，或者添加相应的元器件封装库，进行相应处理。

3）如果元器件封装和网络都正确，单击"Execute Changes（执行更新）"按钮，"Engineering Change Order（工程更新操作顺序）"对话框刷新为如图 8-63 所示。工作窗口已经自动切换到 PCB 编辑状态，单击"Close（关闭）"按钮，关闭该对话框，网络表与元器件封装已经加载到电路板上，如图 8-64 所示。

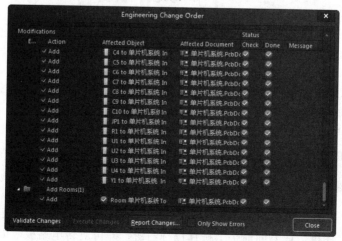

图 8-63　执行更新后的"Engineering Change Order（工程更新操作顺序）"对话框

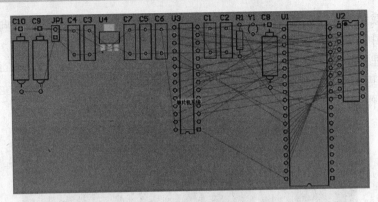

图 8-64　加载网络表与元器件

（5）手动调整元器件布局。用手动调整的方式优化、调整部分元器件的位置。选择菜单栏中的"视图"→"连接"→"全部隐藏"选项，为方便显示，可取消调整后的电路板连线网络。

1）选择元器件。

2）通过移动元器件、旋转元器件、排列元器件、调整元器件标注及剪切复制元器件等命令，手动调整元器件布局。调整完成后的 PCB 布局如图 8-65 所示。

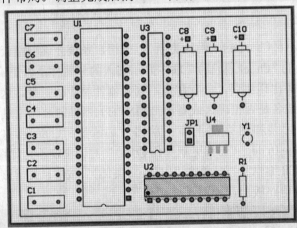

图 8-65　手动调整元器件后的 PCB 布局

（6）调整禁止布线层和机械层边界。

1）选择菜单栏中的"编辑"→"移动"→"拖动"选项，将禁止布线层和机械层边界向元器件拖动，留出 100mil 空间即可。

2）选择菜单栏中的"设计"→"板子形状"→"按照选择对象定义"选项，沿机械层边界线重新定义 PCB 形状。重新定义后的 PCB 形状如图 8-66 所示。

3．3D 效果图

（1）选择"视图"→"切换到三维模式"选项，系统生成该 PCB 的三维显示图。按住 Shift 键显示旋转图标，在方向箭头上按住鼠标右键，即可旋转电路板，如图 8-67 所示。

（2）选择"视图"→"板子规划模式"选项，系统显示板设计模式图，如图 8-68 所示。

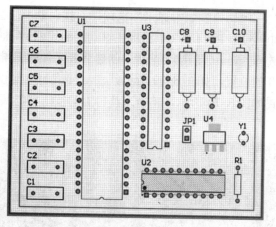

图 8-66　重新定义后的 PCB 形状

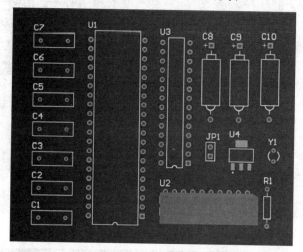

图 8-67　三维显示图

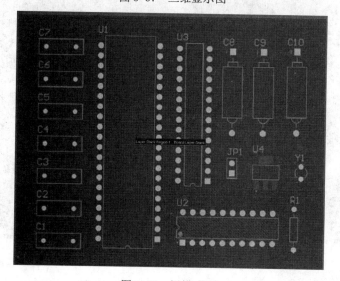

图 8-68　板模式图

（3）选择"视图"→"切换到二维显示"选项，系统自动返回 2D 显示图。

（4）打开"PCB 3D Movie Editor（电路板三维动画编辑器）"面板，在"3D Movie（三维动画）"下拉列表中选择"New（新建）"选项，创建 PCB 文件的三维模型动画。创建关键帧 1、关键帧 2 和关键帧 3 的位置，如图 8-69 所示。

（5）动画面板设置如图 8-70 所示，单击工具栏上的按钮▷，演示动画。

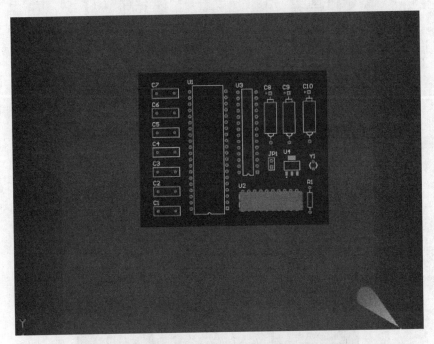

a）关键帧 1 的位置

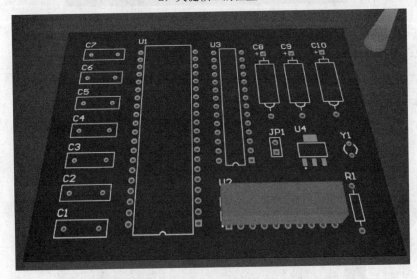

b）关键帧 2 的位置

图 8-69　单片机系统电路板的位置

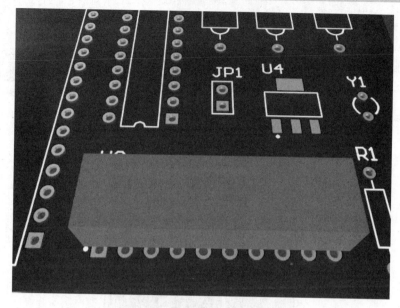

c）关键帧 3 的位置

图 8-69　单片机系统电路板的位置（续）

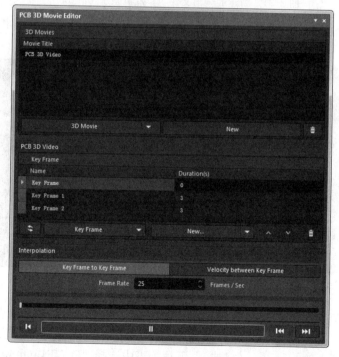

图 8-70　动画面板设置

4. 输出设置

（1）选择菜单栏中的"文件"→"新的"→"Output Job 文件"选项，在"Project
（工程）"面板中"Settings（设置）"文件夹中显示新建的输出文件"单片机系统.OutJob"，

如图 8-71 所示。

图 8-71 新建的输出文件"单片机系统.OutJob"

（2）在"Documentation Outputs（文档输出）"下加载动画文件，并创建位置连接，如图 8-72 所示。

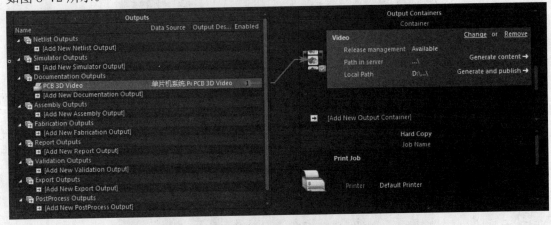

图 8-72 加载动画文件

（3）单击"Video"选项组中的"Change（改变）"选项，弹出如图 8-73 所示的"Video Settings（视频设置）"对话框，显示预览生成的位置。在"Type（类型）"下拉列表中选择"Video(FFmpeg)"，在"Format（格式）"下拉列表中选择"FLV(Flash Video)（*.flv）"，设置大小为 704×576。

（4）单击"Video"选项中的"Generate Content（生成目录）"按钮，在文件设置的路径下生成视频文件。利用播放器打开的"单片机系统.flv"视频文件，如图 8-74 所示。

在"Documentation Outputs（文档输出）"下加载 PDF 文件，并创建位置连接，如图 8-75 所示。

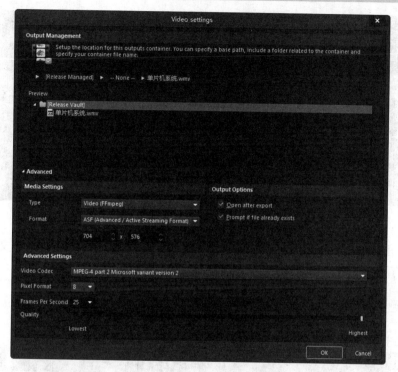

图 8-73　"Video Settings（视频设置）"对话框

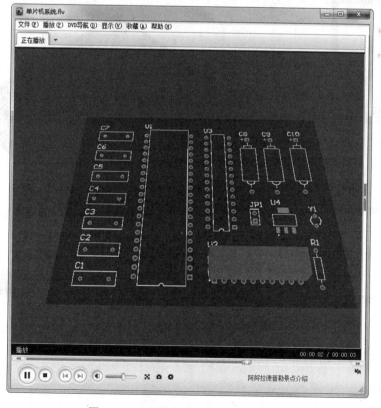

图 8-74　"单片机系统.flv"视频文件

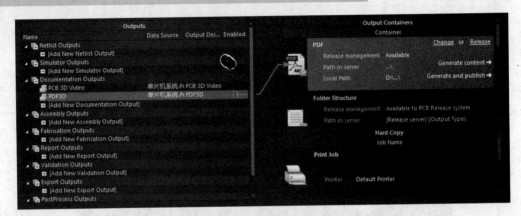

图 8-75　加载 PDF 文件

（5）单击"PDF"选项中的"Generate Content（生成目录）"按钮，在文件设置的路径下生成并打开 PDF 文件，如图 8-76 所示。

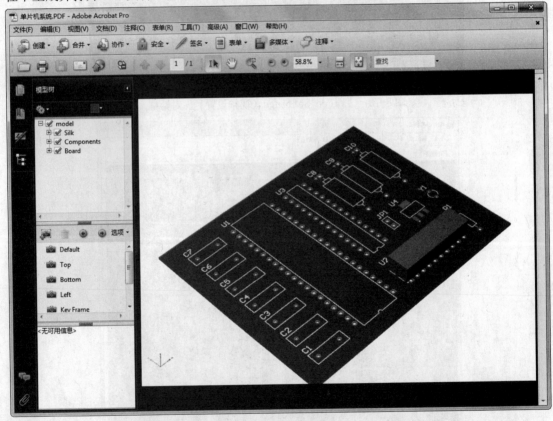

图 8-76　PDF 文件

8.4.2　LED 显示电路的布局设计

1. 设计要求

完成图 8-77 所示的 LED 显示电路的原理图设计及网络表生成，然后完成电路板外形尺寸设定，实现元器件的自动布局及手动调整。

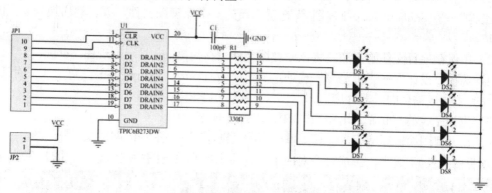

图 8-77　LED 显示电路原理图

2. 操作步骤

（1）新建项目并创建原理图文件。

1）启动 Altium Designer 18，选择菜单栏中的"Files（文件）"→"新的"→"项目"
→"Project（工程）"选项，弹出"New Project（新建工程）"对话框，如图 8-78 所示。在
该对话框中显示工程文件类型，默认选择"PCB Project"选项及"Default（默认）"选项，
在"Name（名称）"文本框中输入 "LED 显示电路"，在"Location（路径）"文本框中选择
文件路径。完成设置后，单击"OK（确定）"按钮，关闭该对话框。打开"Projects（工程）"
面板。

图 8-78　"New Project（新建工程）"对话框

2）在"Projects"（工程）面板的项目文件上右击，在弹出的快捷菜单中选择"添加新的到工程"→"Schematic（原理图）"选项，新建一个原理图文件，并自动切换到原理图编辑环境。

3）用保存项目文件的方法，将该原理图文件另存为"LED 显示原理图.SchDoc"。

4）选择"设计"→"浏览库"选项，弹出"Available Libraries"（可用库）对话框，然后在其中加载需要的元器件库。

5）设计完成的 LED 显示电路原理图如图 8-77 所示。

6）在原理图编辑环境下，选择菜单栏中的"设计"→"工程的网络表"→"Protel（产生成项目网络表）"选项，生成一个对应于 LED 显示电路原理图的网络表，如图 8-79 所示。

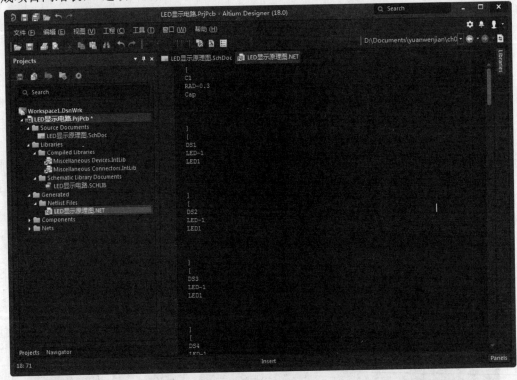

图 8-79　LED 显示电路原理图的网络表

7）在"Projects（工程）"面板的项目文件上右击，在弹出的快捷菜单中选择"添加新的到工程"→"PCB（新建 PCB 文件）"选项，新建一个 PCB 文件，并自动切换到 PCB 编辑环境。保存 PCB 文件为"LED 显示电路.PcbDoc"。

（2）规划电路板。

1）在 PCB 编辑器中，选择菜单栏中的"设计"→"层叠管理器"选项，系统将弹出"Layer Stack Manager（层堆栈管理器）"对话框，如图 8-80 所示。在该对话框中单击"Preset（最佳设置）"按钮，在弹出的下拉列表中选择"Two Layer（两层）"选项，即可将电路板类型设置为双面板。

2）在机械层绘制一个 2000mil×1500mil 大小的矩形框，作为电路板的物理边界，然后切换到禁止布线层。在物理边界绘制一个 1900mil×1400mil 大小的矩形框，作为电路板的电气边界，两边界之间的间距为50mil。

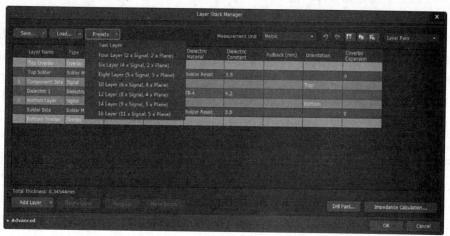

图 8-80 "Layer Stack Manager（层堆栈管理器）"对话框

3）放置电路板的安装孔。在电路板四角的适当位置放置 4 个内外径均为 3mm 的焊盘，充当安装孔。电路板外形如图 8-81 所示。

4）设置图纸区域的栅格参数。打开"Properties（属性）"面板，按图 8-82 所示的参数设置电路板图纸区域的栅格参数。

图 8-81 电路板外形

图 8-82 设置栅格参数

（3）加载网络表与元器件。由于 Altium Designer 18 实现了真正的双向同步设计，在 PCB 设计过程中，用户可以不生成网络表，而直接将原理图内容传输到 PCB。

1）在原理图编辑环境下，选择菜单栏中的"设计"→"Update PCB Document LED 显示原理图.PcbDoc（更新 PCB 文件）"选项，系统将弹出"Engineering Change Order（工程更新操作顺序）"对话框。

2）单击"Validate Changes（确认更新）"按钮，系统会逐项检查所提交修改的有效性，并在"Status（状态）"栏的"Check（检查）"选项中显示装入的元器件是否正确，正确的标识为 ✓，错误的标识为 ✗。如果出现错误，一般是找不到元器件对应的封装，这时应打开相应的原理图，检查元器件封装名是否正确，或者添加相应的元器件封装库，进行相应处理。

3）如果元器件封装和网络都正确，单击"Execute Changes（执行更新）"按钮，"Engineering Change Order（工程更新操作顺序）"对话框刷新为如图 8-83 所示。工作窗口已经自动切换到 PCB 编辑状态，单击"Close（关闭）"按钮，关闭该对话框。电路板上加载了网络表与元器件封装，如图 8-84 所示。

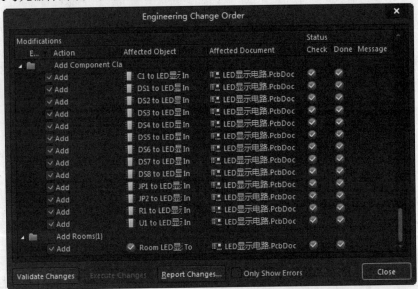

图 8-83　执行更新后的"Engineering Change Order（工程更新操作顺序）"对话框

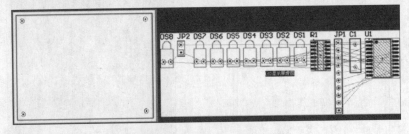

图 8-84　加载网络表与元器件封装

（4）元器件布局。加载网络表及元器件封装之后，必须将这些元器件按一定规律与次序排列在电路板中，此时可利用元器件布局功能。

1）二极管的预布局。将 8 个二极管移至电路板边缘，如图 8-85 所示。

2）调整元器件布局。通过移动元器件、旋转元器件、排列元器件、调整元器件标注及剪切复制元器件等命令，将滤波电容尽量移至元器件 U1 附近，然后将插接件 JP1 和 JP2 移至电路板边缘。

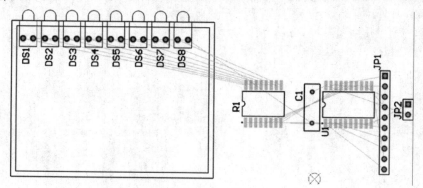

图 8-85　二极管布局

为方便显示，可取消调整后的电路板连线网络。选择菜单栏中的"视图"→"连接"→"全部隐藏"选项，取消连线网络显示，手动调整元器件后的 PCB 布局如图 8-86 所示。

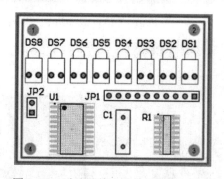

图 8-86　手动调整元器件后的 PCB 布局

3. 3D 效果图

（1）选择"视图"→"切换到三维模式"选项，系统生成该 PCB 的 3D 效果图，如图 8-87 所示。

（2）打开"PCB 3D Movie Editor（电路板三维动画编辑器）"面板，在"3D Movie（三维动画）"下拉列表中选择"New（新建）"选项，创建 PCB 文件的三维模型动画。设置关键帧 1、关键帧 2 和关键帧 3 的位置，如图 8-88 所示。

（3）动画面板设置如图 8-89 所示。单击工具栏上的按钮▷，演示动画。

4. 导出 PDF 图

选择菜单栏中的"文件"→"导出"→"PDF 3D"选项，弹出如图 8-90 所示的"Export File（输出文件）"对话框，输出电路板的三维模型 PDF 文件，单击"保存"按钮，弹出"PDF 3D"对话框，如图 8-91 所示。

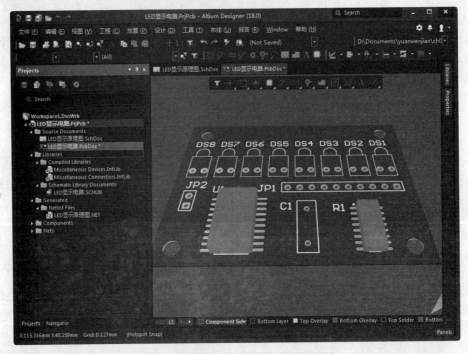

图 8-87　PCB3D 效果图

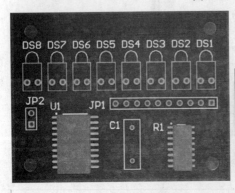

a）关键帧 1 位置

b）关键帧 2 位置

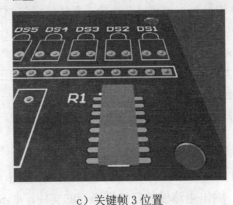

c）关键帧 3 位置

图 8-88　LED 显示电路板位置

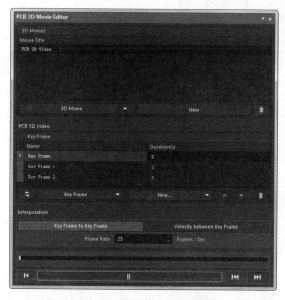

图 8-89　动画设置面板

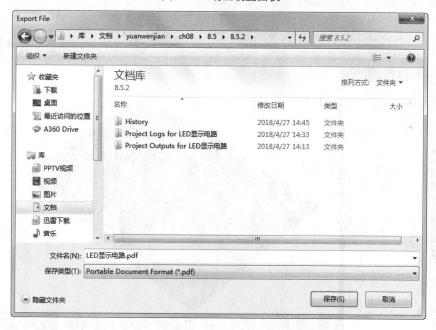

图 8-90　"Export File（输出文件）"对话框

　　在该对话框中还可以选择 PDF 文件中显示的视图，进行页面设置，设置输出文件中的对象，单击按钮 Export ，输出 PDF 文件，如图 8-92 所示。

5. 导出 DWG 图

　　选择菜单栏中的"文件"→"导出"→"DXF/DWG"选项，弹出如图 8-93 所示的"Export File（输出文件）"对话框。输出电路板的三维模型 DXF 文件，单击"保存"按钮，弹出"Export to AutoCAD（输出到 AutoCAD）"对话框，如图 8-94 所示。在该对话框中还可以选择 DXF 文件导出的 AutoCAD 版本、格式、单位、孔、元器件和线的输出格式。

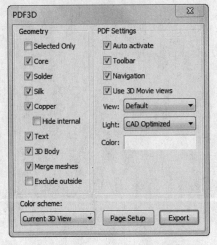

图 8-91   "PDF 3D"对话框

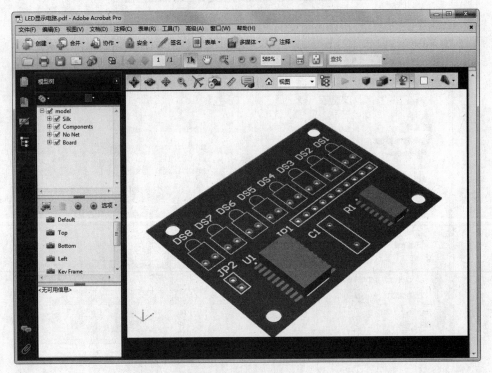

图 8-92   PDF 文件

单击"OK（确定）"按钮，关闭该对话框，输出"*.DWG"格式的 AutoCAD 文件。

弹出"Information（信息）"对话框。单击"Done（完成）"按钮，关闭对话框，显示完成输出，在 AutoCAD 中打开导出文件"LED 显示电路.DWG"，如图 8-95 所示。

6. 导出动画文件

（1）选择菜单栏中的"文件"→"新的"→"Output Job 文件"选项，在"Projects

（工程）"面板中"Settings（设置）"文件夹中显示输出文件"LED 显示电路.OutJob"。

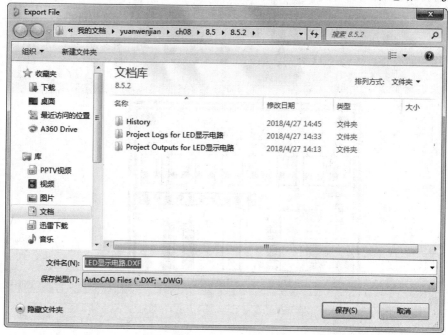

图 8-93　"Export File（输出文件）"对话框

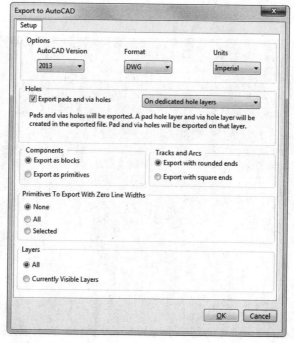

图 8-94　"Export to AutoCAD（输出到 AutoCAD）"对话框

在"Documentation Outputs（文档输出）"下加载动画文件，并创建位置连接；单击"Video"选项组中的"Generate Content（生成目录）"按钮，在文件设置的路径下生成动画文件，利用播放器打开的动画文件，如图 8-96 所示。

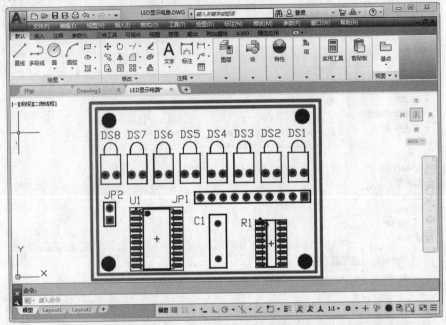

图 8-95　　LED 显示电路 DWG 文件

图 8-96　动画文件

第 **9** 章

印制电路板的布线

在完成电路板的布局工作以后，就可以开始布线操作了。在 PCB 的设计中，布线是完成产品设计的重要步骤，其要求最高、技术最细、工作量最大。PCB 布线可分为单面布线、双面布线和多层布线。布线的方式有自动布线和交互式布线两种。通常自动布线是无法满足电路的实际要求的，因此在自动布线前，可以用交互式布线方式预先对要求比较严格的部分进行布线。

在 PCB 上布线的首要任务就是在 PCB 上布通所有的导线，建立起电路所需的所有电气连接，这在高密度的 PCB 设计中很具有挑战性。在能够完成所有布线的前提下，还有如下要求。

- 走线长度尽量短而直，以保证电气信号的完整性。
- 走线中尽量少使用过孔。
- 走线的宽度要尽量宽。
- 输入、输出端的边线应避免相邻平行，以免产生反射干扰，必要时应该加地线隔离。
- 相邻电路板工作层之间的布线要互相垂直，平行则容易产生耦合。

- 电路板的自动布线
- 电路板的手动布线

9.1 电路板的自动布线

自动布线是一个优秀的电路设计辅助软件所必须具备的功能之一。对于散热、电磁干扰及高频特性等要求较低的大型电路设计，采用自动布线操作可以大大降低布线的工作量，同时还能减少布线时所产生的遗漏。如果自动布线不能够满足实际工程设计的要求，可以通过手动布线进行调整。

9.1.1 设置 PCB 自动布线的规则

Altium Designer 18 在 PCB 编辑器中为用户提供了 10 大类 49 种设计规则，覆盖了元器件的电气特性、走线宽度、走线拓扑结构、表面安装焊盘、阻焊层、电源层、测试点、电路板制作、元器件布局及信号完整性等设计过程中的方方面面。在进行自动布线之前，首先应对自动布线规则进行详细设置。选择菜单栏中的"设计"→"规则"选项，系统将弹出如图 9-1 所示的"PCB Rules and Constraints Editor（PCB 设计规则和约束编辑器）"对话框。

图 9-1 "PCB Rules and Constraints Editor（PCB 设计规则和约束编辑器）"对话框

1. "Electrical（电气规则）"类设置

该类规则主要针对具有电气特性的对象，用于系统的 DRC（电气规则检查）功能。当布线过程中违反电气特性规则（共有 4 种设计规则）时，DRC 检查器将自动报警提示用户。单击"Electrical（电气规则）"选项，对话框右侧将只显示该类的设计规则，如图 9-2 所示。

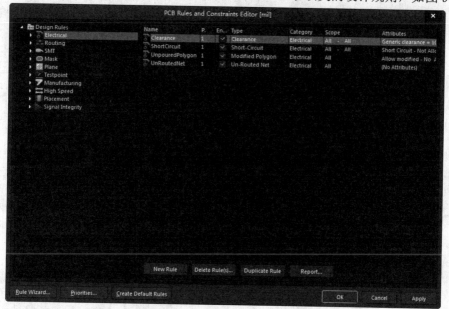

图 9-2　"Electrical(电气规则)"选项设置界面

（1）"Clearance（安全间距规则）"：选择该选项，对话框右侧将列出该规则的详细信息，如图 9-3 所示。

该规则用于设置具有电气特性的对象之间的间距。在 PCB 上具有电气特性的对象包括导线、焊盘、过孔和铜箔填充区等，在间距设置中可以设置导线与导线之间、导线与焊盘之间、焊盘与焊盘之间的间距规则；在设置规则时，可以选择适用该规则的对象和具体的间距值。

其中各选项组的功能如下：

● "Where the First objects matches（优先匹配的对象所处位置）"选项组：用于设置该规则优先应用的对象所处的位置。应用的对象范围为 All（整个网络）、Net（某一个网络）、Net Class（某一网络类）、Layer（某一个工作层）、Net and Layer（指定工作层的某一网络）和 Advanced（高级设置）。选中某一范围后，可以在该选项的下拉列表中选择相应的对象，也可以在右侧的"Full Query（全部询问）"列表框中填写相应的对象。通常采用系统的默认设置，即选择"All（所有）"下拉列表。

● "Where the Second objects matches（次优先匹配的对象所处位置）"选项组：用于设置该规则次优先级应用的对象所处的位置。通常采用系统的默认设置，即选择"All（所有）"下拉列表。

● "Constraints（约束）"选项组：用于设置进行布线的最小间距。这里采用系统的默认设置。

（2）"Short-Circuit（短路规则）"：用于设置在 PCB 上是否可以出现短路，图 9-4 所示为该项设置示意，通常情况下是不允许的。设置该规则后，拥有不同网络标号的对象相交时如果违反该规则，系统将报警并拒绝执行该布线操作。

图 9-3 "Clearance（安全间距规则）"设置界面

（3）"UnRouted Net（取消布线网络规则）"：用于设置在 PCB 上是否可以出现未连接的网络，图 9-5 所示为该项设置示意。

图 9-4 设置短路示意　　　　　　　　　图 9-5 设置未连接网络示意

（4）"Un-connected Pin（未连接引脚规则）"：电路板中存在未布线的引脚时将违反该规则。系统在默认状态下无此规则选项。

2. "Routing（布线规则）"类设置

该类规则主要用于设置自动布线过程中的布线规则，如布线宽度、布线优先级和布线拓扑结构等。其中包括以下 8 种设计规则，如图 9-6 所示。

（1）"Width（走线宽度规则）"：用于设置走线宽度，图 9-7 所示为该规则的设置界面。走线宽度指 PCB 铜膜走线（即俗称的导线）的实际宽度值，包括最大允许值、最小允许值和首选值 3 个选项。

● "Where the Objects matches（优先匹配的对象所处位置）"选项组：用于设置布线宽度优先应用对象所处位置，与 Clearance（安全间距规则）中相关选项功能类似。

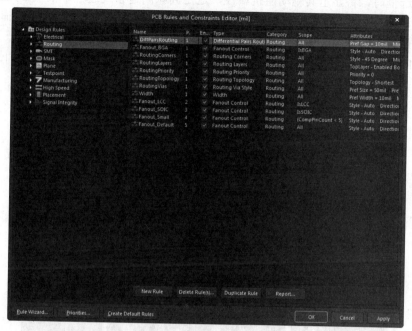

图9-6 "Routing（布线规则）"选项

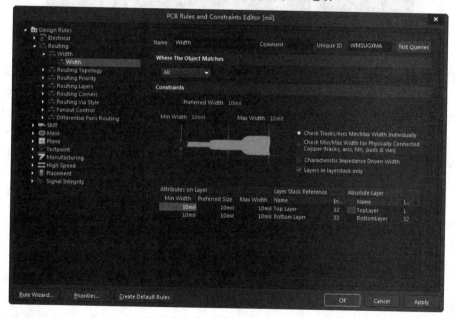

图9-7 "Width（走线宽度规则）"设置界面

● "Constraints(约束)"选项组：用于限制走线宽度。勾选"Layers in layerstack only（仅层栈中的层）"复选框，将列出当前层栈中各工作层的布线宽度规则设置；否则将显示所有层的布线宽度规则设置。布线宽度设置分为"Max Width（最大）""Min Width（最小）"和"Preferred（首选）"3种，其主要目的是方便在线修改布线宽度。勾选"Charac teristic Impedance Driven Width（典型驱动阻抗宽度）"

复选框时，将显示其驱动阻抗属性，这是高频高速布线过程中很重要的一个布线属性设置。驱动阻抗属性分为"Maximum Impedance（最大阻抗）""Miniimum Impedance（最小阻抗）"和"Preferred Impedance（首选阻抗）"3 种。

（2）"Routing Topology（走线拓扑结构规则）"：用于选择走线的拓扑结构，图 9-8 所示为设置的走线拓扑结构。各种拓扑结构如图 9-9 所示。

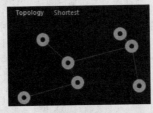

图 9-8　设置 d 走线拓扑结构

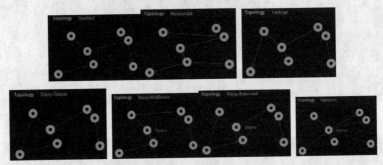

图 9-9　各种拓扑结构

（3）"Routing Priority（布线优先级规则）"：用于设置布线优先级，图 9-10 所示为该规则的设置界面，从中可以对每一个网络设置布线优先级。PCB 上的空间有限，可能有若干根导线需要在同一块区域内走线才能得到最佳的走线效果，通过设置走线的优先级可以决定导线占用空间的先后。设置规则时可以针对单个网络设置优先级。系统提供了 0～100 共 101 种优先级选择，0 表示优先级最低，100 表示优先级最高，默认的布线优先级规则为所有网络布线的优先级为 0。

（4）"Routing Layers（布线工作层规则）"：用于设置布线规则可以约束的工作层，图 9-11 所示为该规则的设置界面。

（5）"Routing Corners（导线拐角规则）"：用于设置导线拐角形式，图 9-12 所示为该规则的设置界面。PCB 上的导线有 3 种拐角方式，如图 9-13 所示，通常情况下会采用 45°的拐角形式。设置规则时，可以针对每个连接、每个网络直至整个 PCB 设置导线拐角形式。

（6）"Routing Via Style（布线过孔样式规则）"：用于设置走线时所用过孔的样式，图 9-14 所示为该规则的设置界面，从中可以设置过孔的各种尺寸参数。过孔直径和钻孔孔径都包括"Maximum（最大）""Minimum（最小）"和"Preferred（首选）"3 种定义方式。默认的过孔直径为 50mil，过孔孔径为 28mil。在 PCB 的编辑过程中，可以根据不同的元器件设置不同的过孔大小，钻孔尺寸应该参考实际元器件引脚的粗细进行设置。

（7）"Fanout Control（扇出控制布线规则）"：用于设置走线时的扇出形式，图 9-15 所示为该规则的设置界面。可以针对每一个引脚、每一个元器件甚至整个 PCB 设置扇出形式。

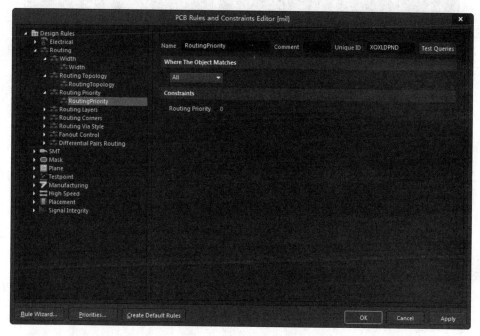

图 9-10 "Routing Priority（布线优先级规则）"设置界面

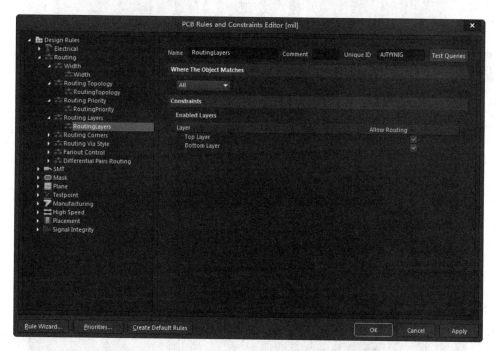

图 9-11 "Routing Layers（布线工作层规则）"设置界面

（8）"Differential Pairs Routing（差分对布线规则）"：用于设置走线对形式，图 9-16 所示为该规则的设置界面。

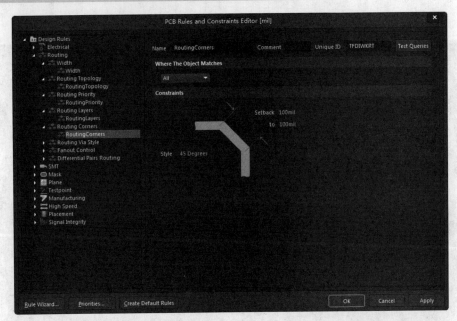

图 9-12 "Routing Corners（导线拐角规则）"设置界面

图 9-13 PCB 上导线的 3 种拐角方式

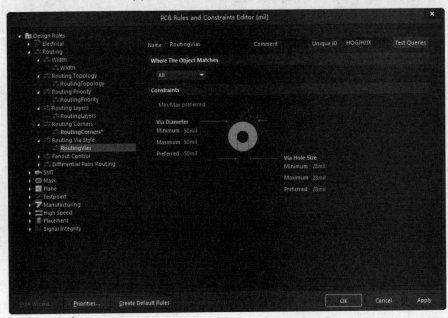

图 9-14 "Routing Via Style（布线过孔样式规则）"设置界面

3."SMT（表贴封装规则）"类设置

该类规则主要用于设置表面安装型元器件的走线规则，其中包括以下 3 种设计规则：

- "SMD To Corner（表面安装元器件的焊盘与导线拐角处最小间距规则）"：用于设置面安装元器件的焊盘出现走线拐角时，拐角和焊盘之间的距离，如图 9-17a 所示。通常，走线时引入拐角会导致电信号的反射，引起信号之间的串扰，因此需要限制从焊盘引出的信号传输线至拐角的距离，以减小信号串扰。可以针对每一个焊盘、每一个网络直至整个 PCB 设置拐角和焊盘之间的距离，默认间距为 0mil。

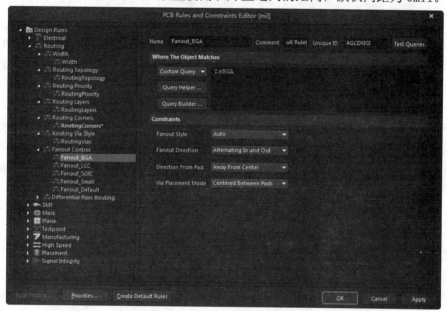

图 9-15　"Fanout Control（扇出控制布线规则）"设置界面

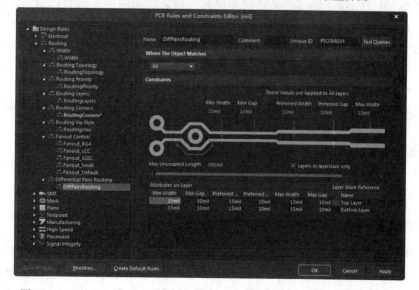

图 9-16　"Differential Pairs Routing（差分对布线规则）"设置界面

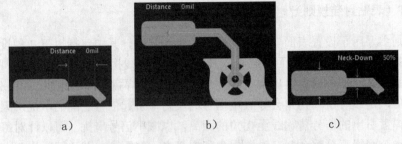

图 9-17　"SMT"（表贴封装规则）的设置

- "SMD To Plane（表面安装元器件的焊盘与中间层间距规则）"：用于设置表面安装元器件的焊盘连接到中间层的走线距离。该项设置通常出现在电源层向芯片的电源引脚供电的场合。可以针对每一个焊盘、每一个网络直至整个 PCB 设置焊盘和中间层之间的距离，默认间距为 0mil，如图 9-17b 所示。
- "SMD Neck Down（表面安装元器件的焊盘颈缩率规则）"：用于设置表面安装元器件的焊盘连线的导线宽度，如图 9-17c 所示。在该规则中可以设置导线线宽上限占据焊盘宽度的百分比，通常走线总是比焊盘要小。可以根据实际需要对每一个焊盘、每一个网络甚至整个 PCB 设置焊盘上的走线宽度与焊盘宽度之间的最大比率，默认值为 50%。

4."Mask（阻焊规则）"类设置

该类规则主要用于设置阻焊剂铺设的尺寸，主要用在 Output Generation（输出阶段）进程中。系统提供了 Top Paster（顶层锡膏防护层）、Bottom Paster（底层锡膏防护层）、Top Solder（顶层阻焊层）和 Bottom Solder（底层阻焊层）4 个阻焊层，其中包括以下两种设计规则：

- "Solder Mask Expansion（阻焊层和焊盘之间的间距规则）"：通常，为了焊接的方便，阻焊剂铺设范围与焊盘之间需要预留一定的空间。图 9-18 所示为该规则的设置界面。可以根据实际需要对每一个焊盘、每一个网络甚至整个 PCB 设置该间距，默认距离为 4mil。
- "Paste Mask Expansion（锡膏防护层与焊盘之间的间距规则）"：图 9-19 所示为该规则的设置界面。可以根据实际需要对每一个焊盘、每一个网络甚至整个 PCB 设置该间距，默认距离为 0mil。

阻焊规则也可以在焊盘的属性对话框中进行设置，可以针对不同的焊盘进行单独的设置。在属性对话框中，用户可以选择遵循设计规则中的设置，也可以忽略规则中的设置而采用自定义设置。

5."Plane（中间层布线规则）"类设置

该类规则主要用于设置中间电源层布线相关的走线规则，其中包括以下 3 种设计规则：

（1）"Power Plane Connect Style（电源层连接类型规则）"：用于设置电源层的连接形式，图 9-20 所示为该规则的设置界面。在该界面中可以设置中间层的连接形式和各种连接形式的参数。

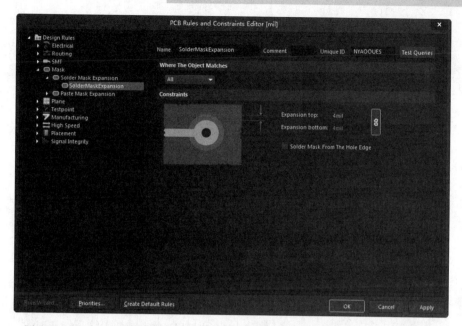

图 9-18 "Solder Mask Expansion（阻焊层和焊盘之间的间距规则）"设置界面

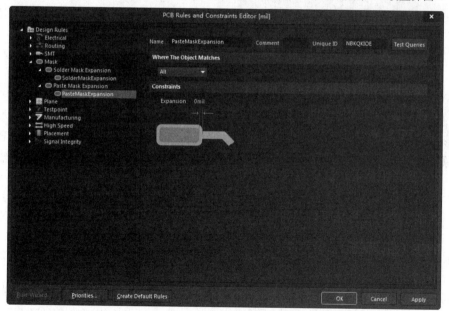

图 9-19 "Paste Mask Expansion（锡膏防护层与焊盘之间的间距规则）"设置界面

- "Connect Style（连接类型）"下拉列表：连接类型可分为 "No Connect（电源层与元器件引脚不相连）""Direct Connect（电源层与元器件的引脚通过实心的铜箔相连）"和 "Relief Connect（使用散热焊盘的方式与焊盘或钻孔连接）"3 种。默认设置为 "Relief Connect（使用散热焊盘的方式与焊盘或钻孔连接）"。
- "Conductors（导体）"选项：用于设置散热焊盘组成导体的数目，默认值为 4。
- "Conductor Width（导体宽度）"选项：用于设置散热焊盘组成导体的宽度，默认值为 10mil。

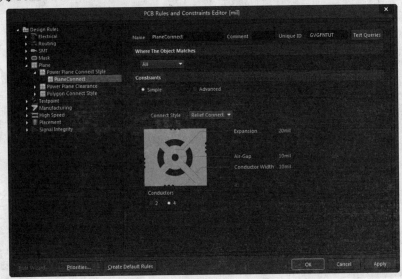

图 9-20 "Power Plane Connect Style（电源层连接类型规则）"设置界面

- "Air-Gap（空气隙）"选项：用于设置散热焊盘钻孔与导体之间的空气间隙宽度，默认值为 10mil。
- "Expansion（扩张）"选项：用于设置钻孔的边缘与散热导体之间的距离，默认值为 20mil。

（2）"Power Plane Clearance（电源层安全间距规则）"：用于设置通孔通过电源层时的间距，图 9-21 所示为该规则的设置示意图，在该示意图中可以设置中间层的连接形式和各种连接形式的参数。通常，电源层将占据整个中间层，因此在有通孔（通孔焊盘或者过孔）通过电源层时需要一定的间距。考虑到电源层的电流比较大，这里的间距设置也比较大。

图 9-21 设置电源层安全间距规则示意图

（3）"Polygan Connect Style（焊盘与多边形铺铜区域的连接类型规则）"：用于描述元器件引脚焊盘与多边形铺铜之间的连接类型，图 9-22 所示为该规则的设置界面。

- "Connect Style（连接类型）"下拉列表：连接类型可分为"No Connect（铺铜与焊盘不相连）""Direct Connect（铺铜与焊盘通过实心的铜箔相连）"和"Relief Connect（使用散热焊盘的方式与焊盘或孔连接）"3 种。默认设置为"Relief Connect（使用散热焊盘的方式与焊盘或钻孔连接）"。
- "Conductors（导体）"选项：散热焊盘组成导体的数目，默认值为 4。
- "Conductor Width（导体宽度）"选项：散热焊盘组成导体的宽度，默认值为 10mil。
- "Rotation（旋转角度）"选项：散热焊盘组成导体的角度，默认值为 90°。

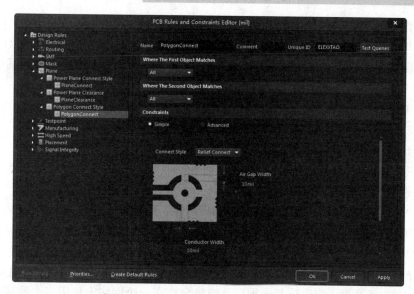

图 9-22　"Polygan Connect Style（焊盘与多边形铺铜区域的连接类型规则）"设置界面

6. "Testpoint"（测试点规则）类设置

该类规则主要用于设置测试点布线规则，其中包括以下两种设计规则：

（1）"FabricationTestpoint（装配测试点规则）"：用于设置测试点的形式，图 9-23 所示为该规则的设置界面，在该界面中可以设置测试点的形式和各种参数。为了方便电路板的调试，在 PCB 上引入了测试点。测试点连接在某个网络上，形式和过孔类似，在调试过程中可以通过测试点引出电路板上的信号，可以设置测试点的尺寸以及是否允许在元器件底部生成测试点等各项选项。

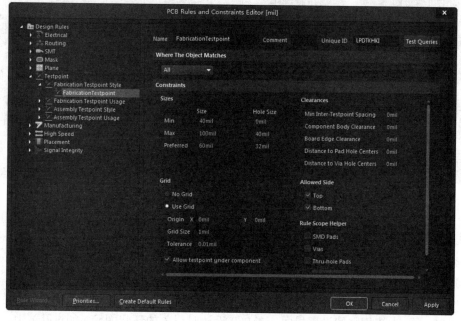

图 9-23　"Testpoint Style（装配测试点规则）"设置界面

该项规则主要用在自动布线器、在线 DRC 和批处理 DRC 和 Output Generation（输出阶段）等系统功能模块中。其中，在线 DRC 和批处理 DRC 检测该规则中除了首选尺寸和首选钻孔尺寸外的所有属性。自动布线器使用首选尺寸和首选钻孔尺寸属性来定义测试点焊盘的大小。

（2）"FabricationTestPointUsage（装配测试点使用规则）"：用于设置测试点的使用参数，图 9-24 所示为该规则的设置界面。在该界面中可以设置是否允许使用测试点以及同一网络上是否允许使用多个测试点。

- "Required（必需的）"单选按钮：每一个目标网络都使用一个测试点。该项为默认设置。
- "Prohibited（阻止）"单选按钮：所有网络都禁止使用测试点。
- "Don't Care（不用在意）"单选按钮：每一个网络可以使用测试点，也可以不使用测试点。
- "Allow more Testpoints（Manually Assigned）（手动分配网络时中允许有多个测试点）"复选框：勾选该复选框，系统将允许在一个网络上使用多个测试点。默认设置为取消对该复选框的勾选。

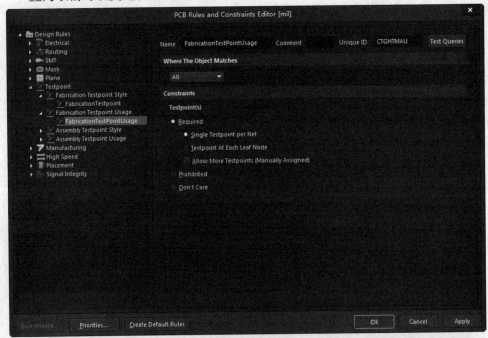

图 9-24 "FabricationTestPointUsage（装配测试点使用规则）"设置界面

7. "Manufacturing"（生产制造规则）类设置

该类规则是根据 PCB 制作工艺来设置有关参数，主要用于在线 DRC 和批处理 DRC 执行过程中，其中包括 10 种设计规则，下面介绍其中的 4 种。

（1）"Minimum Annular Ring（最小环孔限制规则）"：用于设置环状图元内外径间距下限，图 9-25 所示为该规则的设置界面。在 PCB 设计时引入的环状图元（如过孔）中，如果内径和外径之间的差很小，在工艺上可能无法制作出来，此时的设计实际上是无效的。通过该项设置可以检查出所有工艺无法达到的环状物。默认值为10mil。

（2）"Acute Angle（锐角限制规则）"：用于设置锐角走线角度限制，图9-26所示为该规则的设置界面。在PCB设计时，如果没有规定走线角度最小值，则可能出现拐角很小的走线，工艺上可能无法做到这样的拐角，此时的设计实际上是无效的。通过该项设置可以检查出所有工艺无法达到的锐角走线，默认值为90°。

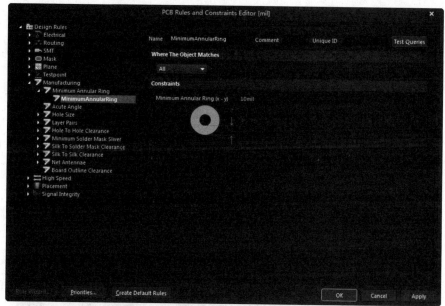

图9-25 "Minimum Annular Ring（最小环孔限制规则）"设置界面

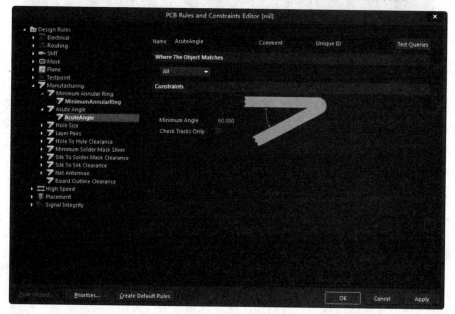

图9-26 "Acute Angle（锐角限制规则）"设置界面

（3）"Hole Size（钻孔尺寸设计规则）"：用于设置钻孔孔径的上限和下限，图 9-27 所示为该规则的设置界面。与设置环状图元内外径间距下限类似，过小的钻孔孔径可能在工艺上无法制作，从而导致设计无效。通过设置通孔孔径的范围，可以防止 PCB 设计出现类似错误。

- "Measurement Method（度量方法）"选项：度量孔径尺寸的方法有"Absolute（绝对值）"和"Percent（百分数）"两种。默认设置为"Absolute（绝对值）"。
- "Minimum（最小值）"选项：设置孔径最小值。"Absolute（绝对值）"方式的默认值为 1mil，"Percent（百分数）"方式的默认值为 20％。
- "Maximum（最大值）"选项：设置孔径最大值。"Absolute（绝对值）"方式的默认值为 100mil，"Percent（百分数）"方式的默认值为 80％。

图 9-27　"Hole Size（钻孔尺寸设计规则）"设置界面

（4）"Layer Pairs（工作层对设计规则）"：用于检查使用的 Layer-pairs（工作层对）是否与当前的 Drill-pairs（钻孔对）匹配。使用的 Layer-pairs（工作层对）是由板上的过孔和焊盘决定的，Layer-pairs（工作层对）指一个网络的起始层和终止层。该项规则除了应用于在线 DRC 和批处理 DRC 外，还可以应用在交互式布线过程中。"Enforce layer pairs settings（强制执行工作层对规则检查设置）"复选框：用于确定是否强制执行此项规则的检查。勾选该复选框时，将始终执行该项规则的检查。

8."High Speed（高速信号相关规则）"类设置

该类规则主要用于设置高速信号线布线规则，其中包括以下 7 种设计规则：

（1）"Parallel Segment（平行导线段间距限制规则）"：用于设置平行走线间距限制规则，图 9-28 所示为该规则的设置界面。在 PCB 的高速信号设计中，为了保证信号传输正确，需要采用差分线对来传输信号，与单根线传输信号相比可以得到更好的效果。在该界面中可以设置差分线对的各项参数，包括差分线对的层、间距和长度等。

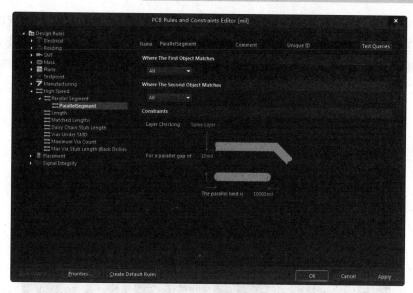

图 9-28　"Parallel Segment（平行导线段间距限制规则）"设置界面

- "Layer Checking（层检查）"选项：用于设置两段平行导线所在的工作层面属性，有"Same Layer（位于同一个工作层）"和"Adjacent Layers（位于相邻的工作层）"两种选择。默认设置为"Same Layer（位于同一个工作层）"。
- "For a parallel gap of（平行线间的间隙）"选项：用于设置两段平行导线之间的距离。默认设置为10mil。
- "The parallel limit is（平行线的限制）"选项：用于设置平行导线的最大允许长度（在使用平行走线间距规则时）。默认设置为10000mil。

（2）"Length（网络长度限制规则）"：用于设置传输高速信号导线的长度，图 9-29 所示为该规则的设置界面。在高速 PCB 设计中，为了保证阻抗匹配和信号质量，对走线长度也有一定的要求。在该界面中可以设置走线的下限和上限。

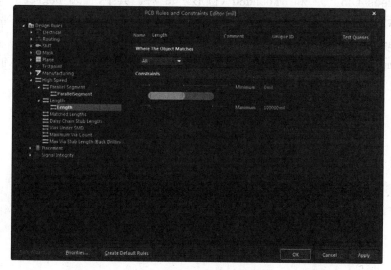

图 9-29　"Length（网络长度限制规则）"设置界面

（3）"Matched Net Lengths（匹配网络传输导线的长度规则）"：用于设置匹配网络传输导线的长度，图 9-30 所示为该规则的设置界面。在高速 PCB 设计中，通常需要对部分网络的导线进行匹配布线，在该界面中可以设置匹配走线的各项参数。

图 9-30　"Matched Net Lengths（匹配网络传输导线的长度规则）"设置

- "Tolerance（公差）"选项：在高频电路设计中要考虑到传输线的长度问题，传输线太短将产生串扰等传输线效应。该项规则定义了一个传输线长度值，将设计中的走线与此长度进行比较，当出现小于此长度的走线时，选择菜单栏中的"工具"→ "Equalize Net Lengths（延长网络走线长度）"选项，系统将自动延长走线的长度以满足此处的设置需求。默认设置为 1000mil。
- "Style（类型）"选项：选择菜单栏中的"工具"→ "网络等长"选项，添加延长导线长度时的走线类型。可选择的类型有"90 Degrees（90°，为默认设置）""45 Degrees（45°）"和"Rounded（圆形）"3 种。其中，"90 Degrees（90°）"类型可添加的走线容量最大，"45 Degrees（45°）"类型可添加的走线容量最小。
- "Gap（间隙）"选项：如图 9-31 所示，默认值为 20mil。
- "Amplitude（振幅）"选项：用于定义添加走线的摆动幅度值。默认值为 200mil。

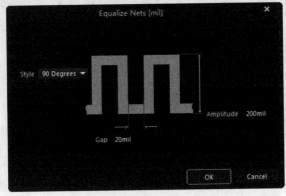

图 9-31　"Gap（间隙）"选项

（4）"Daisy Chain Stub Length（菊花状布线主干导线长度限制规则）"：用于设置 90°拐角和焊盘的距离，图 9-32 所示为该规则的设置示意图。在高速 PCB 设计中，通常情况下为了减少信号的反射是不允许出现 90°拐角的，在必须有 90°拐角的场合中将引入焊盘和拐角之间距离的限制。

（5）"Vias Under SMD（SMD 焊盘下过孔限制规则）"：用于设置表面安装元器件焊盘下是否允许出现过孔，图 9-33 所示为该规则的设置示意图。在 PCB 中需要尽量减少表面安装元器件焊盘中引入过孔，在特殊情况下（如中间电源层通过过孔向电源引脚供电）可以引入过孔。

（6）"Maximun Via Count（最大过孔数量限制规则）"：用于设置布线时过孔数量的上限。默认设置为 1000。

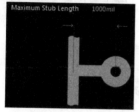

图 9-32　设置菊花状布线主干导线长度限制规则

图 9-33　设置 SMD 焊盘下过孔限制规则

（7）"Max Via Stub Length（最大过孔短节长度规则）"：用于设置布线时过孔短节长度的上限。默认设置为 15mil。

9. "Placement（元器件放置规则）"类设置

该类规则用于设置元器件布局的规则。在布线时可以引入元器件的布局规则，这些规则一般只在对元器件布局有严格要求的场合中使用。

10. "Signal Integrity（信号完整性规则）"类设置

该类规则用于设置信号完整性所涉及的各项要求，如对信号上升沿、下降沿等的要求。这里的设置会影响到电路的信号完整性仿真，对其进行简单介绍。

● "Signal Stimulus（激励信号规则）"：图 9-34 所示为该规则的设置示意。激励信号的类型有 "Constant Level（直流）" "Single Pulse（单脉冲信号）" "Periodic Pulse（周期性脉冲信号）" 3 种。还可以设置激励信号初始电平（低电平或高电平）、开始时间、终止时间和周期等。

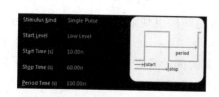

图 9-34　激励信号规则的设置示意

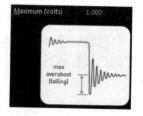

图 9-35　下降沿过冲约束规则的设置示意

● "Overshoot-Falling Edge（信号下降沿的过冲约束规则）"：图 9-35 所示为该规

则的设置示意。

- "Overshoot- Rising Edge（信号上升沿的过冲约束规则）"：图 9-36 所示为该规则的设置示意。
- "Undershoot-Falling Edge（信号下降沿的反冲约束规则）"：图 9-37 所示为该规则的设置示意。

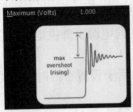

图 9-36　上升沿过冲约束规则的设置示意　　　图 9-37　信号下降沿的反冲约束规则的设置示意

- "Undershoot-Rising Edge（信号上升沿的反冲约束规则）"：图 9-38 所示为该规则的设置示意。
- "Impedance（阻抗约束规则）"：图 9-39 所示为该规则的设置示意。

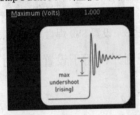

图 9-38　信号上升沿的反冲约束规则的设置示意　　　图 9-39　阻抗约束规则的设置示意

- "Signal Top Value（信号高电平约束规则）"：用于设置高电平最小值。图 9-40 所示为该规则的设置示意图。
- "Signal Base Value（信号基准约束规则）"：用于设置低电平最大值。图 9-41 所示为该规则的设置示意图。

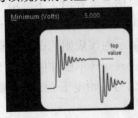

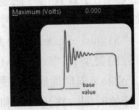

图 9-40　信号高电平约束规则的设置示意　　　图 9-41　信号基准约束规则的设置示意

- "Flight Time-Rising Edge（上升沿的上升时间约束规则）"：图 9-42 所示为该规则的设置示意。
- "Flight Time-Falling Edge（下降沿的下降时间约束规则）"：图 9-43 所示为该规则的设置示意。
- "Slope-Rising Edge（上升沿斜率约束规则）"：图 9-44 所示为该规则的设置示意。
- "Slope-Falling Edge（下降沿斜率约束规则）"：图 9-45 所示为该规则的设置示意。

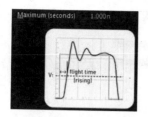

图 9-42　上升沿的上升时间约束规则的设置示意

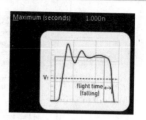

图 9-43　下降沿的下降时间约束规则的设置示意

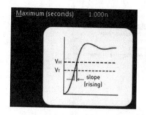

图 9-44　上升沿斜率约束规则的设置示意

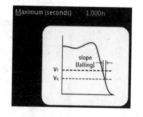

图 9-45　下降沿斜率约束规则的设置示意

● "Supply Nets"：用于提供网络约束规则。

从以上对 PCB 布线规则的说明可知，Altium Designer 18 对 PCB 布线做了全面规定。这些规定只有一部分运用在元器件的自动布线中，而所有规则将运用在 PCB 的 DRC 检测中。在对 PCB 手动布线时可能会违反设定的 DRC 规则，在对 PCB 进行 DRC 检测时将检测出所有违反这些规则的地方。

9.1.2　设置 PCB 自动布线的策略

设置 PCB 自动布线策略的操作步骤如下：

（1）选择菜单栏中的"布线"→"自动布线"→"设置"选项，系统将弹出如图 9-46 所示的"Situs Routing Strategies（布线位置策略）"对话框。在该对话框中可以设置自动布线策略。布线策略指印制电路板自动布线时所采取的策略，如探索式布线、迷宫式布线、推挤式拓扑布线等。其中，自动布线的布通率依赖于良好的布局。

在"Situs Routing Strategies（布线位置策略）"对话框中列出了默认的 5 种自动布线策略，对默认的布线策略不允许进行编辑和删除操作。其功能分别如下：

● "Cleanup（清除）"：用于清除策略。
● "Default 2 Layer Board（默认双面板）"：用于默认的双面板布线策略。
● "Default 2 Layer With Edge Connectors（默认具有边缘连接器的双面板）"：用于默认的具有边缘连接器的双面板布线策略。
● "Default Multi Layer Board（默认多层板）"：用于默认的多层板布线策略。
● "General Orthogonal（通用正交板）"：用于默认的通用正交板布线策略。
● "Via Miser（少用过孔）"：用于在多层板中尽量减少使用过孔策略。

勾选"Lock All Pre-routes（锁定所有先前的布线）"复选框，所有先前的布线将被锁定，重新自动布线时将不改变这部分的布线。

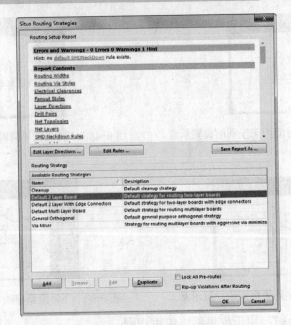

图 9-46 "Situs Routing Strategies（布线位置策略）"对话框

单击"Add（添加）"按钮，系统将弹出如图 9-47 所示的"Situs Strategies Editor（位置策略编辑器）"对话框。在该对话框中可以添加新的布线策略。

（2）在"Strategy Name（策略名称）"文本框中输入新建的布线策略名称，在"Strategy Description（策略描述）"文本框中输入对该布线策略的描述。可以通过拖动文本框下面的滑块来改变此布线策略允许的过孔数目，过孔数目越多自动布线越快。

（3）选择左侧的 PCB 布线策略列表框中的一项，然后单击"Add（添加）"按钮，此布线策略将被添加到右侧当前的 PCB 布线策略列表框中，作为新创建的布线策略中的一项。如果想要删除右侧列表框中的某一项，则选择该项后单击"Remove（移除）"按钮即可删除。单击"Move Up（上移）"按钮或"Move Down（下移）"按钮，可以改变各个布线策略的优先级，位于最上方的布线策略的优先级最高。

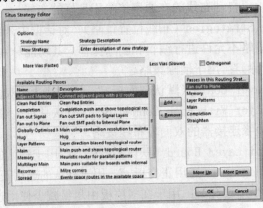

图 9-47 "Situs Strategies Editor（位置策略编辑器）"对话框

Altium Designer 18 布线策略列表框中主要有以下几种布线方式：

- "Adjacent Memory（相邻的存储器）"布线方式：U 型走线的布线方式。采用这种布线方式时，自动布线器对同一网络中相邻的元器件引脚采用 U 型走线方式。
- "Clean Pad Entries（清除焊盘走线）"布线方式：清除焊盘冗余走线。采用这种布线方式可以优化 PCB 的自动布线，清除焊盘上多余的走线。
- "Completion（完成）"布线方式：竞争的推挤式拓扑布线。采用这种布线方式时，布线器对布线进行推挤操作，以避开不在同一网络中的过孔和焊盘。
- "Fan Out Signal（扇出信号）"布线方式：表面安装元器件的焊盘采用扇出形式连接到信号层。当表面安装元器件的焊盘布线跨越不同的工作层时，采用这种布线方式可以先从该焊盘引出一段导线，然后通过过孔与其他的工作层连接。
- "Fan Out to Plane（扇出平面）"布线方式：表面安装元器件的焊盘采用扇出形式连接到电源层和接地网络中。
- "Globally optimized Main（全局主要的最优化）"布线方式：全局最优化拓扑布线方式。
- "Hug（环绕）"布线方式：采用这种布线方式时，自动布线器将采取环绕的布线方式。
- "Layer Patterns（层样式）"布线方式：采用这种布线方式时，将决定同一工作层中的布线是否采用布线拓扑结构进行自动布线。
- "Main（主要的）"布线方式：主推挤式拓扑驱动布线。采用这种布线方式时，自动布线器对布线进行推挤操作，以避开不在同一网络中的过孔和焊盘。
- "Memory（存储器）"布线方式：启发式并行模式布线。采用这种布线方式时，将对存储器元器件上的走线方式进行最佳的评估。对地址线和数据线一般采用有规律的并行走线方式。
- "Multilayer Main（主要的多层）"布线方式：多层板拓扑驱动布线方式。
- "Reconner（拐角布线）"布线方式：拐角布线方式。
- "Spread（伸展）"布线方式：采用这种布线方式时，自动布线器自动使位于两个焊盘之间的走线处于正中间的位置。
- "Straighten（伸直）"布线方式：采用这种布线方式时，自动布线器在布线时将尽量走直线。

（4）单击"Situs Routing Strategies（布线位置策略）"对话框中的"Edit（编辑）"按钮，对布线规则进行设置。

（5）布线策略设置完毕单击"OK（确定）"按钮。

9.1.3　电路板自动布线的操作过程

布线规则和布线策略设置完毕后，用户即可进行自动布线操作。自动布线操作主要是通过"自动布线"子菜单进行的。用户不仅可以进行整体布局，也可以对指定的区域、网络及元器件进行单独的布线。

1. "All"（所有）命令

该命令用于为全局自动布线，其操作步骤如下：

（1）选择菜单栏中的"布线"→"自动布线"→"全部"选项，系统将弹出"Situs Routing Strategies（布线位置策略）"对话框。在该对话框中可以设置自动布线策略。

（2）选择一项布线策略，然后单击"Route All（布线所有）"按钮，即可进入自动布线状态，这里选择系统默认的"Default 2 Layer Board（默认双面板）"策略。布线过程中将自动弹出"Messages（信息）"面板，提供自动布线的状态信息，如图 9-48 所示。由最后一条提示信息可知，此次自动布线全部布通。

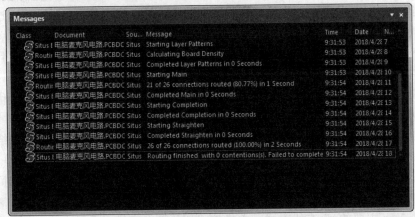

图 9-48　"Messages（信息）"面板

（3）全局布线后的 PCB 图如图 9-49 所示。

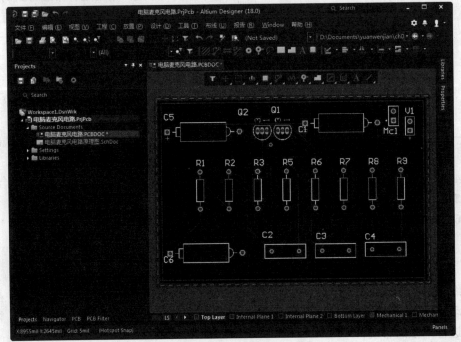

图 9-49　全局布线后的 PCB 图

当元器件排列比较密集或者布线规则设置过于严格时，自动布线可能不会完全布通。即使完全布通的 PCB 电路板仍会有部分网络走线不合理，如绕线过多、走线过长等，此时就需要进行手动调整了。

2. "网络"选项

该命令用于为指定的网络自动布线，其操作步骤如下：

（1）在规则设置中对该网络布线的线宽进行合理的设置。

（2）选择菜单栏中的"布线"→"自动布线"→"网络"选项，此时光标将变成十字形状。移动光标到该网络上的任何一个电气连接点（飞线或焊盘处），这里选 C1 引脚 1 的焊盘处单击，此时系统将自动对该网络进行布线。

（3）此时，光标仍处于布线状态，可以继续对其他的网络进行布线。

（4）右击或者按 Esc 键，即可退出该操作。

3. "网络类"选项

该命令用于为指定的网络类自动布线，其操作步骤如下：

（1）"网络类"是多个网络的集合，可以在"Objects Class Explorer（对象类管理器）"对话框中对其进行编辑管理。选择菜单栏中的"设计"→"类"选项，系统将弹出如图 9-50 所示的"Objects Class Explorer（对象类管理器）"对话框。

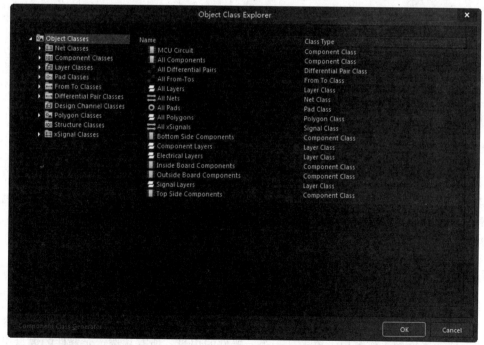

图 9-50　"Objects Class Explorer（对象类管理器）"对话框

（2）系统默认存在的网络类为"所有网络"，不能进行编辑修改。用户可以自行定义新的网络类，将不同的相关网络加入到某一个定义好的网络类中。

（3）选择菜单栏中的"布线"→"自动布线"→"网络类"选项后，如果当前文件中没有自定义的网络类，系统会弹出提示框提示未找到网络类，否则系统会弹出"Choose

Objects Class（选择对象类）"对话框，列出当前文件中具有的网络类。在列表中选择要布线的网络类，系统即将该网络类内的所有网络自动布线。

（4）在自动布线过程中，所有布线器的信息和布线状态、结果会在"Messages（信息）"面板中显示出来。

（5）右击或者按 Esc 键即可退出该操作。

4．"连接"选项

该命令用于为两个存在电气连接的焊盘进行自动布线，其操作步骤如下：

（1）如果对该段布线有特殊的线宽要求，则应该先在布线规则中对该段线宽进行设置。

（2）选择菜单栏中的"布线"→"自动布线"→"连接"选项，此时光标将变成十字形状。移动光标到工作窗口，单击某两点之间的飞线，或者单击其中的一个焊盘，然后选择两点之间的连接，此时系统将自动在该两点之间布线。

（3）此时，光标仍处于布线状态，可以继续对其他的连接进行布线。

（4）右击或者按 Esc 键，即可退出该操作。

5．"Area（区域）"选项

该命令用于为完整包含在选定区域内的连接自动布线，其操作步骤如下：

（1）选择菜单栏中的"布线"→"自动布线"→"区域"选项，此时光标将变成十字形状。

（2）在工作窗口中单击确定矩形布线区域的一个顶点，然后移动光标到合适的位置，再次单击，确定该矩形区域的对角顶点。此时，系统将自动对该矩形区域进行布线。

（3）此时，光标仍处于放置矩形状态，可以继续对其他区域进行布线。

（4）右击或者按 Esc 键即可退出该操作。

6．"Room（空间）"选项

该命令用于为指定 Room 类型的空间内的连接自动布线。

该命令只适用于完全位于 Room 空间内部的连接，即 Room 边界线以内的连接，不包括压在边界线上的部分。执行该命令后，光标变为十字形状，在 PCB 工作窗口中单击选取 Room 空间即可。

7．"元器件"选项

该命令用于为指定元器件的所有连接自动布线，其操作步骤如下：

（1）选择菜单栏中的"布线"→"自动布线"→"元器件"选项，此时光标将变成十字形状。移动光标到工作窗口，单击某一个元器件的焊盘，所有从选定元器件的焊盘引出的连接都被自动布线。

（2）此时，光标仍处于布线状态，可以继续对其他元器件进行布线。

（3）右击或者按 Esc 键，即可退出该操作。

8．"器件类"选项

该命令用于为指定器件类内所有器件的连接自动布线，其操作步骤如下：

（1）"器件类"是多个器件的集合，可以在"对象类浏览器"对话框中对其进行编辑管理。选择菜单栏中的"设计"→"类"选项，系统将弹出该对话框。

（2）系统默认存在的器件类为 All Components（所有元器件），不能进行编辑修改。用户可以使用器件类生成器自行建立器件类。另外，在放置 Room 空间时，包含在其中的元器件也自动生成一个器件类。

（3）选择菜单栏中的"布线"→"自动布线"→"器件类"选项后，系统将弹出"Select Objects Class（选择对象类）"对话框。在该对话框中包含当前文件中的器件类别列表。在列表中选择要布线的器件类，系统即将该器件类内所有器件的连接自动布线。

（4）右击或者按 Esc 键，即可退出该操作。

9. "选中对象的连接"选项

该命令用于为所选元器件的所有连接自动布线。执行该命令之前，要先选中欲布线的元器件。

10. "选择对象之间的连接"选项

该命令用于为所选元器件之间的连接自动布线。执行该命令之前，要先选中欲布线的元器件。

11. "扇出"选项

在 PCB 编辑器中选择菜单栏中的"布线"→"自动布线"→"扇出"选项，弹出的子菜单如图 9-51 所示。采用扇出布线方式可将焊盘连接到其他的网络中。其中各命令的功能分别介绍如下：

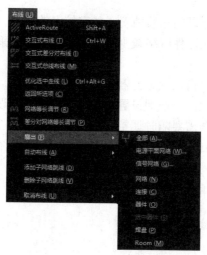

图 9-51 "扇出"选项子菜单

● "全部"：用于对当前 PCB 设计内所有连接到中间电源层或信号网络层的表面安装元器件执行扇出操作。

- "电源平面网络"：用于对当前 PCB 设计内所有连接到电源网络层的表面安装元器件执行扇出操作。
- "信号网络"：用于对当前 PCB 设计内所有连接到信号网络层的表面安装元器件执行扇出操作。
- "网络"：用于为指定网络内的所有表面安装元器件的焊盘执行扇出操作。执行该命令后，用十字光标选择指定网络内的焊盘，或者在空白处单击，在弹出的"网络选项"对话框中输入网络标号，系统即可自动为选定网络内的所有表面安装元器件的焊盘执行扇出操作。
- "连接"：用于为指定连接内的两个表面安装元器件的焊盘执行扇出操作。单击该命令后，用十字光标点取指定连接内的焊盘或者飞线，系统即可自动为选定连接内的表贴焊盘执行扇出操作。
- "器件"：用于为选定的表面安装元器件执行扇出操作。执行该命令后，用十字光标选择特定的表贴元器件，系统即可自动为选定元器件的焊盘执行扇出操作。
- "选中器件"：执行该命令前，先选择要执行扇出操作的元器件。执行该命令后，系统自动为选定的元器件执行扇出操作。
- "焊点"：用于为指定的焊盘执行扇出操作。
- "Room（空间）"：用于为指定的 Room 类型空间内的所有表面安装元器件执行扇出操作。执行该命令后，用十字光标选择指定的 Room（空间），系统即可自动为空间内的所有表面安装元器件执行扇出操作。

9.2　电路板的手动布线

自动布线会出现一些不合理的布线情况，如有较多的绕线、走线不美观等，此时可以通过手动布线进行修正，对于元器件网络较少的 PCB 也可以完全采用手动布线。下面简单介绍手动布线的一些技巧。

对于手动布线，要靠用户自己规划元器件布局和走线路径，而网格是用户在空间和尺寸度量过程中的重要依据。因此，合理地设置网格，会更加方便设计者规划布局和放置导线。用户在设计的不同阶段可根据需要随时调整网格的大小。例如，在元器件布局阶段，可将捕捉网格设置得大一点，如 20mil；而在布线阶段捕捉网格要设置得小一点，如 5mil 甚至更小，尤其是在走线密集的区域，视图网格和捕捉网格都应该设置得小一些，以方便观察和走线。

手动布线的规则设置与自动布线前的规则设置基本相同，用户参考前面章节的介绍即可，这里不再赘述。

9.2.1　拆除布线

在工作窗口中选择导线后，按 Delete 键即可删除导线，完成拆除布线的操作，但是这样的操作只能逐段地拆除布线，工作量比较大。可通过"布线"菜单中"取消布线"子菜单中的命令来快速地拆除布线，如图 9-52 所示。其中各命令的功能和用法分别介绍如下：

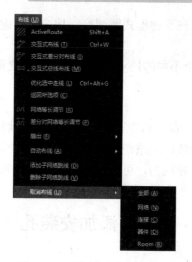

图 9-52 "取消布线"子菜单

（1）"全部"：用于拆除 PCB 上的所有导线。

选择菜单栏中的"布线"→"取消布线"→"全部"选项，即可拆除 PCB 上的所有导线。

（2）"网络"：用于拆除某一个网络上的所有导线。

选择菜单栏中的"布线"→"取消布线"→"网络"选项，此时光标将变成十字形状。移动光标到某根导线上，单击，该导线所属网络的所有导线将被删除，这样就完成了对某个网络的拆线操作。此时，光标仍处于拆除布线状态，可以继续拆除其他网络上的布线。右击或者按 Esc 键，即可退出该操作。

（3）"连接"：用于拆除某个连接上的导线。

选择菜单栏中的"布线"→"取消布线"→"连接"选项，此时光标将变成十字形状。移动光标到某根导线上，单击，该导线建立的连接将被删除，这样就完成了对该连接的拆除布线操作。此时，光标仍处于拆除布线状态，可以继续拆除其他连接上的布线。右击或者按 Esc 键即可退出该操作。

（4）"器件"：用于拆除某个器件上的导线。

选择菜单栏中的"布线"→"取消布线"→"器件"选项，此时光标将变成十字形状。移动光标到某个器件上，单击，该器件所有引脚所在网络的所有导线将被删除，这样就完成了对该器件的拆除布线操作。此时，光标仍处于拆除布线状态，可以继续拆除其他器件上的布线。右击或者按 Esc 键，即可退出该操作。

（5）"Room（空间）"：用于拆除某个 Room 区域内的导线。

9.2.2　手动布线

1. 手动布线的步骤

手动布线也将遵循自动布线时设置的规则，其操作步骤如下：

（1）选择菜单栏中的"放置"→"走线"选项，此时光标将变成十字形状。

（2）移动光标到元器件的一个焊盘上，单击，放置布线的起点。

手动布线模式主要有任意角度、90°拐角、90°弧形拐角、45°拐角和45°弧形拐角5

种。按 Shift+Space 键，即可在 5 种模式间切换，按 Space 键，可以在每一种的开始和结束两种模式间切换。

（3）多次单击，确定多个不同的控点，完成两个焊盘之间的布线。

2. 手动布线中层的切换

在进行交互式布线时，按*键可以在不同的信号层之间切换，这样可以完成不同层之间的走线。在不同的层间进行走线时，系统将自动为其添加一个过孔。

不同层间的走线颜色是不相同的，可以在"视图配置"对话框中进行设置。

9.3 添加安装孔

电路板布线完成之后，就可以开始着手添加安装孔。安装孔通常采用过孔形式，并和接地网络连接，以便于后期的调试工作。

添加安装孔的操作步骤如下：

（1）选择菜单栏中的"放置"→"过孔"选项，或者单击"布线"工具栏中的 （放置过孔）按钮，或用快捷键 P+V，此时光标将变成十字形状，并带有一个过孔图形。

（2）按 Tab 键，系统将弹出如图 9-53 所示的"Properties（属性）"面板。

图 9-53 "Properties（属性）"面板

- "Diameter（过孔内径）"文本框：这里将过孔作为安装孔使用，因此过孔内径比较大，设置为100mil。
- "Hole Size（过孔外径）"文本框：这里的过孔外径设置为150mil。
- "Properties（过孔的属性设置）"选项组：这里的过孔作为安装孔使用，过孔的位置将根据需要确定。通常，安装孔放置在电路板的4个角上。

（3）设置完毕按 Enter 键，即可放置了一个过孔。

（4）此时，光标仍处于放置过孔状态，可以继续放置其他的过孔。

（5）右击或者按 Esc 键，即可退出该操作。

图 9-54 所示为放置完安装孔的电路板。

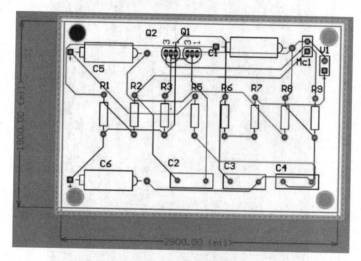

图 9-54　放置完安装孔的电路板

9.4　铺铜和补泪滴

铺铜由一系列的导线组成，可以完成电路板内不规则区域的填充。在绘制 PCB 图时，铺铜主要是把空余没有走线的部分用导线全部铺满。用铜箔铺满部分区域和电路的一个网络相连，多数情况是和 GND 网络相连。单面电路板铺铜可以提高电路的抗干扰能力，经过铺铜处理后制作的印制板会显得十分美观，同时，通过大电流的导电通路也可以采用铺铜的方法来加大过电流的能力。通常铺铜的安全间距应该为一般导线安全间距的两倍以上。

9.4.1　执行"铺铜"命令

选择菜单栏中的"放置"→"铺铜"选项，或者单击"布线"工具栏中的"放置多边形平面"按钮，或用快捷键 P+G，即可执行放置铺铜命令，系统弹出"Properties（属性）"面板，如图 9-55 所示。

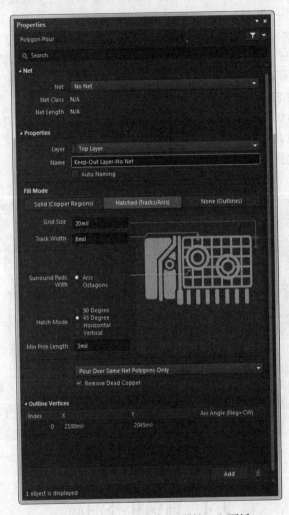

图 9-55 "Properties（属性）"面板

9.4.2 设置"铺铜"属性

执行"铺铜"命令后，或者双击已放置的铺铜，系统将弹出"Properties（属性）"面板。其中各选项组的功能分别介绍如下：

（1）"Properties（属性）"选项组：

"Layer（层）"下拉列表：用于设定铺铜所属的工作层。

（2）"Fill Mode（填充模式）"选项组：该选项组用于选择铺铜的填充模式，包括 3 个选项，"Solid（Copper Regions）（实体）"，即铺铜区域内为全铜敷设；"Hatched（tracks/Arcs）（网络状）"，即向铺铜区域内填入网络状的铺铜；"None（Outlines Only）（无）"，即只保留铺铜边界，内部无填充。

在对话框的中间区域内可以设置铺铜的具体参数，针对不同的填充模式，有不同的设置参数选项。

- "Solid（Copper Regions）（实体）"选项：用于设置删除孤立区域铺铜的面积限制值，以及删除凹槽的宽度限制值。需要注意的是，当用该方式铺铜后，在 Protel99SE 软件中不能显示，但可以用"Hatched（tracks/Arcs）（网络状）"方式铺铜。

- "Hatched（tracks/Arcs）（网络状）"选项：用于设置网格线的宽度、网络的大小、围绕焊盘的形状及网格的类型。

- "None（Outlines Only）（无）"选项：用于设置铺铜边界导线宽度及围绕焊盘的形状等。

（3）"Connect to Net（连接到网络）"下拉列表：用于选择铺铜连接到的网络。通常连接到 GND 网络。

- "Don't Pour Over Same Net Objects（填充不超过相同的网络对象）"选项：用于设置铺铜的内部填充，不与同网络的图元及铺铜边界相连。

- "Pour Over Same Net Polygons Only（填充只超过相同的网络多边形）"选项：用于设置铺铜的内部填充，只与铺铜边界线及同网络的焊盘相连。

- "Pour Over All Same Net Objects（填充超过所有相同的网络对象）"选项：用于设置铺铜的内部填充与铺铜边界线，并与同网络的任何图元相连，如焊盘、过孔、导线等。

- "Remove Dead Copper（删除孤立的铺铜）"复选框：用于设置是否删除孤立区域的铺铜。孤立区域的铺铜是指没有连接到指定网络元器件上的封闭区域内的铺铜，若选中该复选框，则可以将这些区域的铺铜去除。

9.4.3　放置铺铜

下面以 PCB1.PcbDoc 为例，简单介绍放置"铺铜"的操作步骤。

（1）选择菜单栏中的"放置"→"铺铜"选项，或者单击"布线"工具栏中的"放置多边形平面"按钮，或用快捷键 P+G，即可执行放置铺铜命令。系统将弹出"Properties（属性）"面板。

（2）在"Properties（属性）"面板中进行设置，选择"Hatched（tracks/Arcs）（网络状）"选项，"Hatch Mode（填充模式）"设置为 45 Degree，"Net（网络）"连接到 GND，"Layer（层面）"设置为"Top Layer（顶层）"，勾选"Remove Dead Copper（删除孤立的铺铜）"复选框，如图 9-56 所示。

（3）此时光标变成十字形状，准备开始铺铜操作。

（4）用光标沿着 PCB 的"Keep-Out（禁止布线层）"边界线画一个闭合的矩形框。单击确定起点，移动至拐点处单击，直至确定矩形框的 4 个顶点，右击退出。用户不必手动将矩形框线闭合，系统会自动将起点和终点连接起来，构成闭合框线。

（5）系统在框线内部自动生成"Top Layer（顶层）"的铺铜。

（6）再次执行"铺铜"命令，选择"Layer（层面）"为"Bottom Layer（底层）"，其他设置相同，为底层铺铜。

PCB 铺铜效果如图 9-57 所示。

图 9-56　设置"Properties（属性）"面板

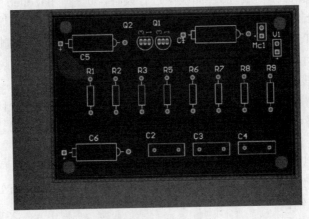

图 9-57　PCB 铺铜效果

9.4.4 补泪滴

在导线和焊盘或过孔的连接处，通常需要补泪滴，以去除连接处的直角，加大连接面。这样做有两个好处，一是在 PCB 的制作过程中，避免因钻孔定位偏差导致焊盘与导线断裂；二是在安装和使用中，可以避免因用力集中导致连接处断裂。

选择菜单栏中的"工具"→"滴泪"选项，或用快捷键 T+E，即可执行"补泪滴"命令。系统弹出的"Teardrop（泪滴）"对话框如图 9-58 所示。

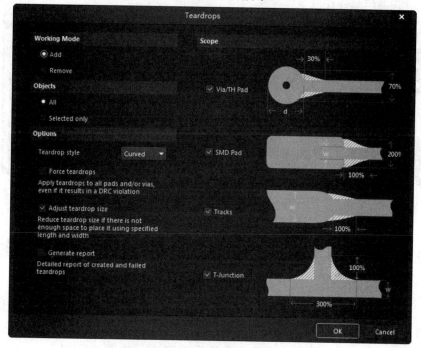

图 9-58 "Teardrop（泪滴）"对话框

（1）"Working Mode（工作模式）"选项组：

● "Add（添加）"单选按钮：用于添加泪滴。

● "Remove（删除）"单选按钮：用于删除泪滴。

（2）"Object（对象）"选项组：

● "All（全部）" 单选按钮：用于对所有的对象添加泪滴。

● "Selected only（仅选择对象）" 单选按钮：用于对选中的对象添加泪滴。

（3）"Option（选项）"选项组：

● "Teardrop style（泪滴类型）"：在该下拉列表中选择"Curved（弧形）"和"Line（线）"，表示用不同的形式添加滴泪。

● "Force teardrop（强迫泪滴）"复选框：勾选该复选框，将强制对所有焊盘或过孔添加泪滴，这样可能导致在 DRC 检测时出现错误信息。取消对此复选框的勾选，则对安全间距太小的焊盘不添加泪滴。

● "Adjust teardrop size（调整滴泪大小）" 复选框：勾选该复选框，进行添加泪滴的操作时自动调整滴泪的大小。

- "Generate report（创建报表）"复选框：勾选该复选框，进行添加泪滴的操作后将自动生成一个有关添加泪滴操作的报表文件，同时该报表也将在工作窗口显示出来。

设置完毕单击"OK（确定）"按钮，完成对象的泪滴添加操作。

补泪滴前后焊盘与导线连接的变化如图 9-59 所示。

按照此种方法，用户还可以对某一个元器件的所有焊盘和过孔，或者某一个特定网络的焊盘和过孔进行补泪滴操作。

图 9-59　补泪滴前后焊盘与导线连接的变化

9.5　操作实例——LED 显示电路印制电路板的布线

本节在 8.4.2 节中 LED 显示电路印制电路板布局的基础上进行布线和铺铜操作的练习。具体的操作步骤如下：

（1）打开 yuanwenjian\ch09\9.5 文件夹下"LED 显示电路.PrjPcb"。

（2）在 PCB 编辑器中选择菜单栏中的"设计"→"规则"选项，弹出的对话框如图 9-60 所示，在该对话框中设置自动布线规则。

（3）设置安全间距限制规则。在本例中，将安全间距设置为 15mil，如图 9-60 所示。

（4）采用系统默认的短路限制规则与未布线网络限制规则，设置导线宽度设计规则及布线优先级。将电源网络导线宽度设置为 25mil，优先级为 1；其余的导线宽度设置为 10mil，优先级为 2，分别如图 9-61 和图 9-62 所示，设置的导线宽度设计规则优先级如图 9-63 所示。

（5）选择菜单栏中的"布线"→"自动布线"→"全部"选项，系统弹出"Situs Routing Strategies（布线位置策略）"对话框。在其中选择 "Default 2 Layer With Edge Connectors（默认具有边缘连接的双面板）"布线策略，以适应本例电路板中有插件的需要。

（6）单击"Route All（布线所有）"按钮，执行自动布线命令，系统将对电路板的网络进行布线，结果如图 9-64 所示。

（7）调整自动布线的结果。调整自动布线主要是调整那些绕远、不简洁及转直角的导线。由于地线网络在最后阶段要进行铺铜，所以在调整自动布线结果时不需要调整地线。这里不做调整，用户可以根据需要自己调整布线结果。

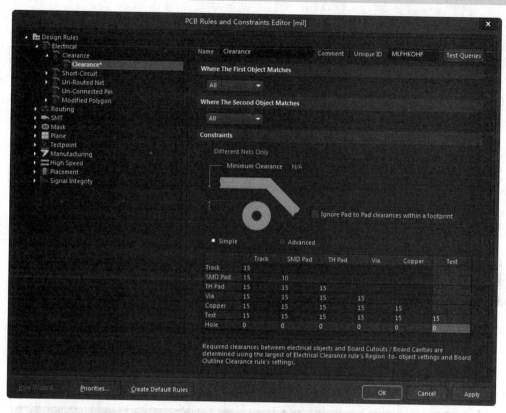

图 9-60　设置安全间距

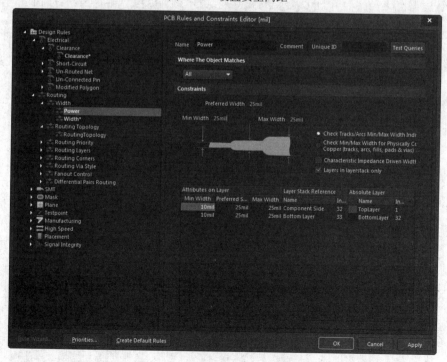

图 9-61　设置电源网络导线宽度规则

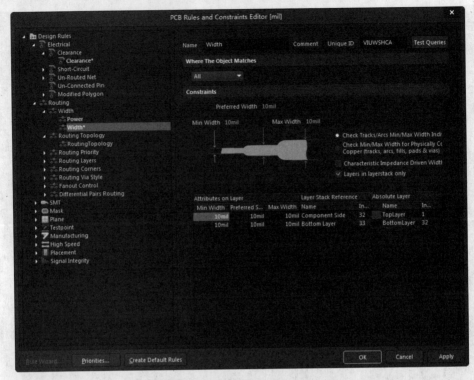

图 9-62　设置其余导线宽度规则

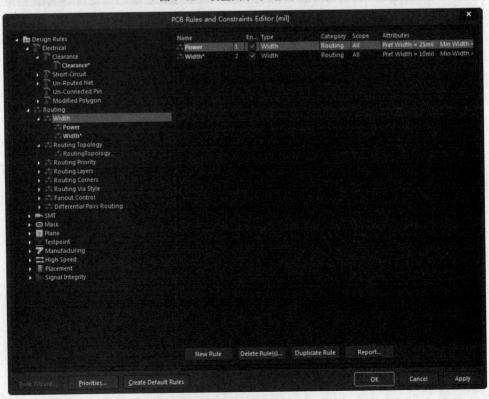

图 9-63　设置导线宽度设计规则优先级

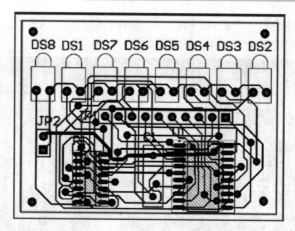

图 9-64　自动布线结果

（8）选择菜单栏中的"布线"→"取消布线"→"网络"选项，此时光标变为十字形状。将光标移至仁意一段地线网络的导线上，单击，即可删除所有地线，如图 9-65 所示。

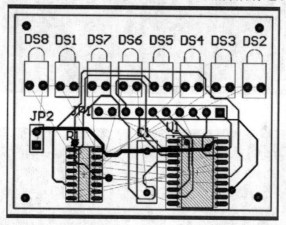

图 9-65　删除地线网络后的布线

（9）设置铺铜连接方式。选择菜单栏中"设计"→"规则"选项，弹出"PCB Rules and Constraints Editor（PCB 设计规则和约束编辑器）"对话框。单击"Plane（中间层布线规则）"→"Polygon Connect Style（焊盘与多边形铺铜区域的连接类型规则）"选项，设置铺铜与具有相同网络标号图件连接方式为"Direct Connect（直接连接）"，如图 9-66 所示。

（10）设置铺铜与图元之间的安全间距。在"PCB Rules and Constraints Editor（PCB 设计规则和约束编辑器）"对话框中，选择"Plane（中间层布线规则）"→"Power Plane Clearance（电源层安全间距规则）"→"PlaneClearance（中间层安全间距规则）"选项，将"Clearance（安全间距）"设置为1mm，如图 9-67 所示。

（11）铺铜操作。选择菜单栏中的"放置"→"铺铜"选项，系统弹出"Properties（属性）"面板。在该面板中，将多边形填充的"Net（网络）"标号设置为 GND，其余各项参数设置如图 9-68 所示。

（12）设置完毕按"Enter"键，进入绘制铺铜区域的命令状态。移动光标至电路板边缘，沿着电路板的边界绘制一个封闭区域，系统将在该封闭区域内根据有关的设计规则为地线网络覆上铜箔。铺铜结果如图 9-69 所示。

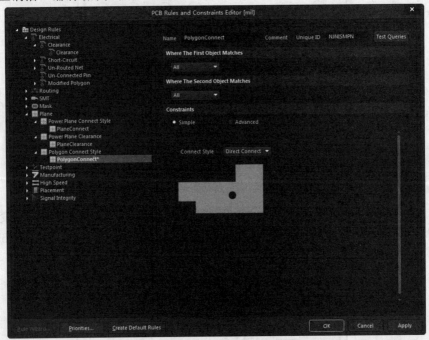

图 9-66　设置铺铜连接方式

图 9-67　设置铺铜与图元之间的安全间距

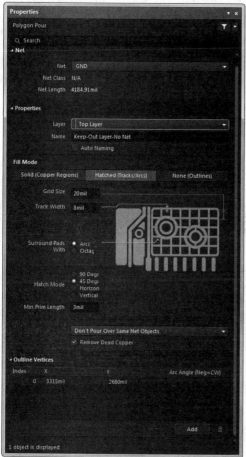

图 9-68　设置铺铜参数

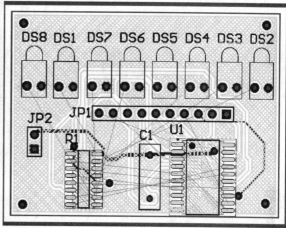

图 9-69　铺铜结果

第 10 章

电路板的后期制作

在 PCB 设计的最后阶段，我们要通过设计规则检查来进一步确认 PCB 设计的正确性。完成了 PCB 项目的设计后，就可以进行各种文件的整理和汇总了。本章将介绍不同类型文件生成和输出的操作方法，包括报表文件、PCB 文件和 PCB 制造文件等。读者通过对本章内容的学习，将对 Altium Designer 18 形成更加系统的认识。

知 识 点

◎ 电路板的测量

◎ 设计规则检查

◎ 输出电路板相关报表

◎ 印制电路板图的打印输出

10.1　电路板的测量

Altium Designer 18 提供了电路板的测量工具，方便设计电路时的检查。测量功能在"报告"菜单中，如图 10-1 所示。下面以测量电路板上两点间距离为例进行介绍。

（1）单击菜单栏中的"报告"→"测量距离"选项，或用快捷键 Ctrl+M，此时光标变成十字形状，显示在工作窗口中。

（2）移动光标到某个坐标点上，单击，确定测量起点。如果光标移动到了某个对象上，则系统将自动捕捉该对象的中心点。

（3）此时光标仍为十字形状，重复步骤（2）确定测量终点，此时系统弹出如图 10-2 所示的"Measure Distance（测量距离）"对话框。在该对话框中给出了测量的结果，即总距离、X 方向上的距离和 Y 方向上的距离。

图 10-1　"报告"菜单

图 10-2　"Measure Distance（测量距离）"对话框

（4）此时光标仍为十字形状，重复步骤（2）、步骤（3）可以继续其他测量。

（5）完成测量后，右击或按 Esc 键，即可退出该操作。

10.2　设计规则检查

电路板布线完毕，在输出设计文件之前，还要进行一次完整的设计规则检查（Design Rule Check，DRC）。设计规则检查是采用 Altium Designer 18 进行 PCB 设计时的重要检查工具。

系统会根据用户设计规则的设置，对 PCB 设计的各个方面进行检查校验，如导线宽度、安全距离、元器件间距、过孔类型等。DRC 是 PCB 设计正确性和完整性的重要保证。灵活运用 DRC，可以保障 PCB 设计的顺利进行和最终生成正确的输出文件。

选择菜单栏中的"工具"→"设计规则检查"选项，系统将弹出如图 10-3 所示的"Design Rule Checker（设计规则检查器）"对话框。该对话框的左侧是该检查器的规则列表，右侧是其对应的具体内容，即 DRC 规则列表和 DRC 报表选项。

1．DRC 报表选项

在"Design Rule Checker（设计规则检查器）"对话框左侧规则的列表中选择"Report Options（报表选项）"选项，即显示 DRC 报表选项的具体内容。其中的选项主要用于对 DRC 报表的内容和方式进行设置，通常保持默认设置即可。其中主要选项的功能介绍如下：

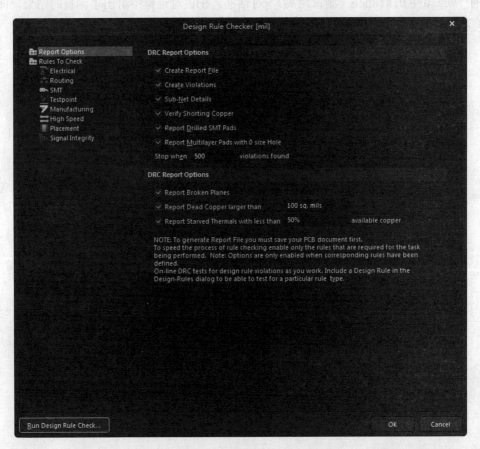

图 10-3 "Design Rule Checker（设计规则检查器）"对话框

- "Create Report File（创建报表文件）"复选框：运行批处理 DRC 后会自动生成报表文件（设计名.DRC），包含本次 DRC 运行中使用的规则、违例数量和细节描述。
- "Create Violations（创建违例）"复选框：能在违例对象和违例消息之间直接建立链接，使用户可以直接通过"Messages（信息）"面板中的违例消息进行错误定位，找到违例对象。

- "Sub-Net Details（子网络详细描述）"复选框：对网络连接关系进行检查并生成报告。
- "Verify Shorting Copper（检验短路铜）"复选框：对覆铜或非网络连接造成的短路进行检查。

2. DRC 规则列表

在"Design Rule Checker（设计规则检查器）"对话框左侧的规则列表中选择"Rules To Check（检查规则）"选项，即可显示所有可进行检查的设计规则，其中包括了 PCB 制作中常见的规则，也包括了高速电路板设计规则，如图 10-4 所示。例如，线宽设定、引线间距、过孔大小、网络拓扑结构、元器件安全距离，以及高速电路设计的引线长度、等距引线等，可以根据规则的名称进行具体设置。通过"Online（在线）"和"Batch（批处理）"两个选项，用户可以选择在线 DRC 或批处理 DRC。

单击"Run Design Rule Check（运行设计规则检查）"按钮，即运行批处理 DRC。

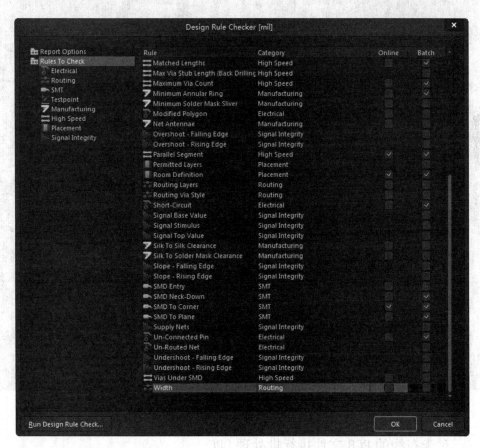

图 10-4　"Rules To Check（检查规则）"选项

10.2.1　在线 DRC 和批处理 DRC

在线 DRC 在后台运行。在设计过程中，系统随时进行规则检查，对违反规则的对象提出警示，或者自动限制违例操作的执行。在"Preference（参数选择）"对话框中选择"PCB Editor（PCE 编辑器）"→"General（常规）"选项，可以设置是否选择在线 DRC，如图 10-5 所示。

通过批处理 DRC，用户可以在设计过程中的任何时候手动一次运行多项规则检查。在图 10-4 所示的报表选项中可以看到，不同的规则适用于不同的 DRC。有的规则只适用于在线 DRC，有的只适用于批处理 DRC，但大部分的规则都可以在两种检查方式下运行。

需要注意是，在不同阶段运行批处理 DRC，对其规则选项要进行不同的选择。例如，在未布线阶段，如果要运行批处理 DRC，就要将部分布线规则禁止，否则会导致过多的错误提示而使 DRC 失去意义。在 PCB 设计结束时，也要运行一次批处理 DRC，这时就要选中所有 PCB 相关的设计规则，使规则检查尽量全面。

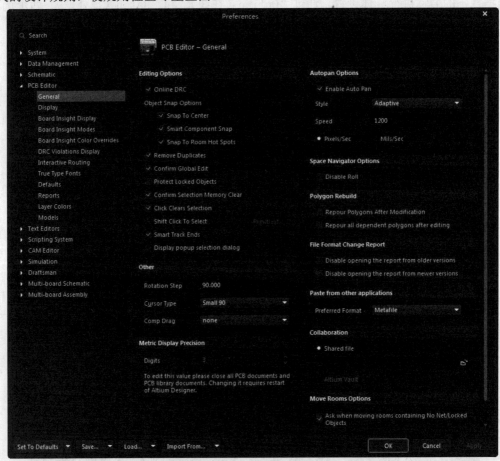

图 10-5　"PCB Editor-General（PCB 编辑器-常规）"选项

10.2.2　对未布线的 PCB 文件执行批处理 DRC

在 PCB 文件"计算机扬声器电路未布线.PcbDoc"未布线的情况下运行批处理 DRC 时，

要适当配置 DRC 选项，以得到有参考价值的错误列表。具体的操作步骤如下：

（1）选择菜单栏中的"工具"→"设计规则检查"选项。

（2）系统弹出"Design Rule Checker（设计规则检查器）"对话框，暂不进行规则启用和禁止的设置，直接使用系统的默认设置。单击"Run Design Rule Check（运行设计规则检查）"按钮，运行批处理 DRC。

（3）系统执行批处理 DRC，运行结果在"Messages（信息）"面板中显示出来，如图 10-6 所示。系统生成了 20 余项 DRC 警告，其中大部分是未布线警告，这是因为我们未在 DRC 运行之前禁止该规则的检查。这种 DRC 警告信息对我们并没有帮助，反而使"Messages（信息）"面板变得杂乱。

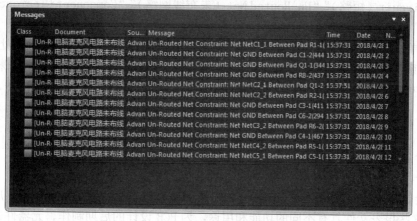

图 10-6 "Messages（信息）"面板 1

（4）选择菜单栏中的"工具"→"设计规则检测"选项，重新配置 DRC 规则。在"Design Rule Checker（设计规则检查器）"对话框中，选择左侧列表中的"Rules To Check（检查规则）"选项。

（5）在图 10-4 所示的右侧列表中，选择禁止其中部分规则的"Bath（批量）"选项。禁止项包括 Un-Routed Net（未布线网络）和 Width（宽度）。

（6）单击"Run Design Rule Check（运行设计规则检查）"按钮，运行批处理 DRC。

（7）系统再次执行批处理 DRC，运行结果在"Messages（信息）"面板中显示出来，如图 10-7 所示。可见，重新设置检查规则后，批处理 DRC 检查得到了 0 项 DRC 违例信息。

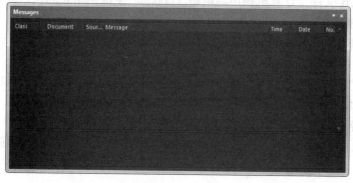

图 10-7 "Messages（信息）"面板 2

10.2.3 对已布线完毕的 PCB 文件执行批处理 DRC

对布线完毕的 PCB 文件"计算机扬声器电路已布线.PcbDoc"再次运行 DRC。尽量检查所有涉及的设计规则。具体的操作步骤如下：

（1）选择菜单栏中的"工具"→"设计规则检查"选项。

（2）系统弹出"Design Rule Checker（设计规则检查器）"对话框。选择左侧列表中的"Rules To Check（检查规则）"选项，配置检查规则。

（3）在图 10-4 所示的右侧列表中，将部分"Bath（批量）"选项中被禁止的规则选中，允许其进行该规则检查。选择项必须包括"Clearance（安全间距）""Width（宽度）""Short-Circuit（短路）""Un-Routed Net（未布线网络）""Component Clearance（元器件安全间距）"等，其他选项采用系统默认设置即可。

（4）单击"Run Design Rule Check（运行设计规则检查）"按钮，运行批处理 DRC。

（5）系统执行批处理 DRC，运行结果在"Messages（信息）"面板中显示出来。对于批处理 DRC 中检查到的违例信息项，可以通过错误定位进行修改，这里不再赘述。

10.3 输出电路板相关报表

PCB 绘制完毕，可以利用 Altium Designer 18 提供的强大报表生成功能，生成一系列报表文件。这些报表文件具有不同的功能和用途，为 PCB 设计的后期制作、元器件采购及文件交流等提供了方便。在生成各种报表之前，首先要确保要生成报表的文件已经打开并被激活为当前文件。

10.3.1 PCB 图的网络表文件

前面介绍的 PCB 设计，采用的是从原理图生成网络表的方式，这也是通用的 PCB 设计方法。但是有些时候，设计者直接调入元器件封装绘制 PCB 图，没有采用网络表，或者在 PCB 图绘制过程中，连接关系有所调整，这时 PCB 的真正网络逻辑和原理图的网络表会有所差异。此时就需要从 PCB 图中生成一份网络表文件。

下面以从 PCB 文件"计算机扬声器电路.PcbDoc"生成网络表为例，详细介绍 PCB 图网络表文件生成的操作步骤。

（1）在 PCB 编辑器中，选择菜单栏中的"设计"→"网络表"→"从连接的铜皮生成网络表"选项，系统弹出"Confirm"（确认）对话框。

（2）单击"Yes（是）"按钮，系统生成 PCB 网络表文件"Exported LED 显示电路 PCB 图.Net"，并自动打开。

（3）该网络表文件作为自由文档加入到"Projects（工程）"面板中，如图 10-8 所示。

网络表可以根据用户需要进行修改，修改后的网络表可再次载入，以验证 PCB 的正确性。

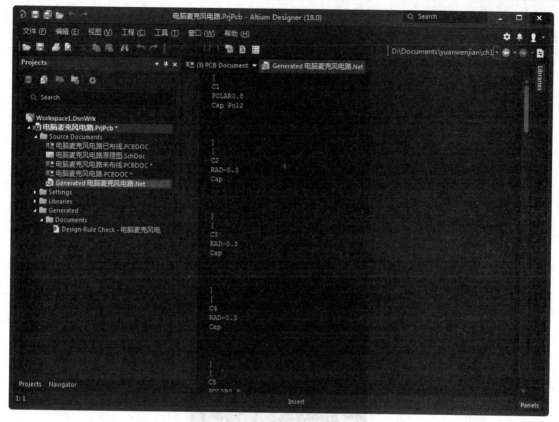

图 10-8 "Projects（工程）"面板

10.3.2 PCB 的信息报表

PCB 信息报表是对 PCB 的元器件网络和完整细节信息进行汇总的报表。单击工作窗口右侧的"Properties（属性）"按钮，弹出"Properties（属性）"-"Board（板）"属性编辑，在"Board Information（板信息）"选项组中显示了选定对象时 PCB 文件中元器件和网络的完整细节信息，如图 10-9 所示。

- 汇总了 PCB 上的各类图元，如导线、过孔、焊盘等的数量，报告了电路板的尺寸信息和 DRC 违例数量。
- 报告了 PCB 上元器件的统计信息，包括元器件总数、各层放置数目和元器件标号列表。
- 列出了电路板的网络统计，包括导入网络总数和网络名称列表。

单击"Reports（报表）"按钮，系统将弹出如图 10-10 所示的"Board Report（电路板报表）"对话框。通过该对话框可以生成 PCB 信息的报表文件，在该对话框的列表框中选择要包含在报表文件中的内容，勾选"Selected objects only（只选择对象）"复选框时，报告中只列出当前电路板中已经处于选择状态下的图元信息。

在"Board Report（电路板报表）"对话框中单击"Report（报表）"按钮，系统将生成"Board Information Report（电路板信息报表）"的报表文件，并自动在工作窗口中打开。PCB 信息报表如图 10-11 所示。

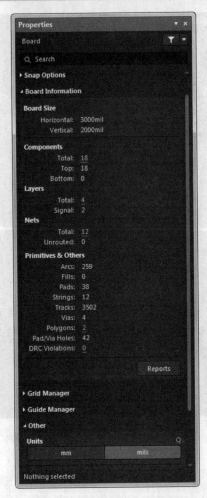

图 10-9 "Board Information（板信息）"选项组

图 10-10 "Board Report（电路板报表）"对话框

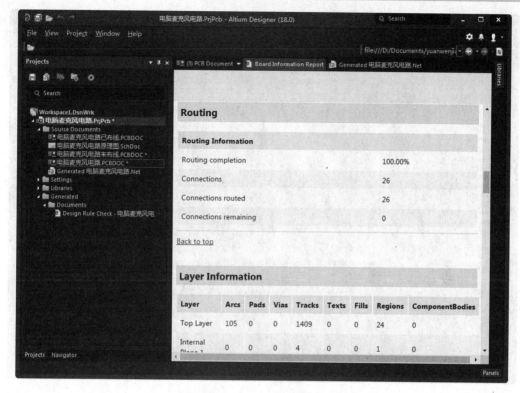

图 10-11　PCB 信息报表

10.3.3　元器件清单

选择菜单栏中的"报告"→"Bill of Materials（元器件清单）"选项，系统将弹出相应的元器件报表对话框。

在该对话框中，可以对要创建的元器件清单进行选项设置，如图 10-12 所示。该对话框的左侧有两个列表框：

- "Grouped Columns（聚合纵队）" 列表框：用于设置元器件的归类标准。可以将"All Columns（所有纵队）"中的某一属性信息拖到该列表框中，则系统将以该属性信息为标准，对元器件进行归类，显示在元器件清单中。

- "All Columns（所有纵队）"列表框：列出了系统提供的所有元器件属性信息，对于需要查看的有用信息，勾选右侧与之对应的复选框，即可在元器件清单中显示出来。

要生成并保存报表文件，可单击对话框中的"Export（输出）"按钮，系统将弹出"Export For（输出为）"对话框。选择保存类型和保存路径，保存文件即可。

10.3.4　网络表状态报表

该报表列出了当前 PCB 文件中所有的网络，并说明了它们所在工作层和网络中导线的总长度。选择菜单栏中的"报告"→"网络表状态"选项，即生成名为 XXX.REP 的网络表状态报表，其格式如图 10-13 所示。

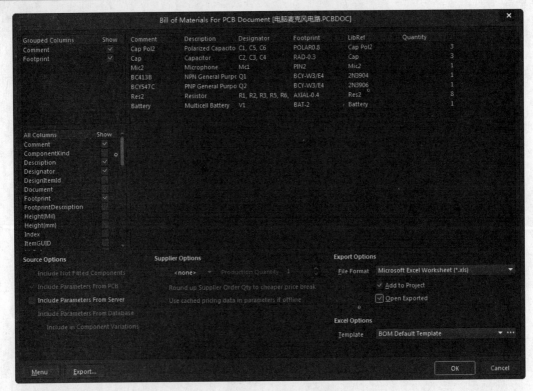

图 10-12　设置元器件报表

图 10-13　网络表状态报表的格式

10.4 印制电路板图的打印输出

PCB 设计完毕就可将其源文件、制造文件和各种报表文件按需要进行存档、打印、输出等。例如，将 PCB 文件打印作为焊接装配指导文件，将元器件报表打印作为采购清单，生成胶片文件，送交加工单位进行 PCB 加工。当然也可直接将 PCB 文件交给加工单位用以加工 PCB。

10.4.1 打印 PCB 文件

利用 PCB 编辑器的文件打印功能，可以将 PCB 文件不同工作层上的图元按一定比例打印输出，用以校验和存档。

1. 页面设置

在打印 PCB 文件前要根据需要进行页面设定，其操作方式与 Word 文档中的页面设置非常相似。选择菜单栏中的"文件"→"页面设置"选项，系统将弹出如图 10-14 所示的"Composite Properties（复合页面属性设置）"对话框，在其中可以设置相关属性。

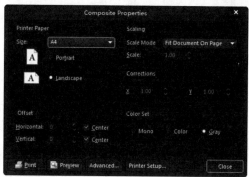

图 10-14 "Composite Properties（复合页面属性设置）"对话框

2. 打印输出属性

（1）在如图 10-15 所示的"PCB Printout Properties（PCB 打印输出属性）"对话框中，双击"Multilayer Composite Print（多层复合打印）"左侧的图标，弹出如图 10-16 所示的"Printout Properties（打印输出属性）"对话框。在该对话框的"Layer（层）"列表框中列出了将要打印的工作层，系统默认列出所有图元的工作层。通过底部的编辑按钮，可对打印层面进行添加、删除操作。

（2）单击"Printout Properties（打印输出属性）"对话框中的"Add（添加）"按钮或"Edit（编辑）"按钮，弹出如图 10-17 所示的"Layer Properties（工作层属性）"对话框。在该对话框中可以进行图层打印属性的设置。在各个图元的选项组中，提供了 3 种类型的打印方案，即"Full（全部）""Draft（草图）"和"Hide（隐藏）"。"Full（全部）"即打印该类图元全部图形画面，"Draft（草图）"只打印该类图元的外形轮廓，"Hide（隐藏）"则隐藏该类图元，不打印。

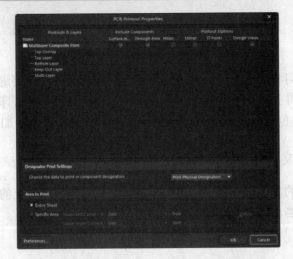

图 10-15　"PCB Printout Properties（PCB 打印输出属性）"对话框

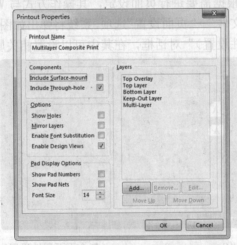

图 10-16　"Printout Properties（打印输出属性）"对话框

图 10-17　"Layer Properties（工作层属性）"对话框

（3）设置好"Printout Properties（打印输出属性）"对话框和"Layer Properties（工作层属性）"对话框后，单击"OK（确定）"按钮，返回"PCB Printout Properties（PCB 打印输出属性）"对话框。单击"Preferences（参数）"按钮，系统将弹出如图 10-18 所示的"PCB Print Preferences（PCB 打印参数设置）"对话框。在该对话框中，用户可以分别设定黑白打印和彩色打印时各个图层的打印灰度和色彩。单击图层列表中各个图层的灰度条或彩色条，即可调整灰度和色彩。

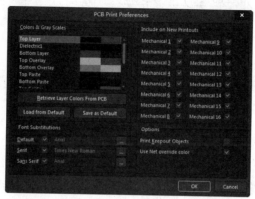

图 10-18　"PCB Print Preferences（PCB 打印参数设置）"对话框

（4）设置好"PCB Print Preferences（PCB 打印参数设置）"对话框后，单击"OK（确定）"按钮，返回 PCB 编辑环境面。

3. 打印

单击"PCB 标准"工具栏中的"打印"按钮，或者选择菜单栏中的"文件"→"打印"选项，打印设置好的 PCB 文件。

10.4.2　打印报表文件

打印报表文件的操作更加简单一些。打开各个报表文件之后，同样先进行页面设定，而且报表文件的"Advanced（高级）"属性设置也相对简单。"Advanced Text Print Properties（高级文本打印属性）"对话框如图 10-19 所示。

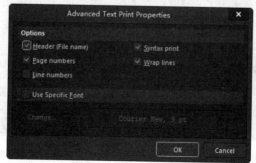

图 10-19　"Advanced Text Print Properties（高级文本打印属性）"对话框

勾选"Use Specific Font（使用特殊字体）"复选框后，即可单击"Change（更新）"

按钮，重新设置用户想要使用的字体和大小，如图 10-20 所示。设置好页面的所有参数后，就可以进行预览和打印了。其操作与 PCB 文件打印相同，这里就不再赘述。

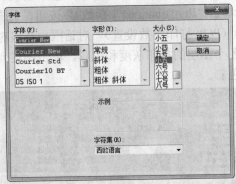

图 10-20　重新设置字体

10.4.3　生成 Gerber 文件

Gerber 文件是一种符合 EIA 标准、用于将 PCB 图中的布线数据转换为胶片的光绘数据，可以被光绘图机处理的文件格式。PCB 生产厂商用这种文件来进行 PCB 制作。各种 PCB 设计软件都支持生成 Gerber 文件的功能，一般可以把 PCB 文件直接交给 PCB 生产厂商，厂商会将其转换成 Gerber 格式。有经验的 PCB 设计者，通常会将 PCB 文件按自己的要求生成 Gerber 文件，再交给 PCB 厂商制作，确保 PCB 制作出来的效果符合个人定制的设计需要。

在 PCB 编辑器中，选择菜单栏中的"文件"→"制造输出"→"Gerber Files（Gerber 文件）"选项，系统将弹出如图 10-21 所示的"Gerber Setup（Gerber 设置）"对话框。

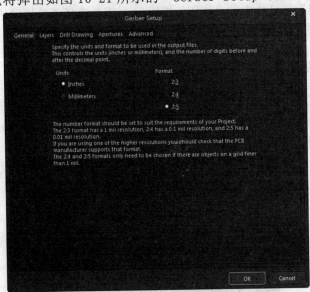

图 10-21　"Gerber Setup（Gerber 设置）"对话框

该对话框中选项卡的设置将在后面的实例中展开讲述。

Altium Designer 18 系统针对不同 PCB 层生成的 Gerber 文件对应着不同的扩展名，见

表 10-1。

表 10-1 PCB 层对应的 Gerber 文件扩展名

PCB 层面	Gerber 文件 扩展名	PCB 层	Gerber 文件 扩展名
Top Overlay	.GTO	Top Paste Mask	.GTP
Bottom Overlay	.GBO	Bottom Paste Mask	.GBP
Top Layer	.GTL	Drill Drawing	.GDD
Bottom Layer	.GBL	Drill Drawing Top to Mid1、Mid2 to Mid3 etc	.GD1、.GD2 etc
Mid Layer1、2 etc	.G1、.G2 etc	Drill Guide	.GDG
PowerPlane1、2 etc	.GP1、.GP2 etc	Drill Guide Top to Mid1、Mid2 to Mid3 etc	.GG1、.GG2 etc
Mechanical Layer1、2 etc	.GM1、.GM2 etc	Pad Master Top	.GPT
Top Solder Mask	.GTS	Pad Master Bottom	.GPB
Bottom Solder Mask	.GBS	Keep-out Layer	.GKO

10.5 操作实例

10.5.1 电路板信息及网络状态报表

1. 设计要求

利用图 10-22 所示的 PCB 图，生成电路板信息报表。通过电路板信息报表，了解电路板的尺寸，电路板上的焊点、过孔的数量及电路板上的元器件标号；通过网络状态可以了解电路板中每一条导线的长度。

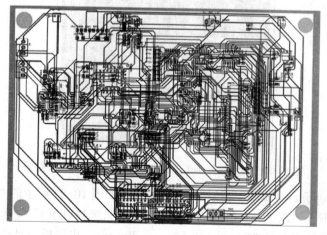

图 10-22 PCB 图

2. 操作步骤

（1）单击工作窗口右侧"Properties（属性）"按钮，弹出"Properties（属性）"-"Board（板）"属性编辑面板。在"Board Information（板信息）"选项组中显示了 PCB 文件中元器件和网络的完整细节信息，如图 10-23 所示。

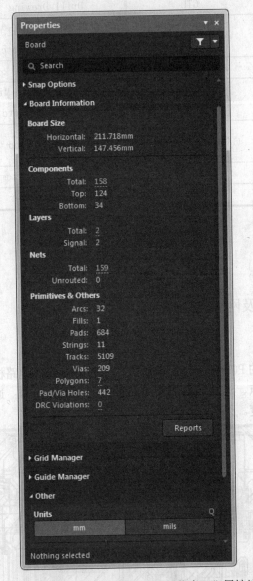

图 10-23　"Board Information（板信息）"属性编辑

（2）单击"Reports（报表）"按钮，系统将弹出如图 10-24 所示的"Board Report（电路板报表）"对话框。勾选"Selected objects only（只选择对象）"复选框，单击"Report（报表）"按钮，系统将生成"Board Information Report（电路板信息报表）"的报表文件，并自动在工作区内打开，如图 10-25 所示。

图 10-24 "Board Report（电路板报表）"对话框

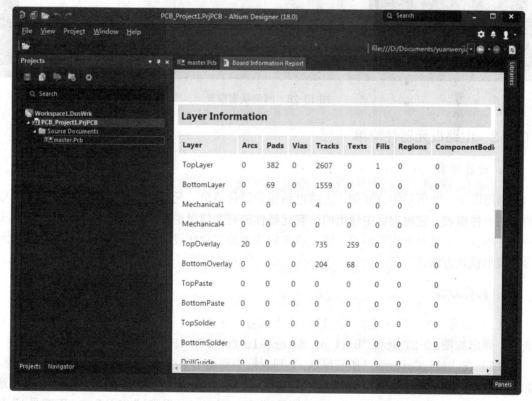

图 10-25 电路板信息报表

（3）选择菜单栏中的"报告"→"网络表状态"选项，生成以".REP"为扩展名的网络状态报表，如图 10-26 所示。

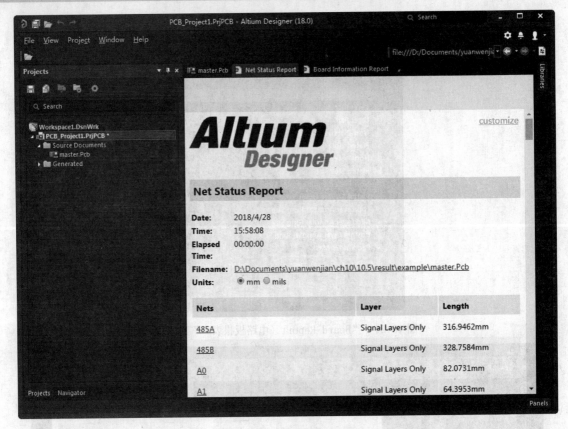

图 10-26 网络状态报表

10.5.2 电路板元器件清单

1．设计要求

利用图 10-22 所示的 PCB 图，生成电路板元器件清单。元器件清单是设计完成后首先要输出的一种报表，它将项目中使用的所有元器件的有关信息进行统计输出，并且可以输出多种文件格式。通过对本例的学习，使读者掌握和熟悉根据所设计的 PCB 图生成各种格式的元器件清单报表方法。

2．操作步骤

（1）打开 PCB 文件，选择菜单栏中的"报告"→"Bill of Materials（元器件清单）"选项，弹出如图 10-27 所示"Bill of Materials for PCB（PCB 元器件清单）"对话框。

（2）在"All Columns（所有纵队）"列表框中列出了系统提供的所有元器件属性信息，如"Description（元器件描述信息）""Component Kind（元器件类型）"等。本例勾选"Description（描述）""Designator（标号）""Footprint（引脚）""LibRef（库编号）"和"Quantity（数量）"复选框。

（3）单击"Menu（菜单）"按钮，在弹出的"Menu（菜单）"菜单中选择"Report…（报表）"选项，系统将弹出如图 10-28 所示的"Report Preview（报表预览）"对话框。

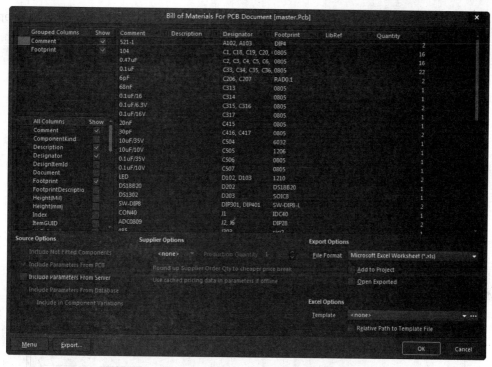

图 10-27 "Bill of Materials for PCB（PCB 元器件清单）"对话框

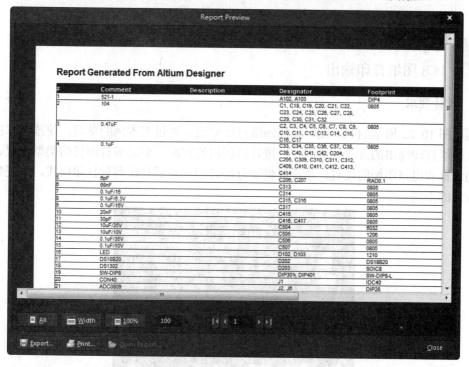

图 10-28 "Report Preview（报表预览）"对话框

（4）单击"Export（输出）"按钮，弹出如图 10-29 所示的"Export Report from Project （从工程中输出报表）"对话框。将报告导出为一个其他文件格式后保存。

（5）输入文件名 master，选择文件保存类型为".xls"，单击"保存"按钮，返回"Report Preview（报表预览）"对话框。

（6）单击"Print（打印）"按钮，打印元器件清单。

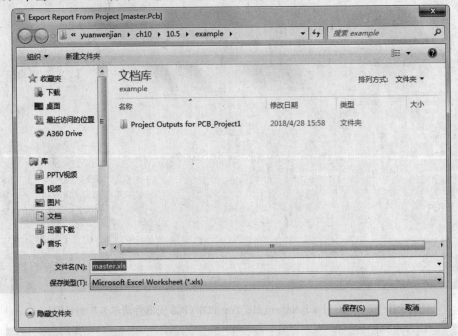

图 10-29　"Export Report from Project（从工程中输出报表）"对话框

10.5.3　PCB 图纸打印输出

1．设计要求

利用图 10-22 所示的 PCB 图，完成图纸打印输出。通过对本例的学习，使读者掌握和熟悉 PCB 图纸打印输出的方法和步骤。在进行打印机设置时，要完成打印机的类型设置、纸张大小的设置和电路图纸的设置。系统提供了分层打印和叠层打印两种打印模式，可观察两种输出方式的不同。

图 10-30　"Composite Properties（复合页面属性设置）"对话框

2. 操作步骤

（1）打开 PCB 文件，选择菜单栏中的"文件"→"页面设置"选项，弹出如图 10-30 所示的"Composite Properties（复合页面属性设置）"对话框。

（2）在"Printer Paper（打印纸）"选项组中设置纸张大小为 A4，打印方式设置为 "Landscape（横放）"。

（3）在"Color Set（颜色设置）"选项组中选择"Gray（灰的）"单选按钮。

（4）在"Scal Mode（缩放方式）"下拉列表中选择"Fit Document on Page（适合文档页面）"选项。

（5）单击"Advanced（高级）"按钮，弹出如图 10-31 所示的"PCB Printout Properties（PCB 打印输出属性）"对话框。在该对话框中，显示了图 10-22 中 PCB 图所用到的工作层。右击图 10-31 中需要的工作层，在弹出的快捷菜单中执行相应的命令，如图 10-32 所示，即可在进行打印时添加或者删除一个板层。

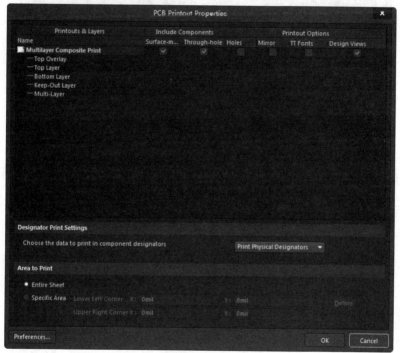

图 10-31　"PCB Printout Properties（PCB 打印输出属性）"对话框

（6）在如图 10-31 所示的"PCB Printout Properties（PCB 打印输出属性）"对话框中，单击"Preferences（参数）"按钮，系统将弹出如图 10-33 所示的"PCB Print Preferences（PCB 打印参数设置）"对话框。在该对话框中设置打印颜色、字体，设置完毕单击"OK"按钮，关闭对话框。

（7）在图 10-30 所示的"Composite Properties（复合页面属性设置）"对话框中单击 "Preview（预览）"按钮，可以预览打印效果，如图 10-34 所示。

（8）设置完毕后，单击"Print（打印）"按钮，开始打印。

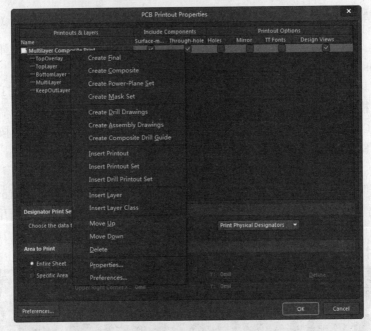

图 10-32 工作层快捷菜单

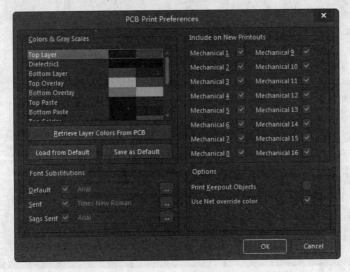

图 10-33 "PCB Print Preferences(PCB 打印参数设置)"对话框

10.5.4 生产加工文件输出

1. 设计要求

PCB 设计的目的是向 PCB 生产过程提供相关的数据文件,因此 PCB 设计的最后一步就是产生 PCB 加工文件。

利用图 10-22 所示的 PCB 图,完成生产加工文件的输出。需要完成 PCB 加工文件、信号布线层的数据输出、丝印层的数据输出、阻焊层的数据输出、助焊层的数据输出和钻孔数据的输出。通过对本例的学习，使读者掌握生产加工文件的输出，为生产部门实现 PCB 的生产加工提供文件。

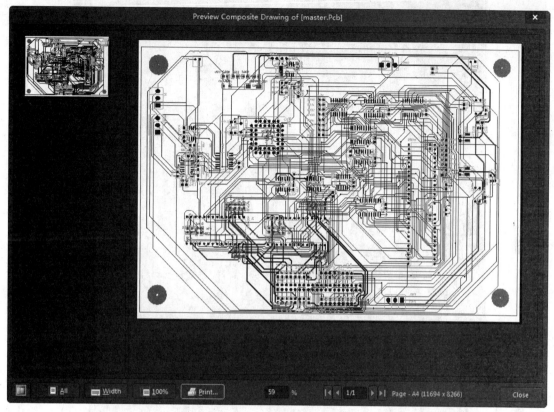

图 10-34　打印预览

2. 操作步骤

（1）打开 PCB 文件。选择菜单栏中的"文件"→"制造输出"→"Gerber Files（Gerber 文件）"选项，系统将弹出如图 10-35 所示的"Gerber Setup（Gerber 设置）"对话框。

（2）在"General（通用）"选项卡的"Units（单位）"选项组中选择"Inches（英寸）"单选钮，在"Format（格式）"选项组中选择"2:3"单选按钮，如图 10-35 所示。

（3）选择"Layers（层）"选项卡，如图 10-36 所示。在该选项卡中选择输出的层，一次选中需要输出的所有层。

（4）在"Layer（层）"选项卡中的"Plot Layers（画线层）"下拉列表中选择"UsedOn（所有使用的）"选项，选择输出顶层布线层，如图 10-37 所示。

（5）选择"Drill Draw（钻孔图层）"选项卡，如图 10-38 所示。在"Drill Drawing Plots（钻孔图会制图）"选项组中勾选"BottomLayer-TopLayer（底层-顶层）"复选框，在该选项组右侧单击"Configure Drill Symbol（钻孔绘制符号）"按钮，弹出的"Drill Symbol（钻孔符号）"对话框。将"Symbol Size（孔串大小）"设置为50mil。

（6）选择"Apertures（光圈）"选项卡，取消对"Embedded apertures（RS274X）（嵌入光圈）"复选框的勾选，如图 10-39 所示。此时系统将在输出加工数据时，自动产生 D 码文件。

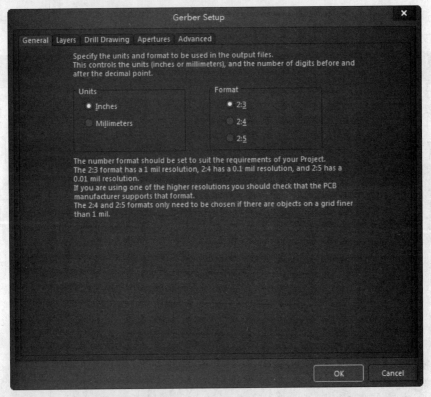

图 10-35 "Gerber Setup（Gerber 设置）"对话框

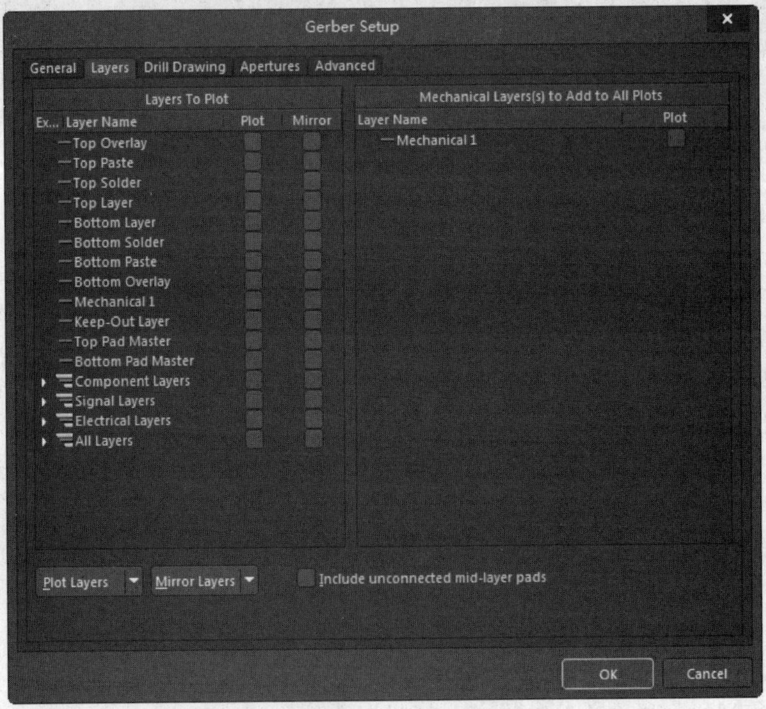

图 10-36 "Layers"选项卡

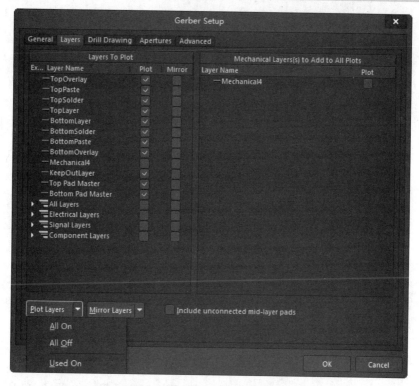

图 10-37　选择输出顶层布线层

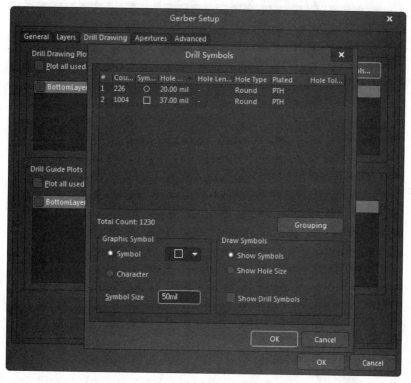

图 10-38　"Drill Draw（钻孔图层）"选项卡

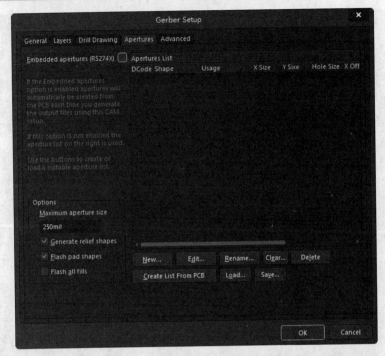

图 10-39   "Apertures（光圈）"选项卡

（7）选择"Advances（高级）"选项卡，采用系统默认设置，如图 10-40 所示。

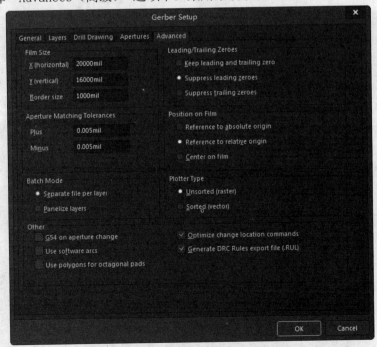

图 10-40   "Advances（高级）"选项卡

（8）单击按钮 OK，得到系统输出的 Gerber 文件，同时系统输出各层的 Gerber 和钻孔文件，共 14 个。

（9）选择菜单栏中的"文件"→"导出"→"Gerber（Gerber 文件）"选项，系统将弹出如图 10-41 所示的"Export Gerber（s）"对话框。

（10）选择"RS-274-X"按钮，再单击"Settings（设置）"按钮，系统将弹出如图 10-42 所示的"Gerber Export Settings（Gerber 文件输出设置）"对话框。

图 10-41　"Export Gerber（s）"对话框　　　　图 10-42　"Gerber Export Settings"对话框

（11）在"Gerber Export Settings（Gerber 文件输出设置）"对话框中采用系统的默认设置，单击按钮 OK 。在"Export Gerber（s）（输出 Gerber 文件）"对话框中，还可以对需要输出的 Gerber 文件进行选择，单击按钮 OK ，系统将输出所有选中的 Gerber 文件。

（12）在 PCB 编辑器中，选择菜单栏中的"文件"→"制作输出"→"NC Drill Files（输出无电气连接的钻孔图形文件）"选项，输出无电气连接钻孔图形文件，这里不再赘述。

第 **11** 章

创建元器件库及元器件封装

虽然 Altium Designer 18 提供了丰富的元器件库资源，但是在实际的电路设计中，由于电子元器件制造技术的不断更新，有些特定的元器件封装仍需自行制作。另外，根据工程项目的需要，建立基于该项目的元器件封装库，有利于在以后的设计中更加方便快速地调入元器件封装，管理工程文件。

本章将对元器件库的创建及元器件封装进行详细介绍，使读者学习如何管理自己的元器件封装库，从而更好地为设计服务。

◎ 创建原理图元件库

◎ 创建 PCB 元件库及元件封装

◎ 元件封装检查和元件封装库报表

11.1 创建原理图元器件库

首先介绍制作原理图元器件库的方法。打开或新建一个原理图元器件库文件，即可进入原理图元器件库文件编辑器。例如，打开系统自带的"4 Port Serial Interface"工程中的项目元器件库"4 Port Serial Interface.SchLib"，原理图元器件库文件编辑器如图 11-1 所示。

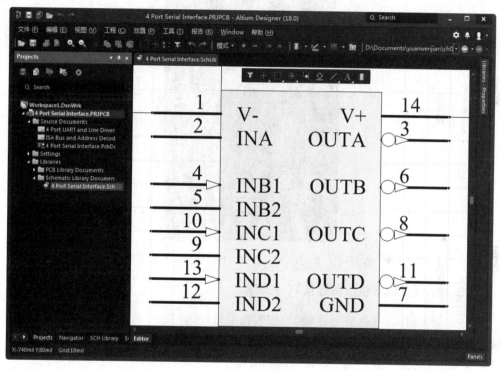

图 11-1　原理图元器件库文件编辑器

11.1.1　元器件库面板

在原理图元器件库文件编辑器中，单击 "SCH Library（SCH 元器件库）"标签页，即可显示"SCH Library（SCH 元器件库）"面板。该面板是原理图元器件库文件编辑环境中的主面板，几乎包含了用户创建的库文件的所有信息，用于对库文件进行编辑管理，如图 11-2 所示。

1. "Components（元器件）"列表框

在"Components（元器件）"元器件列表框中列出了当前所打开的原理图元器件库文件中的所有库元器件，包括原理图符号名称及相应的描述等。其中各按钮的功能如下：

● "Place（放置）"按钮：用于将选定的元器件放置到当前原理图中。

- "Add（添加）"按钮：用于在该库文件中添加一个元器件。
- "Delete（删除）"按钮：用于删除选定的元器件。
- "Edit（编辑）"按钮：用于编辑选定元器件的属性。

图 11-2　"SCH Library（SCH 元器件库）"面板

2. "Supply Links（供应商连接）"列表框

在"Supply Links（供应商连接）"列表框中可以为同一个库元器件的供应商显示具体信息。例如，有些库元器件的功能、封装和引脚形式完全相同，但由于产自不同的厂家，其元器件型号并不完全一致。其中各按钮的功能如下：

- "Add（添加）"按钮：为选定元器件添加供应商。
- "Delete（删除）"按钮：删除选定的供应商。
- "Order（顺序）"按钮：显示元器件的供应商顺序。

11.1.2　工具栏

对于原理图元器件库文件编辑环境中的菜单栏及工具栏，由于功能和使用方法与原理图编辑环境中基本一致，在此不再赘述。现主要对"实用工具"栏中的原理图符号绘制工具、IEEE 符号工具及"模式"工具栏进行简要介绍，具体的操作将在后面的章节中进行介绍。

1. 原理图符号绘制工具

单击"应用工具"工具栏中的"实用工具"按钮，弹出相应的原理图符号绘制工具，如图 11-3 所示。其中各按钮的功能与"放置"菜单中的各命令具有对应关系。

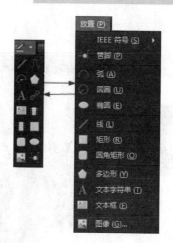

图 11-3　原理图符号绘制工具

其中各按钮的功能说明如下：

■：用于绘制直线。

■：用于绘制贝塞儿曲线。

■：用于绘制弧线。

■：用于绘制多边形。

■：用于添加文本字符串。

■：用于放置超链接。

■：用于放置文本框。

■：用于绘制矩形。

■：用于在当前库文件中创建一个元器件。

■：用于在当前元器件中创建一个元器件子功能单元。

■：用于绘制圆角矩形。

■：用于绘制椭圆。

■：用于插入图像。

■：用于放置引脚。。

这些按钮与原理图编辑器中的按钮十分相似，这里不再赘述。

2．IEEE 符号工具

单击"应用工具"工具栏中的按钮■ ▼，弹出相应的 IEEE 符号工具，如图 11-4 所示。它是符合 IEEE 标准的一些图形符号，其中各按钮的功能与"放置"菜单中"IEEE Symbols（IEEE 符号）"选项的子菜单中的各命令具有对应关系。

其中各按钮的功能说明如下：

○：放置点状符号。

←：放置左向信号流符号。

▷：放置时钟符号。

⊣：放置低电平输入有效符号。

⏛：放置模拟信号输入符号。

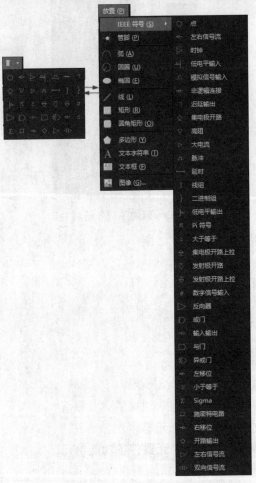

图 11-4　IEEE 符号工具

⟱：放置非逻辑连接符号。

⏉：放置延时输出符号。

⏛：放置集电极开路符号。

▽：放置高阻符号。

▷：放置大电流输出符号。

⊓：放置脉冲符号。

⊢⊣：放置延迟符号。

]：放置分组线符号。

}：放置二进制分组线符号。

⊩：放置低电平有效输出符号。

π：放置 π 符号。

≧：放置大于等于符号。

⏛：放置集电极开路正偏符号。

◇：放置发射极开路符号。

⬦：放置发射极开路正偏符号。

#：放置数字信号输入符号。

▷：放置反向器符号。

⊃：放置或门符号。

◁▷：放置输入、输出符号。

▷：放置与门符号。

⊃：放置异或门符号。

↤：放置左移位符号。

≤：放置小于等于符号。

Σ：放置求和符号。

⊓：放置施密特触发输入特性符号。

↦：放置右移位符号。

◇：放置开路输出符号。

▷：放置右向信号传输符号。

◁▷：放置双向信号传输符号。

3. "模式"工具栏

"模式"工具栏用于控制当前元器件的显示模式，如图 11-5 所示。

- "模式"按钮：单击该按钮，可以为当前元器件选择一种显示模式，系统默认为 "Normal（正常）"。
- ✚：单击该按钮，可以为当前元器件添加一种显示模式。
- ━：单击该按钮，可以删除元器件的当前显示模式。
- ⬅：单击该按钮，可以切换到前一种显示模式。
- ➡：单击该按钮，可以切换到后一种显示模式。

图 11-5 "模式"工具栏

11.1.3 设置元器件库编辑器工作区参数

在原理图元器件库文件的编辑环境中，打开如图 11-6 所示的"Properties（属性）"面板，在该面板中可以根据需要设置相应的参数。

该面板与原理图编辑环境中的"Properties（属性）"面板内容相似，所以这里只介绍其中个别选项的含义。对于其他选项，用户可以参考前面章节介绍的关于原理图编辑环境的"Properties（属性）"面板的设置方法。

- "Visible Grid（可见栅格）"文本框：用于设置显示可见栅格的大小。
- "Snap Grid（捕捉栅格）" 复选框和文本框：用于设置显示捕捉栅格的大小。。
- "Sheet Border（原理图边界）"复选框：用于输入原理图边界是否显示及显示颜色。
- "Sheet Color（原理图颜色）"复选框：用于输入原理图中引脚与元器件的颜色及是否显示。

图 11-6 "Properties（属性）"面板

11.1.4 绘制库元器件

下面以绘制美国 Cygnal 公司的一款芯片 P22V10 为例，详细介绍原理图符号的绘制过程。

1. 绘制库元器件的原理图符号

（1）选择菜单栏中的"File（文件）"→"新的"→"Library（库）"→→"原理图库"选项，进入原理图元器件库文件编辑器，创建一个新的原理图元器件库文件，命名为 SCHLib. SchLib。

（2）在右下方单击按钮 Panels，弹出快捷菜单，选择"Properties（属性）"选项，打开"Properties（属性）"面板，并自动固定在右侧边界上，在弹出的面板中进行工作区参数设置。

（3）为新建的库文件原理图符号命名。在创建了一个新的原理图元器件库文件的同时，系统已自动为该库添加了一个默认原理图符号名为"Component-1"的库元器件，在"SCH Library（SCH 元器件库）"面板中可以看到。通过以下两种方法，可以为该库元器件重新命名。

- 单击"应用工具"工具栏中的"实用工具"按钮 下拉菜单中的"创建器件"按钮，系统将弹出"New Component（新元器件）"对话框，在该对话框中输入自己要绘制的库元器件名称。
- 在"SCH Library（SCH 元器件库）"面板中，直接单击原理图符号名称栏下方的"Add（添加）"按钮，也会弹出"New Component（新元器件）"对话框。

在这里，输入 P22V10，如图 11-7 所示。单击"OK（确定）"按钮，关闭该对话框。

（4）单击"应用工具"工具栏中的"实用工具"按钮 下拉菜单中的"绘制矩形"按

钮，光标变成十字形状，并附有一个矩形符号。单击两次，在工作窗口的第四象限内绘制一个矩形。

矩形用来作为库元器件的原理图符号外形，其大小应根据要绘制的库元器件引脚数的多少来决定。由于 P22V10 采用 24 引脚 DIP 封装形式，所以应画成长方形，并画得大一些，以便于引脚的放置。引脚放置完毕后，可以再调整成合适的尺寸。

图 11-7　"New Component（新元器件）"对话框

2．放置引脚

（1）单击原理图符号绘制工具栏中的"放置引脚"按钮，光标变成十字形状，并附有一个引脚符号。

（2）移动该引脚到矩形边框处，单击，完成放置，如图 11-8 所示。在放置引脚时，一定要保证具有电气连接特性的一端，即带有"×"号的一端朝外，这可以通过在放置引脚时按 Space 键旋转来实现。

（3）在放置引脚时按 Tab 键，或者双击已放置的引脚，系统将弹出如图 11-9 所示的"Properties（属性）"面板。在该面板中可以对引脚的各项属性进行设置。

图 11-8　放置元器件引脚　　　　图 11-9　"Properties（属性）"面板

（4）设置好属性的引脚如图 11-10 所示。

（5）按照同样的操作，或者使用阵列粘贴功能，完成其余 23 个引脚的放置，并设置好相应的属性。放置好全部引脚的库元器件如图 11-11 所示。

"Properties（属性）"面板中各选项的含义如下：

1）Location（位置）选项组：

● Rotation（旋转）下拉列表：用于设置端口放置的角度，有"0 Degrees""90 Degrees" "180 Degrees""270 Degrees " 4 种选择。

2）Properties（属性）选项组：

● "Designator（标号）"文本框：用于设置库元器件引脚的编号，应该与实际的引脚编号相对应，这里输入 1。

● "Name（名称）"文本框：用于设置库元器件引脚的名称，并激活右侧的"可见的"按钮 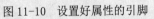。

● "Electrical Type（电气类型）"下拉列表：用于设置库元器件引脚的电气特性。有"Input（输入）""IO（输入输出）""Output（输出）""OpenCollector（打开集流器）""Passive（中性的）""Hiz（高阻型）""Emitter（发射器）"和"Power（激励）" 8 个选项。在这里，我们选择"Passive（中性的）"选项，表示不设置电气特性。

● "Description（描述）"文本框：用于输入库元器件引脚的特性描述。

● Pin Package Length（引脚包长度）文本框：用于输入库元器件引脚封装长度

● Pin Length（引脚长度）文本框：用于输入库元器件引脚的长度。

3）"Symbols（引脚符号）"选项组：根据引脚的功能及电气特性为该引脚设置不同的 IEEE 符号，作为读图时的参考。可放置在原理图符号的"Inside（内部）""Inside Edge（内部边沿）""Outside Edge（外部边沿）"或"Outside（外部）"等不同位置，设置"Line Width（线宽）"，没有任何电气意义。

4）Font Settings（字体设置）选项组：用于设置元器件的"Designator（标号）"和"Name（名称）"字体的通用设置以及通用位置参数设置。

5）"Parameters（参数）"选项卡：用于设置库元器件的 VHDL 参数。

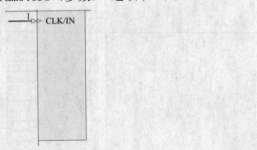
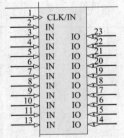

图 11-10　设置好属性的引脚　　　　图 11-11　放置好全部引脚的库元器件

3．编辑元器件属性

双击"SCH Library（SCH 元器件库）"面板原理图符号名称栏中的库元器件名称"P22V10"，系统弹出如图 11-12 所示的"Properties（属性）"面板。在该面板中可以对自己所创建的库元器件进行特性描述，并且设置其他属性参数。主要设置包括以下几项：

（1）"Properties（属性）"选项组：

● "Design Item ID（设计项目标识）"文本框：用于设置库元器件名称。

● "Designator（标号）"文本框：用于设置库元器件标号，即把该元器件放置到原理图文件中时，系统最初默认显示的元器件标号。这里设置为"U？"，并单击右侧的"可用"按钮 █，则放置该元器件时，序号"U？"会显示在原理图上。单击"锁定引脚"按钮 █，所有的引脚将和库元器件成为一个整体，不能在原理图上单独移动引脚。建议用户单击该按钮，这样对电路原理图的绘制和编辑会有很大好处，以减少不必要的麻烦

● "Comment（注释）"文本框：用于说明库元器件型号。这里设置为P22V10，并单击右侧的（可见）按钮█，则放置该元器件时，P22V10会显示在原理图上。

● "Description"（描述）文本框：用于描述库元器件功能。这里输入 24-PIN TTL VERSATILE PAL DEVICE。

● "Type（类型）"下拉列表：用于设置库元器件符号类型。这里采用系统默认设置"Standard（标准）"。

（2）"Link（元器件库线路）"选项组：用于设置库元器件在系统中的标识符。这里输入"P22V10"。

（3）"Footprint（封装）"选项组：单击"Add（添加）"按钮，可以为该库元器件添加PCB封装模型。

（4）"Models（模式）"选项组：单击"Add（添加）"按钮，可以为该库元器件添加PCB封装模型之外的模型，如信号完整性模型、仿真模型、PCB 3D模型等。

（5）"Graphical（图形）"选项组：用于设置图形中线的颜色、填充颜色和引脚颜色。

（6）"Pins（引脚）"选项卡：如图 11-13 所示，在该选项卡中可以对该元器件所有引脚进行一次性的编辑设置。单击"编辑"按钮 █，弹出"Component Pin Editor（元器件引脚编辑器）"对话框，如图 11-14 所示。

"Show All Pins（在原理图中显示全部引脚）"复选框：勾选该复选框后，在原理图上会显示该元器件的全部引脚。

在绘制电路原理图时，只需要将该元器件所在的库文件打开，就可以随时取用该元器件了。

11.1.5 绘制含有子部件的库元器件

下面利用相应的库元器件管理命令，绘制一个含有子部件的库元器件 LF353。

SN7432 是美国 TI 公司生产的双电源结型场效应管输入的双运算放大器，在高速积分、采样保持等电路设计中经常用到，采用 12 引脚的 DIP 封装形式。

1．绘制库元器件的第一个子部件

（1）选择菜单栏中的"File（文件）"→"新的"→"Library（元器件库）"→"原理图库"选项，进入原理图元器件库文件编辑器，创建一个新的原理图元器件库文件，命名为"SCHLib.SchLib"。

（2）打开"Properties（属性）"面板，在弹出的面板中进行工作区参数设置。

图 11-12　库元器件属性设置面板

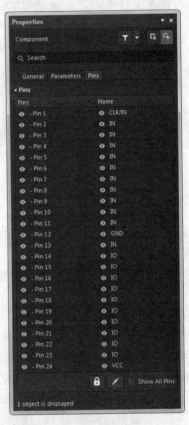

图 11-13　"Pins（引脚）"选项卡

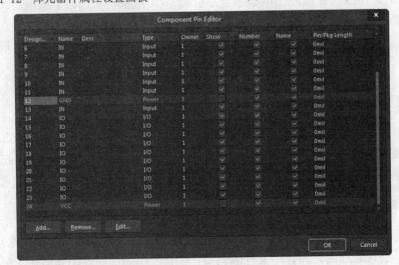

图 11-14　"Component Pin Editor（元器件引脚编辑器）"对话框

（3）为新建的库文件原理图符号命名。在创建了一个新的原理图元器件库文件的同时，系统已自动为该库添加了一个默认原理图符号名为"Component-1"的库文件，在"SCH Library（SCH 元器件库）"面板中可以看到。通过以下两种方法为该库文件重新命名。

- 单击"应用工具"工具栏中的"实用工具"按钮 下拉菜单中的"创建器件"按钮 ，系统将弹出如图 11-15 所示的"New Component（新元器件）"对话框。在该对话框中输入自己要绘制的库文件名称。

图 11-15　"New Component （新元器件）"对话框

- 在"SCH Library（SCH 元器件库）"面板中直接单击原理图符号名称栏下方的"Add（添加）"按钮，也会弹出"New Component（新元器件）"对话框。

输入 SN7432，单击"OK（确定）"按钮，关闭该对话框。

（4）单击原理图符号绘制工具中的"绘制直线"按钮 与"绘制弧线"按钮 ，光标变成十字形状，以编辑窗口的原点为基准，绘制一个弧形三角形运算放大器符号。

2．放置引脚

（1）单击原理图符号绘制工具中的"放置引脚"按钮 ，光标变成十字形状，并附有一个引脚符号。

（2）移动该引脚到多边形边框处，单击完成放置。用同样的方法，放置引脚 1、引脚 2、引脚 3 在弧形三角形符号上，并设置好每一个引脚的属性，如图 11-16 所示。这样就完成了一个运算放大器原理图符号的绘制。其中，引脚 3 的电气属性为输出"OUT"，引脚 1 和引脚 2 的电气属性为输入 Input，如图 11-17 所示。

3．创建库元器件的第二个子部件

（1）选择菜单栏中的"编辑"→"选择"→"区域内部"选项，或者单击"原理图库标准"工具栏中的"区域内选择对象"按钮 ，将图 11-16 中的子部件原理图符号选中。

（2）单击"原理图库标准"工具栏中的"复制"按钮 ，复制选中的子部件原理图符号。

（3）选择菜单栏中的"工具"→"新部件"选项，或者单击"应用工具"工具栏中的"实用工具"按钮 下拉菜单中的"创建新部件"按钮 ，在"SCH Library（SCH 元器件库）"面板上库元器件 SN7432 的名称前多了一个符号 ，单击符号 ，可以看到该元器件中有两个子部件，刚才绘制的子部件原理图符号系统已经命名为"Part A"，另一个子部件"Part B"是新创建的。

（4）单击"原理图库标准"工具栏中的"粘贴"按钮 ，将复制的子部件原理图符号粘贴在"Part B"中，并改变引脚序号：引脚 6 为输出端"OUT"，引脚 4、引脚 5 为输入端"Input"，如图 11-18 所示。

使用同样的方法，可以创建含有多个子部件的库元器件，如图 11-19 所示。至此，一个含有四个子部件的库元器件就创建好了。

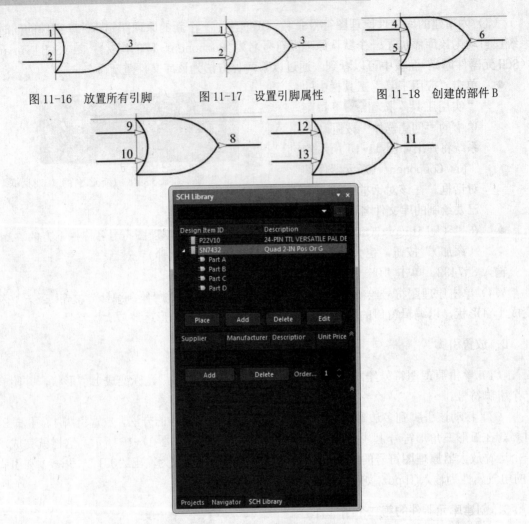

图 11-16 放置所有引脚　　　图 11-17 设置引脚属性　　　图 11-18 创建的部件 B

图 11-19　创建子部件 C 和子部件 D

11.2　创建 PCB 元器件库及元器件封装

11.2.1　封装概述

电子元器件种类繁多，其封装形式也是多种多样。所谓封装是指安装半导体集成电路芯片用的外壳，它不仅起着安放、固定、密封、保护芯片和增强导热性能的作用，还是沟通芯片内部世界与外部电路的桥梁。

芯片的封装在 PCB 上通常表现为一组焊盘、丝印层上的边框及芯片的说明文字。焊盘是封装中最重要的组成部分，用于连接芯片的引脚，并通过印制板上的导线连接到印制板上的其他焊盘，进一步连接焊盘所对应的芯片引脚，实现电路功能。在封装中，每个焊盘都有唯一的标号，以区别封装中的其他焊盘。丝印层上的边框和说明文字主要起指示作用，指明焊盘组所对应的芯片，方便印制板的焊接。焊盘的形状和排列是封装的关键组成部分，确保焊盘的形状和排列正确，才能正确地建立一个封装。对于安装有特殊要求的封装，边框也需要绝对正确。

Altium Designer 18 提供了强大的封装绘制功能，能够绘制各种各样的新型封装。考虑到芯片引脚的排列通常是有规则的，多种芯片可能有同一种封装形式，Altium Designer 18 提供了封装库管理功能，绘制好的封装可以方便地保存和引用。

11.2.2 常用元器件封装介绍

总体上讲，根据元器件所采用安装技术的不同，可分为通孔安装技术（Through Hole Technology，THT）和表面安装技术（Surface Mounted Technology，SMT）。

使用通孔安装技术安装元器件时，元器件安置在电路板的一面，元器件引脚穿过 PCB 焊接在另一面上。通孔安装元器件需要占用较大的空间，并且要为所有引脚在电路板上钻孔，所以它们的引脚会占用两面的空间，而且焊点也比较大。但从另一方面来说，通孔安装元器件与 PCB 连接较好，机械性能好。例如，排线的插座、接口板插槽等类似接口都需要一定的耐压能力，因此，通常采用 THT。

使用表面安装技术安装元器件时，引脚焊盘与元器件在电路板的同一面。表面安装元器件一般比通孔安装元器件的体积小，而且不必为焊盘钻孔，甚至还能在 PCB 的两面都焊上元器件。因此，与使用通孔安装技术的 PCB 比起来，使用表面安装技术的 PCB 上元器件的布局要密集很多，体积也小很多。此外，应用表面安装技术的封装元器件也比通孔安装元器件要便宜一些，所以目前的 PCB 设计广泛采用了表面安装技术。

常用元器件封装分类如下：

- BGA（Ball Grid Array）：球栅阵列封装。因其封装材料和尺寸的不同还细分成不同的 BGA 封装，如陶瓷球栅阵列封装 CBGA、小型球栅阵列封装 μBGA 等。
- PGA（Pin Grid Array）：插针栅格阵列封装。这种技术封装的芯片内外有多个方阵形的插针，每个方阵形插针沿芯片的四周间隔一定距离，根据引脚数目的多少，可以围成 2～5 圈。安装时，将芯片插入专门的 PGA 插座。该技术一般用于插拔操作比较频繁的场合，如计算机的 CPU。
- QFP（Quad Flat Package）：方形扁平封装，是当前芯片使用较多的一种封装形式。
- PLCC（Plastic Leaded Chip Carrier）：塑料引线芯片载体。
- DIP（Dual In-line Package）：双列直插封装。
- SIP（Single In-line Package）：单列直插封装。
- SOP（Small Out-line Package）：小外形封装。
- SOJ（Small Out-line J-Leaded Package）：J 形引脚小外形封装。
- CSP（Chip Scale Package）：芯片级封装，这是一种较新的封装形式，常用于内存条。在 CSP 方式中，芯片是通过一个个锡球焊接在 PCB 上，由于焊点和 PCB 的接触面积较大，所以内存芯片在运行中所产生的热量可以很容易地传导到 PCB 上并散发出去。另外，CSP 封装芯片采用中心引脚形式，有效地缩短了信号的传输距离，其衰减随之减少，芯片的抗干扰、抗噪性能也能得到大幅提升。

- Flip-Chip：倒装焊芯片，也称为覆晶式组装技术，是一种将 IC 与基板相互连接的先进封装技术。在封装过程中，IC 会被翻转过来，让 IC 上面的焊点与基板的接合点相互连接。由于成本与制造因素，使用 Flip-Chip 接合的产品通常根据 I/O 数多少分为两种形式，即低 I/O 数的 FCOB（Flip Chip on Board）封装和高 I/O 数的 FCIP（Flip Chip in Package）封装。Flip-Chip 技术应用的基板包括陶瓷、硅芯片、高分子基层板及玻璃等，其应用范围包括计算机、PCMCIA 卡、军事设备、个人通信产品、钟表及液晶显示器等。

- COB（Chip on Board）：板上芯片封装，即芯片被绑定在 PCB 上。这是一种现在比较流行的生产方式。COB 模块的生产成本比 SMT 低，还可以减小封装体积。

11.2.3　PCB 库编辑环境

进入 PCB 库编辑环境的操作步骤如下：

（1）选择菜单栏中的"File（文件）"→"新的"→"Library（元器件库）"→"PCB 元器件库"选项，进入 PCB 库编辑环境。新建一个空白 PCB 库文件 PcbLib1.PcbLib。

（2）保存并更改该 PCB 库文件名称，这里改名为 NewPcbLib.PcbLib。可以看到，在"Project（工程）"面板的 PCB 库文件管理夹中出现了所需要的 PCB 库文件，双击该文件即可进入 PCB 库编辑环境，如图 11-20 所示。

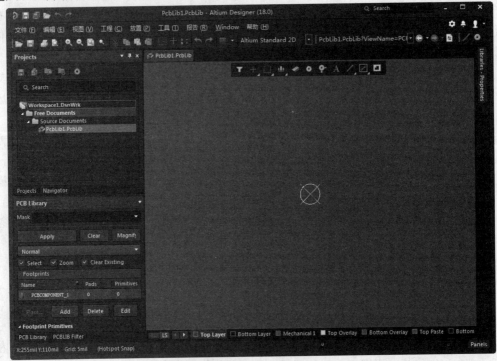

图 11-20　PCB 库编辑环境

PCB 库编辑环境的设置和 PCB 编辑环境基本相同，只是菜单栏中少了"设计"和"布线"选项。工具栏中也少了相应的工具按钮。另外，在这两个编辑环境中，可用的控制面板也有所不同。在 PCB 库编辑环境中独有的"PCB Library（PCB 元器件库）"面板，提供了对封装库内元器件封装统一编辑、管理的界面。

"PCB Library（PCB 元器件库）"面板如图 11-21 所示。它分为"Mask（屏蔽查询栏）""Footprints（封装列表）""Footprints Primitives（封装图元列表）"和 Other（缩略图显示框）4 个区域。

"Mask（屏蔽查询栏）"下拉列表用于对该库文件内的所有元器件封装进行查询，并根据屏蔽框中的内容将符合条件的元器件封装列出。

"Footprints（封装列表）"列表框列出该库文件中所有符合屏蔽栏设定条件的元器件封装名称，并注明其焊盘数、图元数等基本属性。单击元器件列表中的元器件封装名，工作窗口中将显示该封装，并弹出如图 11-22 所示的"PCB Library Footprint（PCB 元器件库封装列表）"对话框。在该对话框中可以修改元器件封装的名称和高度。高度是供 PCB 3D 显示时使用的。

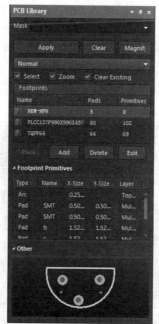

图 11-21　"PCB Library（PCB 元器件库）"面板

图 11-22　"PCB Library Footprint（PCB 元器件库封装列表）"对话框

在 Footprints 列表框中右击，弹出的快捷菜单如图 11-23 所示。通过该菜单可以进行元器件库的各种编辑操作。

图 11-23　Footprints 快捷菜单

11.2.4　PCB 库编辑环境环境设置

进入 PCB 库编辑环境后，需要根据要绘制的元器件封装类型对编辑环境进行相应的设置。PCB 库编辑环境设置包括：

（1）元器件库选项设置：打开"Properties（属性）"面板，在此面板中对元器件库选项参数进行设置，如图 11-24 所示。

图 11-24　设置元器件库选项参数

（2）"板层颜色"设置：选择菜单栏中的"工具"→"优先选项"选项，或者在工作区右击，在弹出的右键快捷菜单中单击"优先选项"选项，系统将弹出"Preferences（参数选择）"对话框。在该对话框中选择"Layers Colors（板层颜色）"选项，如图11-25所示。

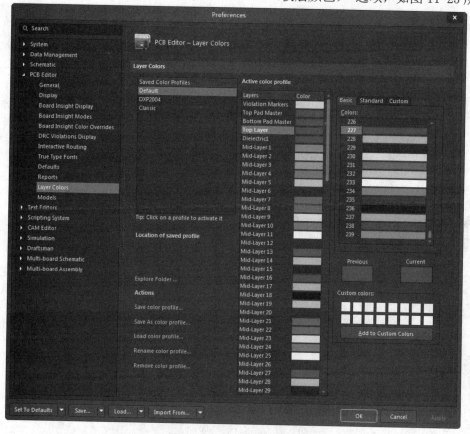

图11-25 "Layers Colors（板层颜色）"选项

（3）"层叠管理器"设置：选择菜单栏中的"工具"→"层叠管理器"选项，系统将弹出如图11-26所示的"Layer Stack Manager（层堆栈管理器）"对话框。保持系统默认设置，单击"OK（确定）"按钮，关闭该对话框

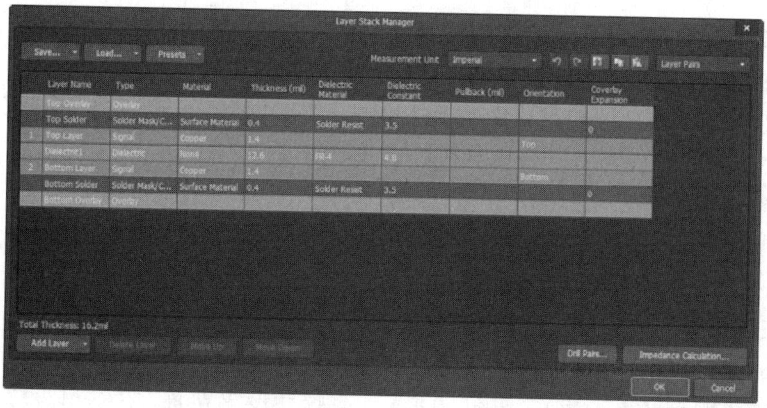

图11-26 "Layer Stack Manager（层堆栈管理器）"对话框

（4）"优先选项"设置：选择菜单栏中的"工具"→"优先选项"选项，或者在工作窗口右击，在弹出的快捷菜单中选择"优先选项"选项，系统将弹出如图 11-27 所示的"Preferences（参数选择）"对话框。设置完毕单击"OK（确定）"按钮，关闭该对话框。

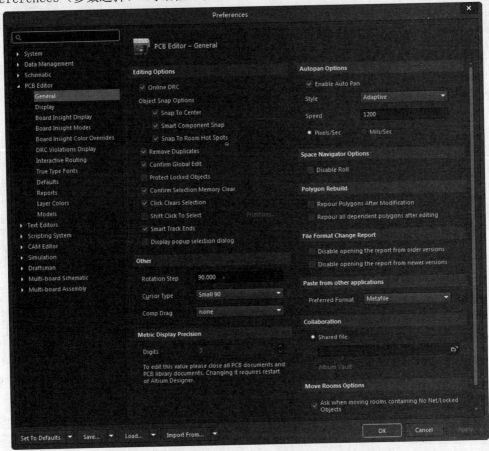

图 11-27　"Preferences（参数选择）"对话框

11.2.5　用 PCB 元器件向导创建规则的 PCB 元器件封装

下面用 PCB 元器件向导来创建规则的 PCB 元器件封装。由用户在一系列对话框中输入参数，根据这些参数自动创建元器件封装。这里要创建的封装尺寸信息为：单位为 mil，外形轮廓为矩形 1200 mil×520 mil，管脚数为 12×2，管脚宽度为 45 mil，管脚长度为 20 mil，管脚间距为 630 mil、100 mil，管脚外围轮廓为 670 mil×610mil。具体的操作步骤如下：

（1）选择菜单栏中的"工具"→"元器件向导"选项，系统将弹出如图 11-28 所示的"Component Wizard（元器件向导）"对话框。

（2）单击"Next（下一步）"按钮，进入"Component patterns（元器件封装模式）"创建界面。在模式类表中列出了各种封装模式，如图 11-29 所示。这里选择 DIP 封装模式，在"Select a unit（选择单位）"下拉列表中选择英制单位 Imperial（mil）。

（3）单击"Next（下一步）"按钮，进入焊盘尺寸设定界面。在这里设置外轮廓焊盘的长为45mil、宽为20mil，内轮廓大小为15mil，如图11-30所示。

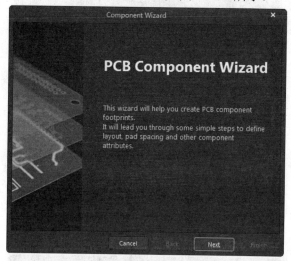

图11-28 "Component Wizard（元器件向导）"对话框

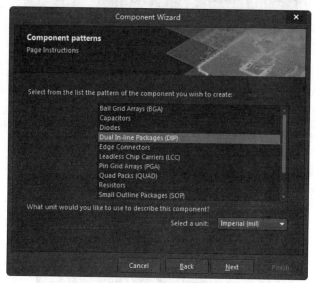

图11-29 "Component patterns（元器件封装模式）"创建界面

（4）单击"Next（下一步）"按钮，进入焊盘间距设置界面。在这里使用默认设置，第一脚为方形，其余脚为圆形，在这里将焊盘水平间距设置为630mil，列间距均设置为100mil，如图11-31所示。

（5）单击"Next（下一步）"按钮，进入轮廓宽度设置界面，如图11-32所示。这里使用默认设置10mil。

（6）单击"Next（下一步）"按钮，进入焊盘数目设置界面。将焊盘总数设置为24，如图11-33所示。

（7）单击"Next（下一步）"按钮，进入封装命名界面。将封装命名为"PDIP24"，如图11-34所示。

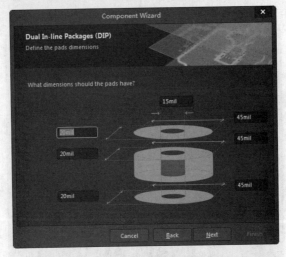

图 11-30　焊盘尺寸设置界面

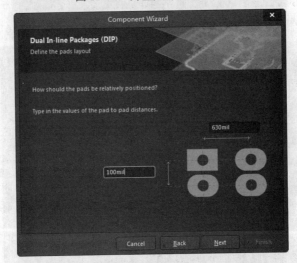

图 11-31　焊盘形状设定界面

图 11-32　轮廓宽度设置界面

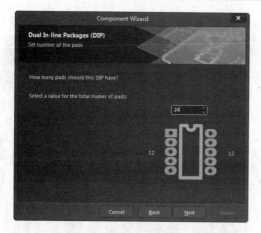

图 11-33　焊盘间距设置界面

图 11-34　封装命名界面

（8）单击"Next（下一步）"按钮，进入封装制作完成界面，如图 11-35 所示。单击"Finish（完成）"按钮，退出封装向导。

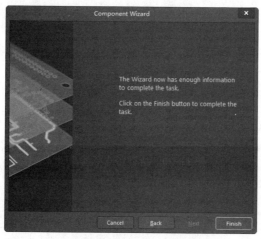

图 11-35　封装制作完成界面

至此，PDIP 的封装就制作完成了，工作窗口中显示的封装图形如图 11-36 所示。

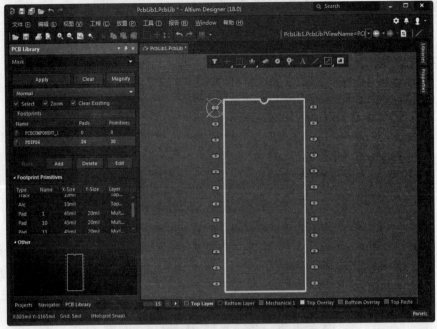

图 11-36　PDIP24 的封装图形

11.2.6　用 PCB 元器件向导创建 3D 元器件封装

Step1　(1) 选择菜单栏中的"工具"→ "IPC Compliant Footprint Wizard (IPC 兼容封装向导)"选项，系统将弹出如图 11-37 所示的"IPC Compliant Footprint Wizard (IPC 兼容封装向导)"对话框。

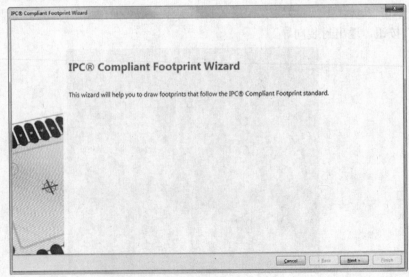

图 11-37　"IPC Compliant Footprint Wizard (IPC 兼容封装向导)"对话框

（2）单击"Next(下一步)"按钮，进入元器件封装类型选择界面。在"Component Types（元器件封装类型）"列表框中列出了各种封装类型，如图 11-38 所示。这里选择 SOIC 封装模式。

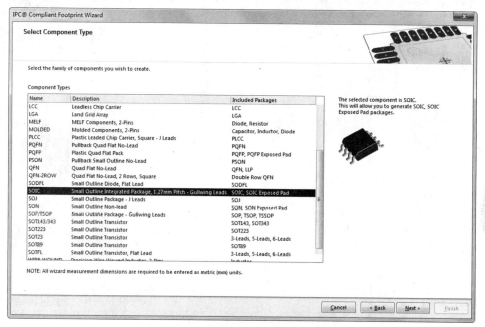

图 11-38　元器件封装类型选择界面

（3）单击"Next(下一步)"按钮，进入 IPC 模型外形总体尺寸设定界面。选择默认参数，如图 11-39 所示。

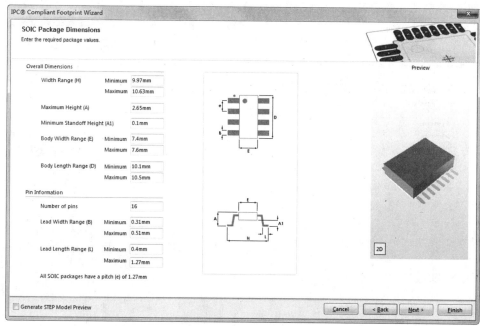

图 11-39　尺寸设定界面

（4）单击"Next（下一步）"按钮，进入引脚尺寸设定界面，如图 11-40 所示。在这里使用默认设置。

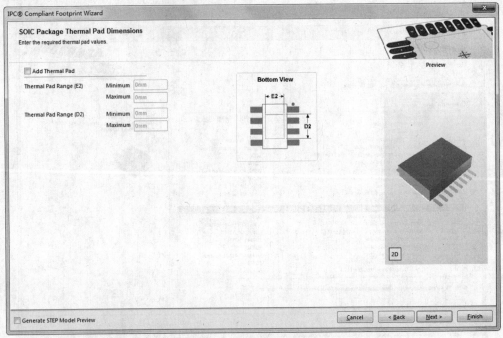

图 11-40　引脚设定界面

（5）单击"Next（下一步）"按钮，进入 IPC 模型底部轮廓设置界面，如图 11-41 所示。这里默认勾选"Use calculated values（使用估计值）"复选框。

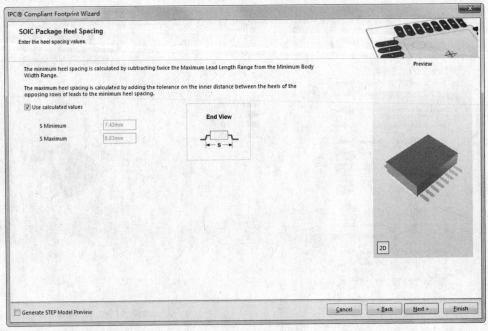

图 11-41　轮廓宽度设置界面

（6）单击"Next（下一步）"按钮，进入 IPC 模型焊接片设置界面，同样适用默认值，如图 11-42 所示。

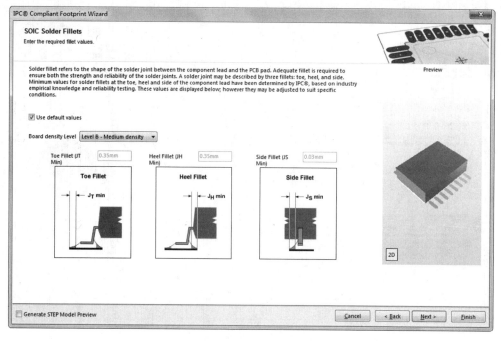

图 11-42　焊盘片设置界面

（7）单击"Next（下一步）"按钮，进入元件公差设置界面。在这里将元件公差使用默认值，如图 11-43 所示。

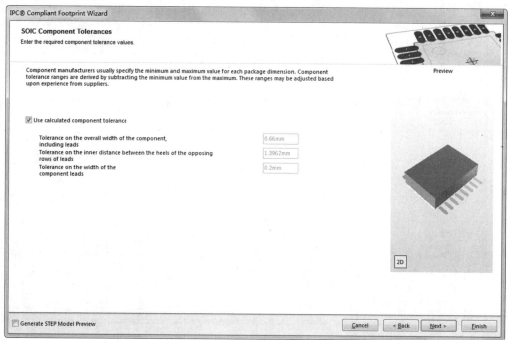

图 11-43　元件公差设置界面

（8）单击"Next（下一步）"按钮，进入公差设置界面。在这里将公差使用默认值，如图 11-44 所示。

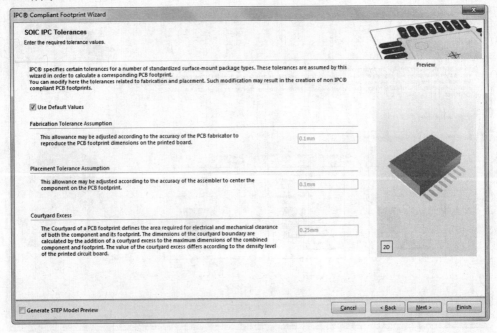

图 11-44　公差设置界面

（9）单击"Next（下一步）"按钮，进入焊盘位置和类型设置界面，如图 11-45 所示。单击单选框可以确定焊盘位置，采用默认设置。

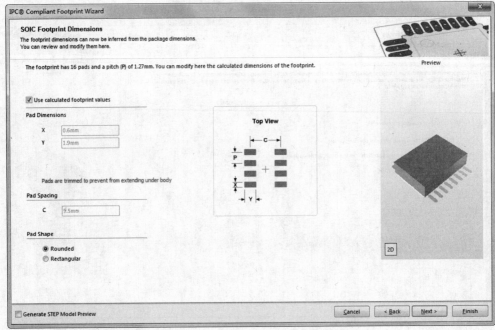

图 11-45　焊盘位置和类型设置界面

（10）单击"Next（下一步）"按钮，进入丝印层中封装轮廓尺寸设置界面，如图 11-46 所示。

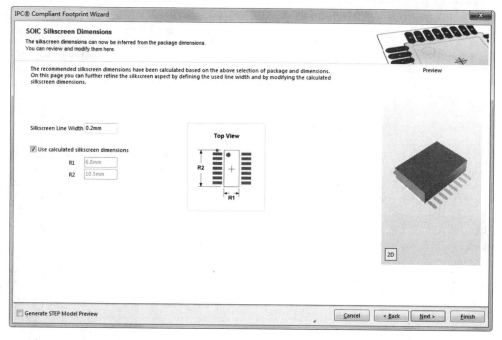

图 11-46　元器件轮廓设置界面

（11）单击"Next（下一步）"按钮，进入元器件体与焊盘总体安装后的整体尺寸设置界面，如图 11-47 所示。

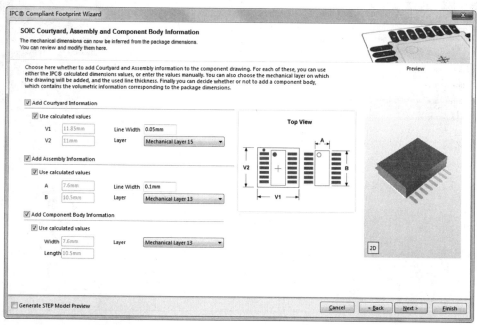

图 11-47　安装尺寸界面

（12）单击"Next（下一步）"按钮，进入封装命名界面。取消勾选"Use suggested values（使用建议值）"复选框，则可自定义命名元器件，这里使用系统默认自定义名称 SOIC127P1030X265-16N，如图 11-48 所示。

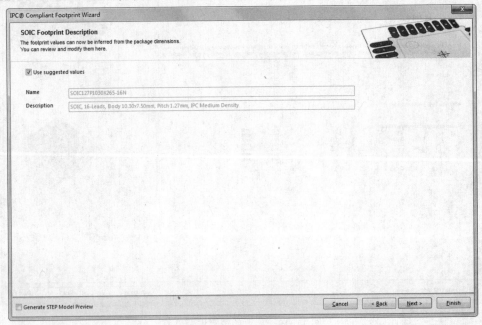

图 11-48　封装命名界面

（13）单击"Next（下一步）"按钮，进入封装路径设置界面，如图 11-49 所示。

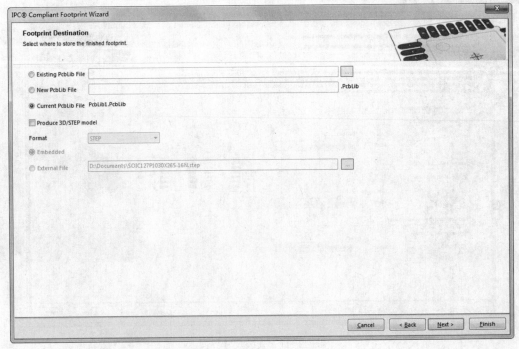

图 11-49　封装路径设置界面

（14）单击"Next(下一步)"按钮，进入封装路径制作完成界面，如图 11-50 所示。单击"Finish（完成）"按钮，退出封装向导。

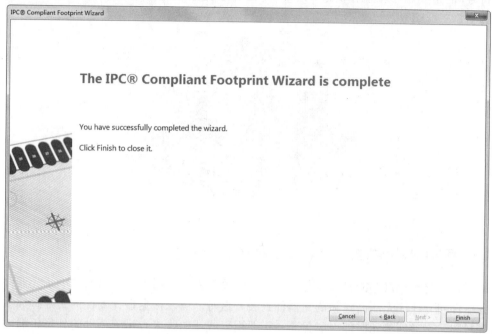

图 11-50　封装制作完成界面

至此，SOIC127P1030X265-16N 就制作完成了，工作区内显示的封装图形如图 11-51 所示。

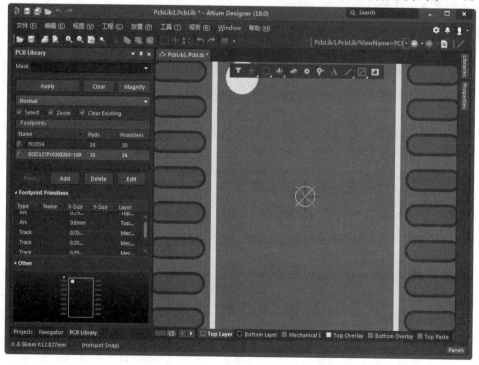

图 11-51　SOIC127P1030X265-16N 的封装图形

与使用"元器件向导"选项创建的封装符号相比，IPC 模型不单单是线条与焊盘组成的平面符号，而是实体与焊盘组成的三维模型。在键盘中按 3，切换到三维界面，显示如图 11-52 所示的 IPC 三维模型。

图 11-52　显示三维 IPC 模型

11.2.7　手动创建不规则的 PCB 元器件封装

由于某些电子元器件的引脚非常特殊，或者设计人员使用了一个最新的电子元器件，用 PCB 元器件向导往往无法创建新的元器件封装。这时，可以根据该元器件的实际参数手动创建引脚封装。手动创建元器件引脚封装，需要用直线或曲线来表示元器件的外形轮廓，然后添加焊盘来形成引脚连接。元器件封装的参数可以放置在 PCB 的任意工作层上，但元器件的轮廓只能放置在顶层丝印层上，焊盘只能放在信号层上。当在 PCB 上放置元器件时，元器件引脚封装的各个部分将分别放置到预先定义的图层上。

下面详细介绍手动创建 PCB 元器件封装的操作步骤。

（1）创建新的空元器件文档。打开 PCB 元器件库 PcbLib.PcbLib，选择菜单栏中的"工具"→"新的空元器件"选项，这时在"PCB Library（PCB 元器件库）"面板的元器件封装列表中会出现一个新的 PCBCOMPONENT_1 空文件。双击该文件，在弹出的对话框中将元器件名称改为 R26，如图 11-53 所示。

（2）设置工作环境。单击"Properties（属性）"面板，按图 11-54 设置相关参数。在此面板中，用户可以根据需要设置相应的参数。

（3）放置焊盘。在工作窗口下方"Top-Layer（顶层）"，选择菜单栏中"放置"→"焊盘"选项，光标箭头上悬浮一个十字光标和一个焊盘，单击，确定焊盘的位置。按照同样的方法放置另外一个焊盘。

（4）设置焊盘属性。双击焊盘，进入焊盘属性设置面板，设置焊盘属性如图 11-55 所示。

设置完毕后的焊盘如图 11-56 所示。

焊盘放置完毕后，需要绘制元器件的轮廓线。所谓元器件轮廓线，就是该元器件封装在电路板上占用的空间尺寸。轮廓线的线状和大小取决于实际元器件的形状和大小，通常需要测量实际元器件。

（5）绘制一段直线。在工作窗口下方标签栏中选项"Top Overlay（顶层覆盖）"选项，将活动层设置为顶层丝印层。

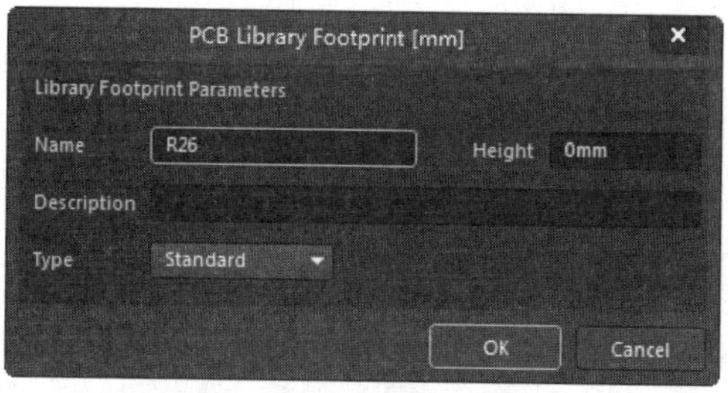

图 11-54 "Properties（属性）"面板

PCB Library Footprint [mm]

Library Footprint Parameters

Name R26 Height 0mm

Description

Type Standard

OK   Cancel

图 11-53 重新命名元器件

图 11-55 设置焊盘属性

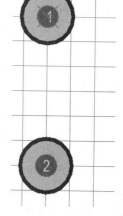

图 11-56 设置完毕后的焊盘

（6）绘制一条弧线。选择菜单栏中的"放置"→"圆弧（边沿）"选项，光标变为十字形状，将光标移至上方焊盘一侧，单击，确定弧线的起点，然后将光标移至下方焊盘一侧，单击确定圆弧的终点。按照同样的方法绘制；另一侧弧线，如图 11-57 所示。右击或者按 Esc 键退出该操作。

（7）设置元器件参考点。在菜单栏中的"编辑"→"设置参考"子菜单中有 3 个命令，即"1 脚""中心"和"位置"。读者可以自己选择合适的命令设置元器件参考点。

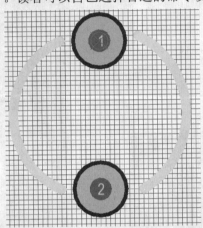

图 11-57　绘制两条弧线

至此，手动创建的 PCB 元器件封装就制作完成了。可以看到，在"PCB Library（PCB 元器件库）"面板的元器件列表中多出了一个 R26 的元器件封装，而且在该面板中还列出了该元器件封装的详细信息。

11.2.8　手动创建不规则的 3D 元器件封装

下面详细介绍手动创建 3D 元器件封装的操作步骤。

（1）创建新的空元器件文档。打开 PCB 元器件库 PcbLib.PcbLib，选择菜单栏中的"工具"→"新的空元器件"选项，这时在"PCB Library（PCB 元器件库）"面板的元器件封装列表中会出现一个新的 PCBCOMPONENT_1 空文件。双击该文件，在弹出的对话框中将元器件名称改为 ANTC6522，如图 11-58 所示。

图 11-58　重新命名元器件

（2）设置工作环境。打开"Properties（属性）"面板，在面板中可以根据需要设置相应的参数，如图 11-59 所示。

（3）设置工作区颜色。颜色设置由读者自己把握，这里不再赘述。

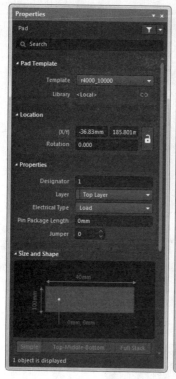

图 11-59 设置 "Properties（属性）" 面板

（4）放置焊盘。在工作窗口下方 "Top-Layer（顶层）"，选择菜单栏中的 "放置" → "焊盘" 选项，光标箭头上悬浮一个十字光标和一个焊盘，单击，确定焊盘的位置。按照同样的方法设置另外焊盘。

（5）设置焊盘属性。双击焊盘，进入焊盘属性设置对话框，如图 11-60 所示。

设置完毕后的焊盘如图 11-61 所示。

（6）放置 3D 体。选择菜单栏中的 "放置" → "3D 元器件体" 选项，弹出如图 11-62 所示的 "3D Body（3D 体）" 面板。在 "3D Model Type（3D 模型类型）" 选项组中选择 "Generic 3D Model（通用 3D 模型）" 选项，在 "Source（3D 模型资源）" 选项组中选择 "Embed Model（嵌入模型）" 选项，单击 "Choose（选择）" 按钮，弹出 "打开" 对话框，选择 "*.step" 文件，单击 "打开" 按钮，如图 11-63 所示，加载该模型，在 "3D Body（3D 体）" 面板中显示模型加载结果，如图 11-64 所示。

（7）按 Enter 键，鼠标变为十字形状，同时附着模型符号。在编辑区单击，将放置 3D 体，如图 11-65 所示。

（8）在键盘中按 3 键，切换到三维界面。按住 "Shift+右键"，可旋转视图中的对象，将 3D 体三维模型旋转到适当位置，如图 11-66 所示。

（9）选择菜单栏中的 "工具" → "3D 体放置" → "从顶点添加捕捉点" 选项，在 3D 体上单击，捕捉基准点，添加基准线，如图 11-67 所示。

图 11-60 设置焊盘属性

图 11-61 设置完毕后的焊盘

图 11-62 "3D Body（3D 体）"面板

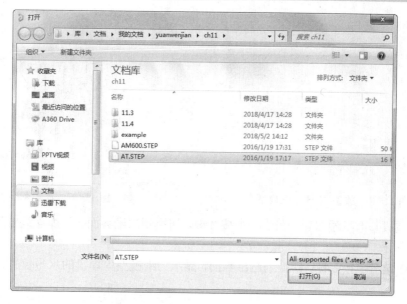

图 11-63　"打开"对话框

图 11-64　模型加载结果

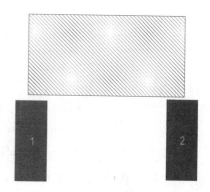

图 11-65　放置 3D 体

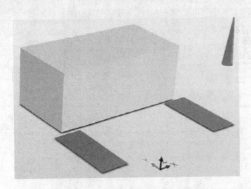

图 11-66　放置 3D 体三维模型

图 11-67　添加基准线

（10）完成基准线添加后，在键盘中按 2 键，切换到二维界面，将焊盘放置到基准线中，如图 11-68 所示。

（11）在键盘中按 3 键，切换到三维界面，显示三维模型中焊盘的水平位置，如图 11-69 所示。

图 11-68　定位焊盘位置

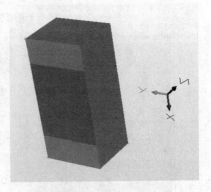

图 11-69　显示焊盘的水平位置

（12）选择菜单栏中的"工具"→"3D 体放置"→"设置 3D 体高度"选项，开始设置焊盘垂直位置。单击 3D 体中对应的焊盘孔，弹出如图 11-70 所示的"Choose Height Above Board Top Surface（选择板表面高度）"对话框，选择默认的"Board Surface（板表面）"选项，单击"OK（确定）"按钮，关闭该对话框，焊盘自动放置到焊盘孔上表面，如图 11-71 所示。

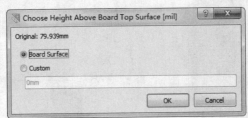

图 11-70　"Choose Height Above Board Top Surface（选择板表面高度）"对话框

（13）选择菜单栏中的"工具"→"3D 体放置"→"删除捕捉点"选项，依次单击设置的捕捉点，删除所有基准线，如图 11-72 所示。

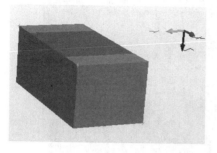

图 11-71 设置焊盘垂直位置

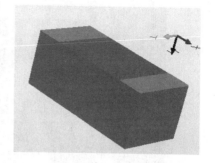

图 11-72 删除基准线

（14）焊盘放置完毕后，需要绘制元器件的轮廓线。所谓元器件轮廓线，就是该元器件封装在电路板上占用的空间尺寸。轮廓线的线状和大小取决于实际元器件的形状和大小，通常需要测量实际元器件。

（15）绘制一段直线。选择工作窗口下方的"Top Overlay（顶层覆盖）"选项，将活动层设置为顶层丝印层。选择菜单栏中的"放置"→"线条"选项，按 Tab 键，弹出如图 11-73 所示的"Properties（属性）"面板。设置线宽为 5mm，完成属性设置后光标变为十字形状，单击关键点，确定直线的起点；移动光标拉出一条直线，用光标将直线拉到关键点位置，单击，确定直线终点。右击或者按<Esc>键退出该操作，如图 11-74 所示。

图 11-73 "Properties（属性）"面板

图 11-74　绘制直线

（16）设置元器件参考点。在"编辑"菜单的"设置参考"子菜单中有 3 个命令，即"引脚 1""中心"和"位置"。读者可以自己选择合适的命令设置元器件参考点。

在键盘中按 3 键，切换到三维界面。选择菜单栏中的"工具"→"3D 体放置"→"删除捕捉点"选项，依次单击设置的捕捉点，删除所有基准线。

至此，手动创建的 3DPCB 元器件封装就制作完成了，如图 11-75 所示。

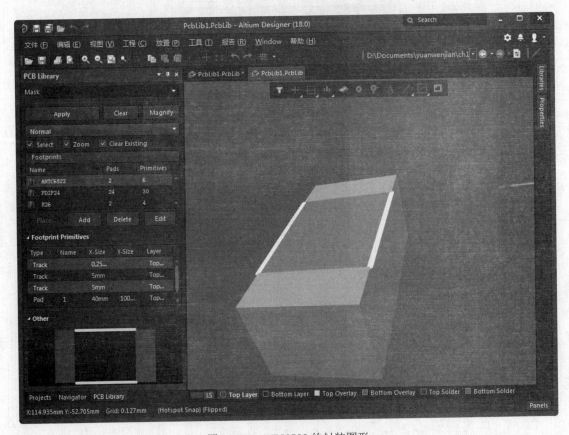

图 11-75　ANTC6522 的封装图形

可以看到，在"PCB Library（PCB 元器件库）"面板的元器件列表中多出了一个 ANTC6522 的元器件封装，而且在该面板中还列出了该元器件封装的详细信息。

11.3   元器件封装检查和元器件封装库报表

在"Report（报表）"菜单中提供了多种生成元器件封装和元器件库封装的报表功能，通过报表可以了解某个元器件封装的信息，对元器件封装进行自动检查，也可以了解整个元器件库的信息。此外，为了检查绘制的封装，菜单中提供了测量功能。

（1）元器件封装中的测量：为了检查元器件封装绘制是否正确，在封装设计系统中提供了与 PCB 设计中一样的测量功能。对元器件封装的测量和在 PCB 上的测量相同，这里不再赘述。

（2）元器件封装信息报表：在"PCB Library（PCB 元器件库）"面板的元器件封装列表中选择一个元器件，选择菜单栏中的"报告"→"器件"选项，系统将自动生成该元器件符号的信息报表，工作窗口中将自动打开生成的报表，以便用户马上查看。图 11-76 所示为查看元器件封装信息时的界面。

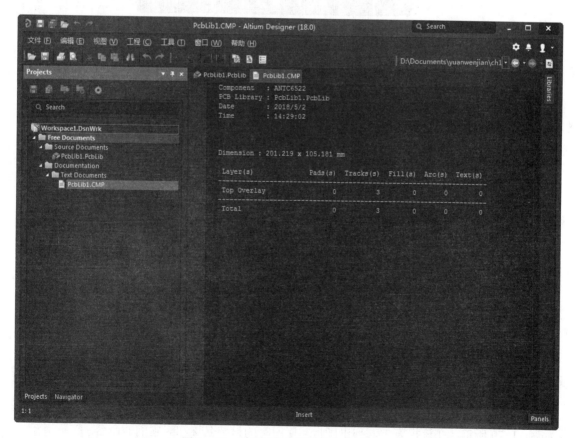

图 11-76   查看元器件封装信息时的界面

在图 11-76 中给出了元器件名称、所在的元器件库、创建日期和时间，以及元器件封装中的各个组成部分的详细信息。

（3）元器件封装错误信息报表：Altium Designer 18 提供了元器件封装错误的自动检测功能。选择菜单栏中的"报告"→"元器件规则检测"选项，系统将弹出如图 11-77 所示的"Component Rule Check（元器件规则检测）"对话框，在该对话框中可以设置元器件符号错误的检测规则。

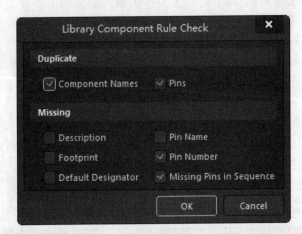

图 11-77　"Component Rule Check（元器件规则检测）"对话框

各选项的功能如下：

1）"Duplicate（重复）"选项组。

● "Component Names（元器件名称 ）"复选框：用于检查元器件封装中是否有重复的元器件名称。

● "Pin（引脚）"复选框：用于检查元器件封装中是否有重名的引脚。

2）"Missing（丢失）"选项组。

● "Description（类型）"复选框：用于检查元器件封装中是否缺少元器件类型描述。

● "Footprint（封装）"复选框：用于检查元器件封装库中是否缺少封装。

● "Default Designator（默认标号）"复选框：用于检查元器件封装中是否缺少元器件默认标志符。

● "PinNames（引脚名）"复选框：用于检查元器件封装中是否缺少引脚名称。

● "Pin Number（引脚数量）"复选框：用于检查元器件封装库中是否缺少引脚数量。

● "Missing Pin Sequence（丢失排序的引脚）"复选框：用于检查元器件封装中引脚是否按顺序排序。

选择默认设置，单击"OK（确定）"按钮，系统自动生成元器件符号错误信息报表。

（4）元器件封装库信息报表：选择菜单栏中的"报告"→"库报告"选项，弹出如图 11-78 所示的"Library Report Setting（库报告设置）"对话框，单击"OK（确定）"按钮，系统将生成元器件封装库信息报表。这里对创建的 PcbLib.PcbLib 元器件封装库进行分析，如图 11-79 所示。在该报表中，列出了封装库所有的封装名称和对它们的命名。

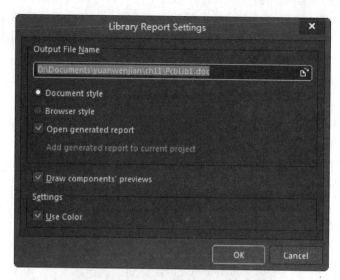

图 11-78 "Library Report Setting（库报表设置）"对话框

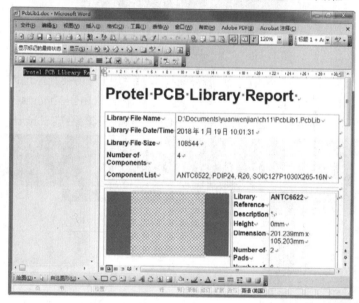

图 11-79 元器件封装库信息报表

11.4 操作实例——创建 USB 采集系统项目元器件库

11.4.1 创建原理图项目元器件库

大多数情况下，在同一个项目的电路原理图中，所用到的元器件由于性能、类型等诸多特性不同，可能来自于不同的库文件。在这些库文件中，有系统提供的若干个集成库文件，也有用户自己创建的原理图元器件库文件。这样不便于管理，更不便于用户之间进行交流。

基于这一点，可以使用原理图元器件库文件编辑器，为自己的项目创建一个独立的原理图元器件库，把本项目电路原理图中所用到的元器件原理图符号都汇总到该元器件库中，脱离其他的库文件而独立存在，这样就为本项目的统一管理提供了方便。

下面以设计项目"USB 采集系统.PrjPcb"为例，介绍为该项目创建原理图元器件库的操作步骤。

（1）打开项目"USB 采集系统.PrjPcb"中的任一原理图文件，进入电路原理图的编辑环境。这里打开"Cpu.SchDoc"原理图文件。

（2）选择菜单栏中的"设计"→"生成原理图库"选项，系统自动在本项目中生成了相应的原理图元器件库文件，并弹出如图 11-80 所示的"Information（信息）"对话框。在该对话框中，提示用户当前项目的原理图项目元器件库"Cpu.SchLib"已经创建完成，共添加了 13 个库元器件。

图 11-80　"Information（信息）"对话框

（3）单击"OK（确定）"按钮，关闭该对话框，系统自动切换到原理图元器件库文件编辑环境，如图 11-81 所示。在"Projects（工程）"面板的 Source Documents 文件夹中，已经建立了含有 13 个库元器件的原理图项目元器件库"USB 采集系统.SchLib"。

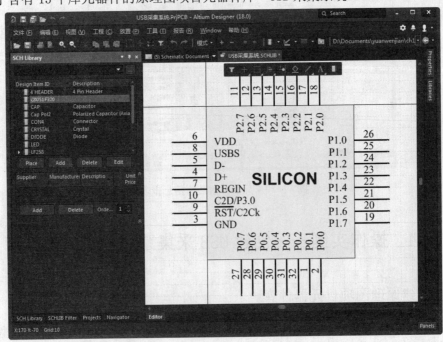

图 11-81　原理图元器件库文件编辑环境

（4）打开"SCH Library（SCH 元器件库）"面板，在原理图符号名称栏中列出了所创建的原理图项目文件库中的全部库元器件，涵盖了本项目电路原理图中所有用到的元器件。如果选择了其中一个，则在原理图符号的引脚栏中会相应显示出该库元器件的全部引脚信息，而在模型栏中会显示出该库元器件的其他模型。

11.4.2 使用项目元器件库更新原理图

建立了原理图项目元器件库后，可以根据需要，很方便地对该项目电路原理图中所有用到的元器件进行整体的编辑、修改，包括元器件属性、引脚信息及原理图符号形式等。更重要的是，如果用户在绘制多张不同的原理图时，多次用到同一个元器件，而该元器件又需要重新修改编辑时，用户不必到原理图中去逐一修改，只需要在原理图项目元器件库中修改相应的元器件，然后更新原理图即可。

在前面的电路设计项目"USB 采集系统.PrjPcb"中有 4 个子原理图，即"Sensor1.SchDoc""Sensor2.SchDoc""Sensor3.SchDoc""Cpu.SchDoc"，而在前 3 个子原理图的绘制过程中都用到了同一个元器件"LM258"（"LF353"的别名）。

现在来修改这 3 个子原理图中元器件"LM258"的引脚属性。例如，将输出引脚的电气特性由"Passive（中性）"改为"Output（输出）"，可以通过修改原理图项目元器件库中的相应元器件"LF353"来完成。具体的操作步骤如下：

（1）打开项目"USB 采集系统.PrjPcb"，并逐一打开 3 个子原理图"Sensor1.SchDoc""Sensor2.SchDoc"和"Sensor3.SchDoc"。3 个子原理图中所用到的元器件"LM258"，其输出引脚的电气特性当前都处于"Passive（中性）"状态。图 11-82 所示为更新前原理图"Sensor3.SchDoc"中的一部分。

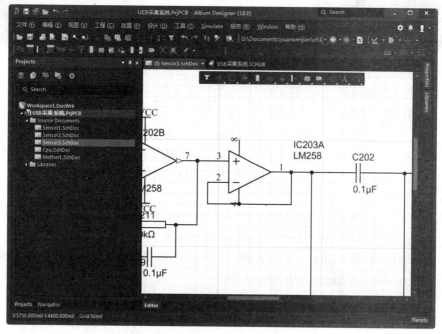

图 11-82　更新前原理图"Sensor3.SchDoc"中的一部分

（2）打开该项目下的原理图项目元器件库"USB 采集系统.SchLib"。

（3）打开"SCH Library（SCH 元器件库）"面板，在该面板的原理图符号名称栏中，单击元器件 LF258 前面的符号⊞，打开该元器件，进行相应引脚的编辑。

（4）将子部件 Part A 中的输出引脚（1 引脚）的电气特性设置为"Output（输出）"，如图 11-83 所示。将子部件 Part B 中的输出引脚（7 引脚）的电气特性也设置为"Output（输出）"，并保存"USB 采集系统.SchLib"文件。

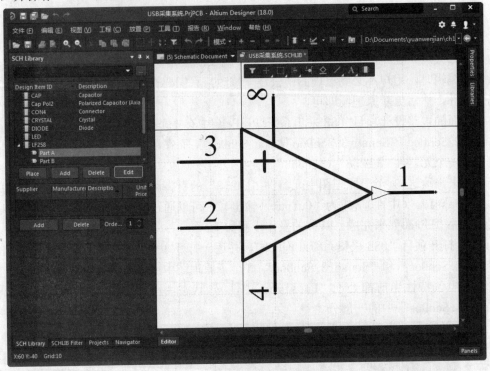

图 11-83　改变输出引脚的电气特性

（5）在原理图编辑环境中选择菜单栏中的"工具"→"从库更新参数"选项，系统将弹出如图 11-84 所示的"Update From Library（从库中更新）"对话框。在"Schematic Sheets（原理图页面）"列表框中选择要更新的原理图，在"Settings（设置）"选项组中对更新参数进行设置，在"Component Type（元器件类型）"列表框中选择要更新的元器件。

（6）设置完毕后，单击"Next（下一步）"按钮，系统将弹出如图 11-85 所示对话框，进行元器件选择。

（7）设置完毕后，单击"Finish(完成)"按钮，系统将弹出如图 11-86 所示的"Engineering Change Order（工程更新操作顺序）"对话框，其中主要按钮的功能如下：

- "Validate Changes（确认更新）"按钮：单击该按钮，执行更新前验证 ECO（Engineering Change Order）。
- "Execute Changes（执行更新）"按钮：单击该按钮，应用 ECO 与设计文档同步。
- "Report Changes（报表更新）"按钮：单击该按钮，生成关于设计文档更新内容的报表。

（8）单击"Execute Changes（执行更新）"按钮，执行更新设计文件。单击"Close（关闭）"按钮，关闭该对话框。

逐一打开 3 个子原理图，可以看到，原理图中的每一个元器件 LM258，其输出引脚的电器特性都被更新为"Output（输出）"。图 11-87 所示为更新后原理图 Sensor3.SchDoc 中的一部分。

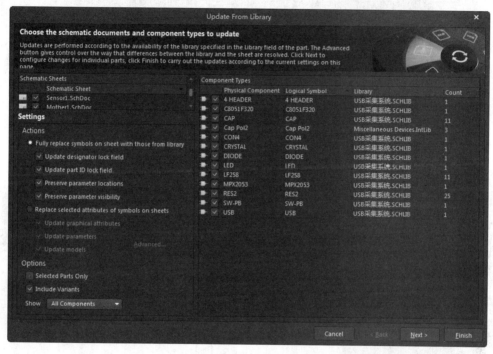

图 11-84　"Update From Library（从库中更新）"对话框

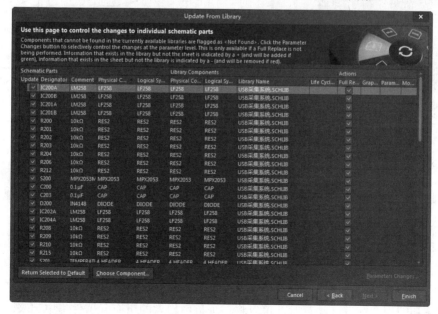

图 11-85　选择元器件

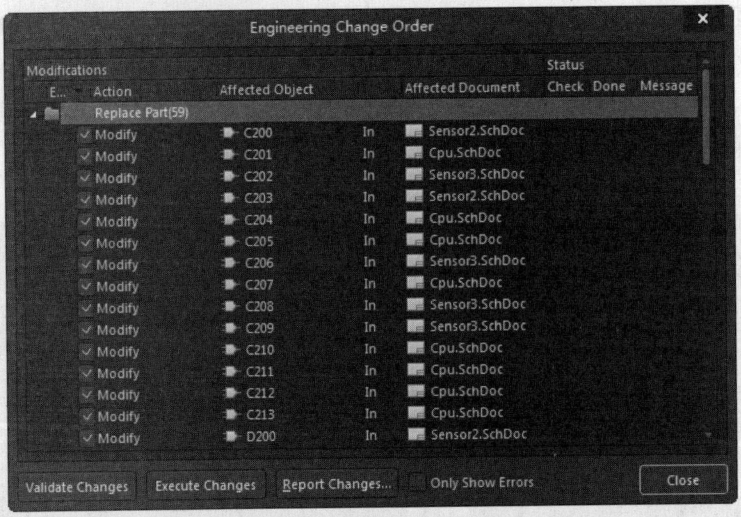

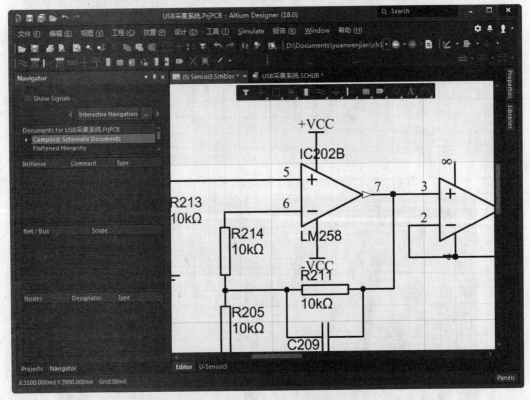

图 11-86　"Engineering Change Order（工程更新操作顺序）"对话框

图 11-87　更新后原理图 Sensor3.SchDoc 中的一部分

11.4.3　创建项目 PCB 元器件封装库

在一个设计项目中，设计文件用到的元器件封装往往来自不同的库文件。为了方便设计文件的交流和管理，在设计结束时，可以将该项目中用到的所有元器件集中起来，生成基于该项目的 PCB 元器件库文件。

下面以 PCB 文件"LED 显示电路.PcbDoc"为例，创建一个集成元器件库，如图 11-88 所示。

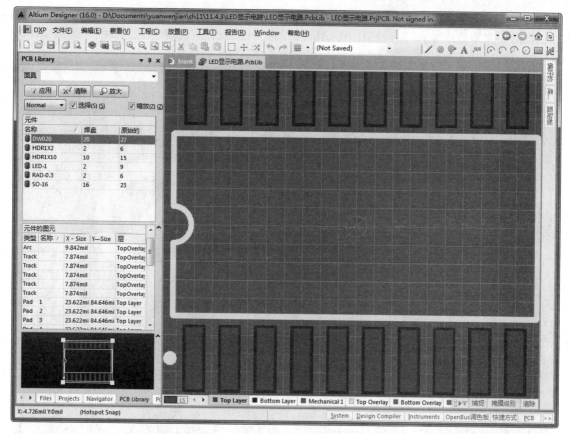

图 11-88　创建一个集成元器件库

创建项目的 PCB 元器件库简单易行，首先打开已经设计完成的 PCB 文件，进入 PCB 编辑环境，选择菜单栏中的"设计"→"生成 PCB 库"选项，系统会自动生成与该设计文件同名的 PCB 库文件。同时新生成的 PCB 库文件会自动打开，并置为当前文件，在"PCB Library（PCB 元器件库）"面板中可以看到其元器件列表。

11.4.4　创建集成元器件库

Altium Designer 18 提供了集成形式的库文件，将原理图元器件库和与其对应的模型库文件，如 PCB 元器件封装库、SPICE 和信号完整性模型等集成到一起。通过集成库文件，极大地方便了用户设计过程中的各种操作。

下面以前面设计的 PCB 文件"PCB_Library.PcbDoc"为例，创建一个集成元器件库。这里要用到电子资料包中"yuanwenjian\ch11\11.4.4\example"文件夹中的原理图元器件库文件"PCB_Library.SchLib"和 PCB 元器件封装库文件"PCB_Library.PcbLib"，新生成的文件也都保存在该路径下（注：在使用光盘中实例文件时，请先将其复制到本地硬盘中）。具体的操作步骤如下：

（1）选择菜单栏中的"File（文件）"→"新的"→"项目"→"Project（工程）"选项，弹出"New Project（新建工程）"对话框。在该对话框中显示工程文件类型，如图 11-89 所示。默认选择"Interated Library（完整的库）"选项及"Default（默认）"选项，在"Name（名称）"文本框中输入 New_IntLib.LibPkg，在"Location（路径）"文本框中选择文件路径。完成设置后，单击 OK 按钮，关闭该对话框。

图 11-89 "New Project（新建工程）"对话框

创建一个新的集成库文件包项目并予以保存。该库文件包项目中目前还没有文件加入，需要在该项目中加入原理图元器件库和 PCB 元器件封装库。

（2）在"Projects"（工程）面板中右击 New_IntLib.LibPkg 选项，在弹出的快捷菜单中选择"添加已有文档到工程"选项，系统弹出"打开文件"对话框。选择路径到前述的文件夹下，打开 PCB_Library.SchLib。用同样的方法再将 PCB_Library.PcbLib 加入到项目中。

（3）选择菜单栏中的"工程"→"Compile Integrated Library New_IntLib.LibPkg（编译集成库文件）"选项，编译该集成库文件。编译后的集成库文件"New_IntLib.IntLib"将自动加载到当前库文件中，在元器件库面板中可以看到，如图 11-90 所示。

（4）此时，在"Messages（信息）"面板1中将显示一些错误和警告的提示，如图 11-91 所示。这表明还有部分原理图文件没有找到匹配的元器件封装或信号完整性等模型文件。根据错误提示信息，进行修改。

（5）修改完毕后，选择菜单栏中的"工程"→"Compile Integrated Library

New_IntLib.LibPkg（编译集成库文件）"选项，对集成库文件再次编译，以检查是否还有错误信息，如图 11-92 所示。

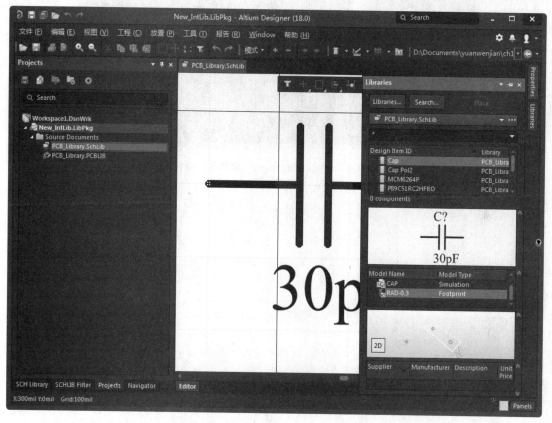

图 11-90　生成集成库并加入到当前库中

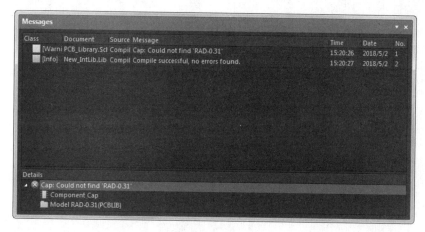

图 11-91　"Messages（信息）"面板 1

（6）不断重复上述操作，直至编译无误。至此，这个集成库文件就算制作完成了。

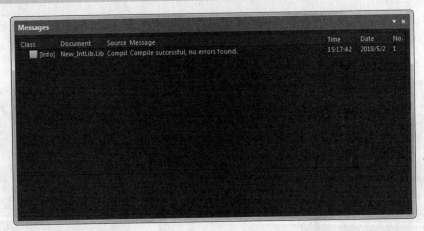

图 11-92 "Messages（信息）"面板 2

第 **12** 章

电路仿真系统

　　随着电子技术的飞速发展和新型电子元器件的不断涌现，电子电路变得越来越复杂，因此在进行电路设计时出现缺陷和错误在所难免。为了让设计者在设计电路时能准确地分析电路的工作状况，及时发现其中的设计缺陷并进行改进，Altium Designer 18提供了一个较为完善的电路仿真组件，可以根据设计的原理图进行电路仿真，并根据输出信号的状态调整电路设计，从而减少不必要的设计失误，提高电路设计的工作效率。

　　所谓电路仿真，就是用户直接利用 EDA 软件自身所提供的功能和环境，对所设计电路的实际运行情况进行模拟的过程。如果在制作 PCB 之前，能够对原理图进行仿真，明确系统的性能指标并据此对各项参数进行适当地调整，将节省大量的人力和物力。由于整个过程是在计算机上运行，所以操作相当简便，免去了搭建实际电路系统的不便，只需要输入不同的参数，就能得到不同情况下电路系统的性能，而且仿真结果真实、直观，便于用户查看和比较。

知 识 点

- ◎ 放置电源及仿真激励源
- ◎ 仿真分析的参数设置
- ◎ 特殊仿真元件的参数设置

12.1 放置电源及仿真激励源

Altium Designer 18 提供了多种电源和仿真激励源, 存放在 Simulation Sources. Intlib 集成库中, 供用户选择使用。在使用时, 均被默认为理想的激励源, 即电压源的内阻为零, 电流源的内阻为无穷大。

仿真激励源就是仿真时输入到仿真电路中的测试信号, 根据观察这些测试信号通过仿真 电路后的输出波形, 用户可以判断仿真电路中的参数设置是否合理。

常用的电源与仿真激励源有直流电压/电流源、正弦信号 激励源、周期脉冲源、分段线性激励源、指数激励源和单频调 频激励源。下面以直流电压/电流源为例介绍激励源的设置方 法。

图 12-1 直流电压/电流

直流电压源 VSRC 与直流电流源 ISRC 分别用来为仿真电路 提供一个不变的电压信号和电流信号, 符号形式如图 12-1 所 示。

这两种电源通常在仿真电路通电时, 或者需要为仿真电路输入一个阶跃激励信号时使 用, 以便用户观测电路中某一节点的瞬态响应波形。

需要设置的仿真参数是相同的, 双击新添加的仿真直流电压源, 弹出 "Properties (属 性)" 面板, 在该面板中可以设置其属性参数, 如图 12-2 所示。

图 12-2 "Properties (属性)" 面板

在"Models（模型）"选项组中双击"Simulation（仿真）"属性，弹出如图 12-3 所示的"Sim Model-Voltage Source/DC Source（仿真模型-电压源/直流源）"对话框。通过该对话框可以查看并修改仿真模型。"Parameters（参数）"选项卡中各项参数含义如下：

- "Value（值）"：用于设置直流电源电压值。
- "AC Magnitude（交流幅度）"：用于设置交流小信号分析的电压幅度。
- "AC Phase（交流相位）"：用于设置交流小信号分析的相位值。

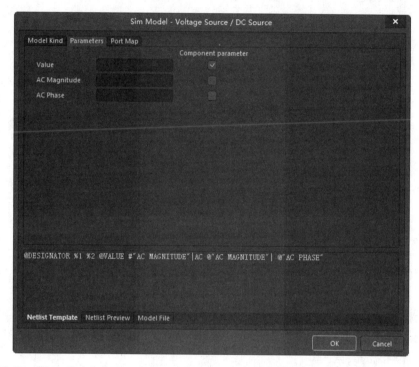

图 12-3 "Sim Model-Voltage Source/DC Source（仿真模型-电压源/直流源）"对话框

12.2 仿真分析的参数设置

在电路仿真中，选择合适的仿真方式并对相应的参数进行合理的设置，是仿真能够正确运行并获得良好仿真效果的关键。

一般来说，仿真方式的设置包括两部分，一是各种仿真方式都需要的通用参数设置，二是具体的仿真方式所需要的特定参数设置，二者缺一不可。

在原理图编辑环境中，选择菜单栏中的"设计"→"仿真"→"Mixed Sim（混合仿真）"选项，系统弹出如图 12-4 所示的"Analysis Setup（分析设置）"对话框。

在该对话框左侧的"Analyses/Options（分析/选项）"列表框中，列出了若干选项供用户选择，包括各种具体的仿真方式。对话框的右侧则用来显示与选项相对应的具体设置内容。系统的默认选项为"General Setup（常规设置）"。

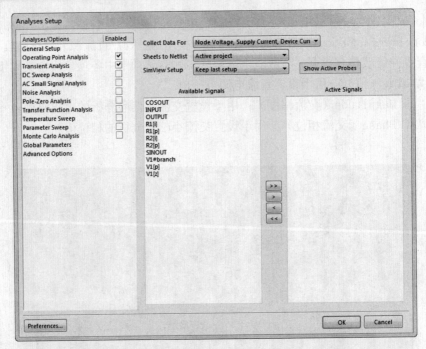

图 12-4　"Analysis Setup（分析设置）"对话框

12.2.1　常规参数的设置

（1）"Collect Date For（为了收集数据）"下拉列表：用于设置仿真程序需要计算的数据类型，有以下几种：

- Node Voltage and Supply Current：将保存每个节点电压和每个电源电流的数据。
- Node Voltage, Supply and Device Current：将保存每个节点电压、每个电源和器件电流的数据。
- Node Voltage, Supply Current, Device Current and Power：将保存每个节点电压、每个电源电流以及每个器件的电源和电流的数据。
- Node Voltage, Supply Current and Subcircuit VARs：将保存每个节点电压、来自每个电源的电流以及子电路变量中匹配的电压/电流的数据。
- Active Signals/Probe（积极信号/探针）：仅保存在 Active Signals 中列出的信号分析结果。由于仿真程序在计算上述这些数据时要占用很长的时间，因此在进行电路仿真时，应该尽可能少地设置需要计算的数据，只需要观测电路中节点的一些关键信号波形即可。

由于仿真程序在计算上述这些数据时要花费很长的时间，因此在进行电路仿真时，用户应该尽可能少地设置需要计算的数据，只需要观测电路中节点的一些关键信号波形即可。

打开右侧的"Collect Data For（为了收集数据）"下拉列表，可以看到系统提供的几种需要计算的数据组合，用户可以根据具体仿真的要求加以选择，系统默认为"Node Voltage,Supply Current,Device Current and Power（节点电压，提供电流，设置电流和功率）"。

一般来说，应设置为"Active Signals（积极的信号）"，这样一方面可以灵活选择所要观测的信号，另一方面也减少了仿真的计算量，提高了效率。

（2）"Sheets to Netlist（原理图网络表）"下拉列表：用于设置仿真程序的作用范围，包括以下两个选项：

● "Active sheet（积极的原理图）"：当前的电路仿真原理图。
● "Active project（积极的项目）"：当前的整个项目。

（3）"SimView Setup（仿真视图设置）"：下拉列表：用于设置仿真结果的显示内容。

● "Keep last setup（保持上一次设置）"：按照上一次仿真操作的设置在仿真结果图中显示信号波形，忽略"Active Signals（积极的信号）"列表框中所列出的信号。
● "Show active signals（显示积极的信号）：按照"Active Signals（积极的信号）"列表框中所列出的信号，在仿真结果图中进行显示。一般选择该选项。

（4）"Available Signals（有用的信号）"列表框：列出了所有可供选择的观测信号，具体内容随着"Collect Data For（收集数据）"下拉列表：的设置变化而变化，即对于不同的数据组合，可以观测的信号是不同的。

（5）"Active Signals（积极的信号）"列表框：列出了仿真程序运行结束后，能够立刻在仿真结果图中显示的信号。

在"Available Signals（有用的信号）"列表框中选择某一个需要显示的信号后，如选择 INPUT，单击按钮 ，可以将该信号加入到"Active Signals（积极的信号）"列表框，以便在仿真结果图中显示；单击按钮 ，则可以将"Active Signals（积极的信号）"列表框中某个不需要显示的信号移回"Available Signals（有用的信号）"列表框；单击按钮 ，直接将全部可用的信号加入到"Active Signals（积极的信号）"列表框中；单击按钮 ，则将全部处于激活状态的信号移回"Available Signals（有用的信号）"列表框中。

上面讲述的是在仿真运行前需要完成的常规参数设置，而对于用户具体选用的仿真方式，还需要进行一些特定参数的设定。

12.2.2 仿真方式

在 Altium Designer 18 系统中提供了 12 种仿真方式：
● Operating Point Analysis：工作点分析。
● Transient Analysis：瞬态特性分析。
● DC Sweep Analysis：直流扫描分析。
● AC Small Signal Analysis：交流小信号分析。
● Noise Analysis：噪声分析。
● Pole-Zero Analysis：零-极点分析。
● Transfer Function Analysis：传输函数分析。
● Temperature Sweep：温度扫描。
● Parameter Sweep：参数扫描。
● Monte Carlo Analysis：蒙特卡罗分析。

- Global Parameters：全局参数设置。
- Advanced Options：高级仿真选项设置。

读者可以进行各种仿真方式的功能特点及参数设置。

12.3 特殊仿真元器件的参数设置

在仿真过程中，有时还会用到一些专用于仿真的特殊元器件，它们存放在系统提供的 Simulation Sourees.IntLib 集成库中，在此只做简单的介绍。

12.3.1 节点电压初值

节点电压初值".IC"主要用于为电路中的某一节点提供电压初始值，与电容中"Initial Voltage（初始电压）"作用类似。设置方法很简单，只要把该元器件放在需要设置电压初值的节点上，通过设置该元器件的仿真参数，即可为相应的节点提供电压初值。放置的".IC"元器件如图 12-5 所示。

需要设置的".IC"元器件仿真参数只有一个，即节点的电压初始值。双击节点电压初始值元器件，系统将弹出如图 12-6 所示的"Properties（属性编辑）"-"Component（元器件）"属性编辑面板。

图 12-5 放置的".IC"元器件　　图 12-6 "Properties（属性编辑）"-"Component（元器件）"

属性编辑面板

选择"Model（模型）"选项组"Type（类型）"列中的"Simulation（仿真）"选项，单击"编辑"按钮 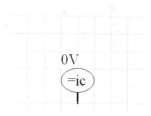，在系统弹出的对话框中设置".IC"元器件的仿真参数，如图12-7所示。

在"Parameters（参数）"选项卡中只有一项仿真参数即"Initial Voltage（初始电压）"，用于设定相应节点的电压初值，这里设置为"0V"。设置参数后的".IC"元器件如图 12-8所示。

使用".IC"元器件为电路中的一些节点设置电压初始值后，用户采用瞬态特性分析的仿真方式时，若勾选了"Use Initial Conditions"（使用初始条件）复选框，则仿真程序将直接使用".IC"元器件所设置的初始值作为瞬态特性分析的初始条件。

当电路中有储能元器件（如电容）时，如果在电容两端设置了电压初始值，而同时在与该电容连接的导线上也放置了".IC"元器件，并设置了参数值，那么此时进行瞬态特性分析时，系统将使用电容两端的电压初始值，而不会使用".IC"元器件的设置值，即一般元器件的优先级高于".IC"元器件。

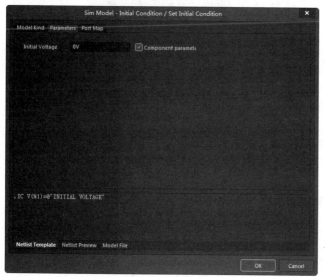

图12-7　设置".IC"元器件的仿真参数

图12-8　设置参数后的".IC"元器件

12.3.2　节点电压

在对双稳态或单稳态电路进行瞬态特性分析时，".NS"元器件用来设定某个节点的电压预收敛值。如果仿真程序计算出该节点的电压小于预设的收敛值，则去掉".NS"元器件所设置的收敛值，继续计算，直到算出真正的收敛值为止，即".NS"元器件是求节点电压收敛值的一个辅助手段。

设置方法很简单，只要把该元器件放在需要设置电压预收敛值的节点上，通过设置该元器件的仿真参数，即可为相应的节点设置电压预收敛值。放置的".NS"元器件如图12-9所示。

需要设置的".NS"元器件仿真参数只有一个，即节点的电压预收敛值。双击节点电压元器件，在系统将弹出的"Component（元器件）"属性面板中设置".NS"元器件的属性，如图12-10所示。

图 12-9　放置的 ".NS" 元器件　　　　图 12-10　设置 ".NS" 元器件属性

　　选择 "Models（模型）" 选项组 "Type（类型）" 列中的 "Simulation（仿真）" 选项，单击 "编辑" 按钮 ✏，在系统弹出的对话框中设置 ".NS" 元器件的仿真参数，如图 12-11 所示。

　　在 "Parameters（参数）" 选项卡中只有一项仿真参数，即 "Initial Voltage（初始电压）"，用于设定相应节点的电压预收敛值，这里设置为 10V。设置参数后的 ".NS" 元器件如图 12-12 所示。

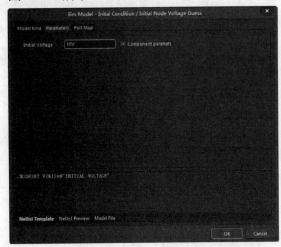

图 12-11　设置 ".NS" 元器件仿真参数　　　　图 12-12　设置参数后的 ".NS" 元器件

若在电路的某一节点处同时放置了".IC"元器件与".NS"元器件,则仿真时".IC"元器件的设置优先级将高于".NS"元器件。

12.3.3 仿真数学函数

Altium Designer 18的仿真器还提供了若干仿真数学函数,它们同样作为一种特殊的仿真元器件,可以放置在电路仿真原理图中使用。主要用于对仿真原理图中的两个节点信号进行各种合成运算,以达到一定的仿真目的,包括节点电压的加、减、乘、除,以及支路电流的加、减、乘、除等运算,也可以用于对一个节点信号进行各种变换,如正弦变换、余弦变换、双曲线变换等。

仿真数学函数存放在"Simulation Math Function.IntLib"仿真库中,只需要把相应的函数功能模块放到仿真原理图中需要进行信号处理的地方即可,仿真参数不需要用户自行设置。

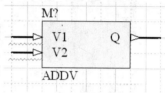

图12-13 仿真数学函数 ADDV

图12-13所示为对两个节点电压信号进行相加运算的仿真数学函数ADDV。

12.3.4 实例——正弦函数和余弦函数

本例使用相关的仿真数学函数,对某一输入信号进行正弦变换和余弦变换,然后叠加输出。具体的操作步骤如下:

(1)新建一个原理图文件,另存为"仿真数学函数.SchDoc"。

(2)在系统提供的集成库中选择"Simulation Sourees.IntLib"和"Simulation Math Function.IntLib",进行加载。

(3)在"Library(库)"面板中打开集成库"Simulation Math Function.IntLib",选择正弦变换函数SINV、余弦变换函数COSV及电压相加函数ADDV,将其分别放置到原理图中,如图12-14所示。

(4)在"Library(库)"面板中,打开集成库"Miscellaneous Devices.IntLib",选择元器件Res3,在原理图中放置两个接地电阻,并完成相应的电气连接,如图12-15所示。

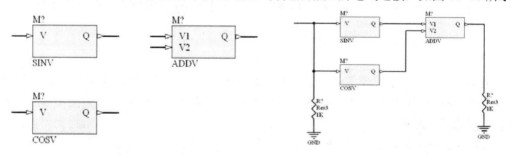

图12-14 放置数学函数　　　　　　图12-15 放置接地电阻并连接

(5)双击电阻,系统弹出属性设置面板,将相应的电阻值设置为1k。

(6)双击每一个仿真数学函数,弹出"Properties(属性)"-"Component(元器件)"

属性编辑面板，进行参数设置，只需设置标识符，如图 12-16 所示。

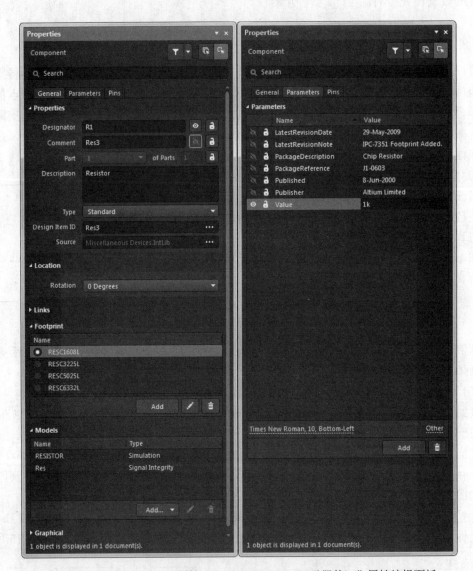

图 12-16　"Properties（属性）" - "Component（元器件）"属性编辑面板

提示：

电阻单位为Ω，在原理图进行仿真分析过程中，不识别符号Ω，添加该符号后进行仿真会弹出错误报告，因此对原理图需要进行仿真操作时，放置过程中电阻参数值不添加符号Ω，其余原理图需添加符号Ω。

设置好的原理图如图 12-17 所示。

（7）在"Library（库）"面板中打开集成库"Simulation Sources.IntLib"，找到正弦电压源 VSIN，放置在仿真原理图中，并进行接地连接，如图 12-18 所示。

（8）双击正弦电压源，弹出相应的属性面板，设置其基本参数及仿真参数，如图 12-19所示。标识符输入为 V1，其他各项仿真参数均采用系统的默认值。

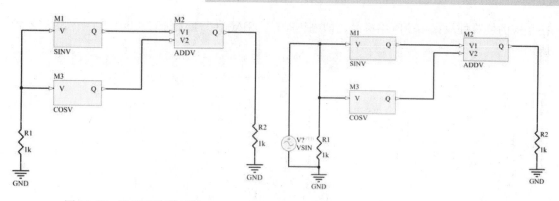

图 12-17   设置好的原理图   图 12-18   放置正弦电压源并连接

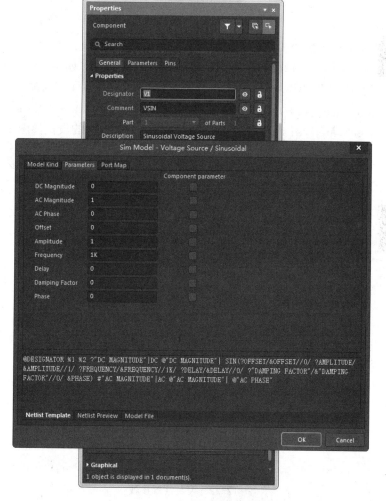

图 12-19   设置正弦电压源的参数

（9）单击"OK（确定）"按钮，得到的仿真原理图如图 12-20 所示。

（10）在原理图中需要观测信号的位置添加网络标号。在这里需要观测的信号有 4 个，即输入信号、经过正弦变换后的信号、经过余弦变换后的信号及叠加后输出的信号。因此，在相应的位置处放置 4 个网络标号，即"INPUT""SINOUT""COSOUT""OUTPUT"，如图 12-21 所示。

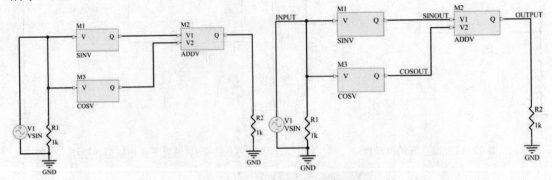

图 12-20　仿真原理图　　　　　　　　　　图 12-21　添加网络标号

　　（11）选择菜单栏中的"设计"→"仿真"→"Mixed Sim（混合仿真）"选项，在系统弹出的"Analysis Setup（分析设置）"对话框中设置常规参数，如图 12-22 所示。

　　（12）完成常规参数的设置后，在"Analyses/Options（分析/选项）"列表框中勾选"Operating Point Analysis（工作点分析）"和"Transient Analysis（瞬态特性分析）"复选框。"Transient Analysis（瞬态特性分析）"选项中各参数的设置如图 12-23 所示。

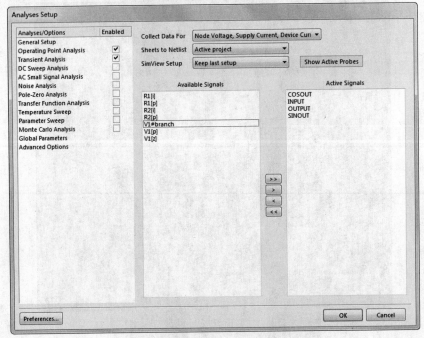

图 12-22　设置常规参数

　　（13）设置完毕后，单击"OK(确定)"按钮，系统进行电路仿真。瞬态仿真分析和傅里叶分析的仿真结果分别如图 12-24 和图 12-25 所示。

　　在图 12-24 和图 12-25 中分别显示了所要观测的 4 个信号的时域波形及频谱组成。在给出波形的同时，系统还为所观测的节点生成了傅里叶分析的相关数据，保存在扩展名为".sim"

的文件中，如图 12-26 所示。

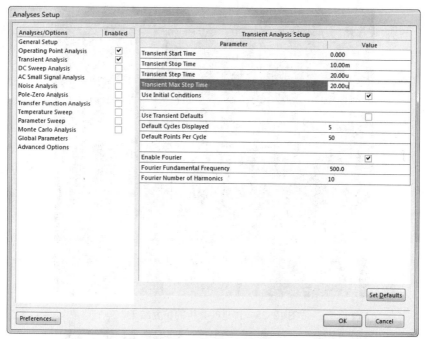

图 12-23   "Transient Analysis（瞬态特性分析）"选项的参数设置

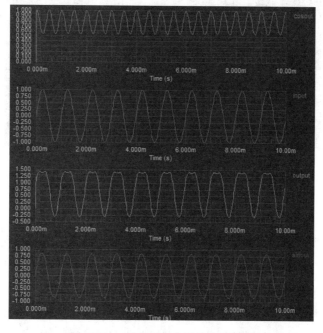

图 12-24   瞬态仿真分析的仿真结果

图 12-26 表明了直流分量为 0V，同时给出了基波和 2～9 次谐波的幅度、相位值，以及归一化的幅度、相位值等。

傅里叶变换分析是以基频为步长进行的，因此基频越小，得到的频谱信息就越多。但是基频的设定是有下限限制的，并不能无限小，其所对应的周期一定要小于或等于仿真的终止时间。

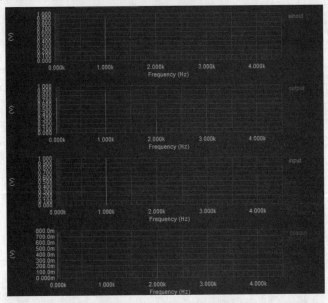

图 12-25　傅里叶分析的仿真结果

Circuit: PCB_Project1
Date: 周三五月2 15:39:15 2018

Fourier analysis for @v1[p]:
No. Harmonics: 10, THD: 5.12059E006 %, Gridsize: 200, Interpolation Degree: 1

Harmonic	Frequency	Magnitude	Phase	Norm. Mag	Norm. Pha
0	0.00000E+000	4.99995E-004	0.00000E+000	0.00000E+000	0.00000E+
1	5.00000E+002	9.70727E-009	-8.82000E+001	1.00000E+000	0.00000E+
2	1.00000E+003	9.70727E-009	-8.64000E+001	1.00000E+000	1.80000E+
3	1.50000E+003	9.70727E-009	-8.46000E+001	1.00000E+000	3.60000E+
4	2.00000E+003	4.97070E-004	-9.00004E+001	5.12059E+004	-1.80042E
5	2.50000E+003	9.70727E-009	-8.10000E+001	1.00000E+000	7.20000E+
6	3.00000E+003	9.70727E-009	-7.92000E+001	1.00000E+000	9.00000E+
7	3.50000E+003	9.70727E-009	-7.74000E+001	1.00000E+000	1.08000E+
8	4.00000E+003	9.70727E-009	-7.56000E+001	1.00000E+000	1.26000E+
9	4.50000E+003	9.70727E-009	-7.38000E+001	1.00000E+000	1.44000E+

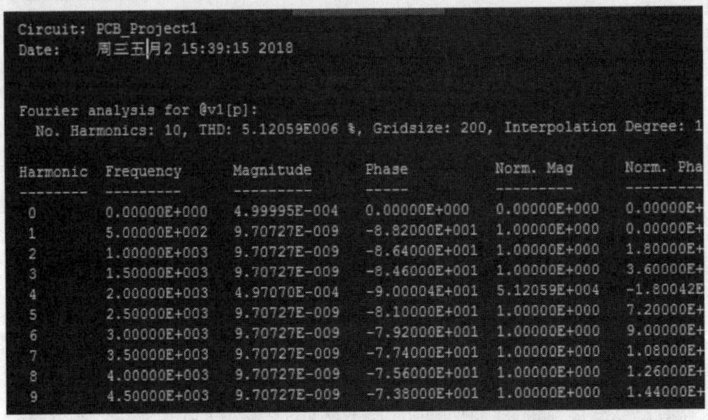

图 12-26　输出信号的傅里叶分析数据

12.4　操作实例

12.4.1　555 单稳态多谐震荡器仿真

1. 设计要求

本例要求根据图 12-27 所示的单稳态多谐震荡电路原理图，完成电路的扫描特性分析。

2. 操作步骤

（1）在 Altium Designer 18 主窗口中选择“File（文件）”→“新的”→“项目”→

"PCB 工程"，创建工程文件，然后单击，选择"保存工程为"选项，将新建的工程文件保存为"555 Monostable Multivibrator.PrjPCB"。

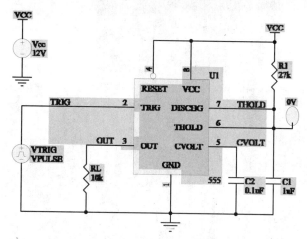

图 12-27 单稳态多谐震荡电路原理图

（2）单击右键，选择"添加已有文档到工程"选项，在弹出的对话框中选择"555 Monostable Multivibrator.SchDoc"，添加的原理图文件如图 12-28 所示。

（3）设置元器件的参数。双击该元器件，系统将弹出元器件属性面板。按照设计要求设置元器件参数，如图 12-29 所示。

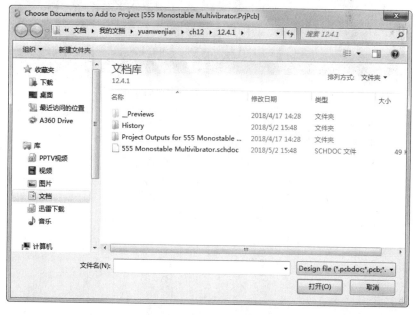

图 12-28 添加的原理图文件

（4）选择菜单栏中的"设计"→"仿真"→"Mixed Sim（混合仿真）"选项，系统将弹出"Analysis Setup（分析设置）"对话框，如图 12-30 所示。选择"Operating Poin Analysis（工作点分析）"复选框，并选择积极的信号 OUT、TRIG、C2[p]、THOLD。勾选"Transient

Analysis（瞬态特性分析）"复选框，进行瞬态仿真分析参数设置，如图 12-31 所示。

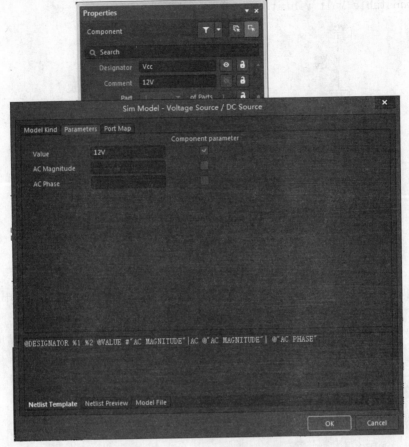

图 12-29　设置元器件属性参数

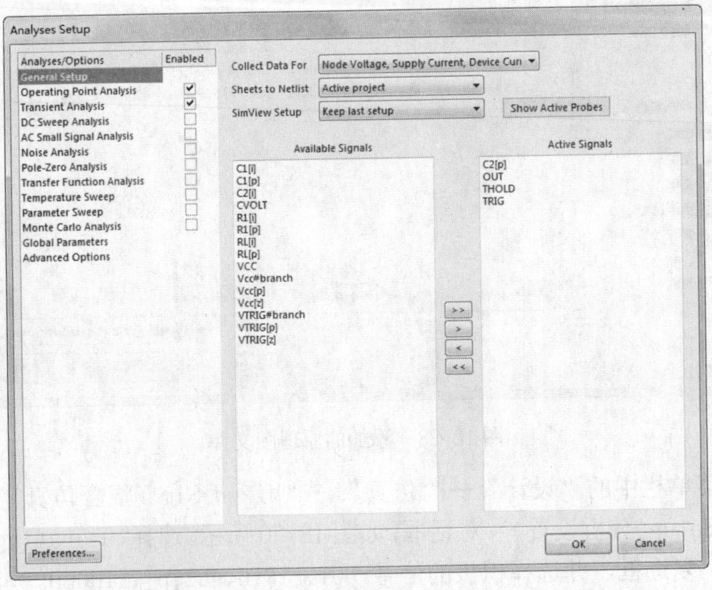

图 12-30　"Analysis Setup（分析设置）"对话框

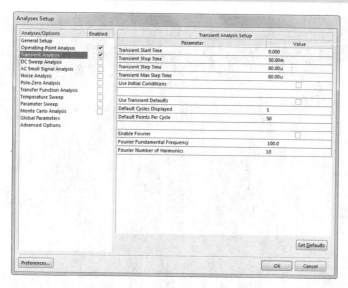

图 12-31 设置瞬态仿真分析参数

（5）设置完毕后，单击"OK（确定）"按钮，进行仿真，显示信息面板，如图 12-32 所示。系统进行瞬态特性分析，其结果如图 12-33、图 12-34 所示。

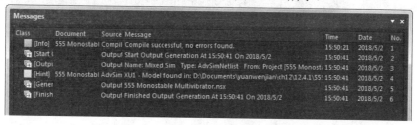

图 12-32 "Messages（信息）"面板

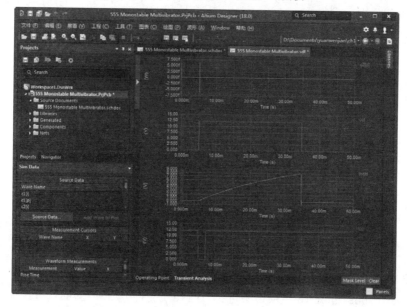

图 12-33 瞬态特性分析的仿真结果

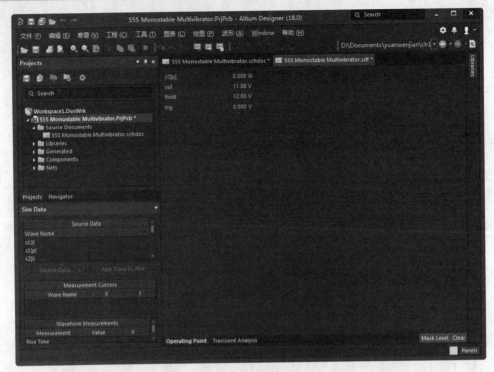

图 12-34　工作点分析的仿真结果

12.4.2　电源电路仿真

1．设计要求

本例要求根据图 12-35 所示的电源电路原理图，生成瞬态仿真分析波形，然后对生成的波形进行运算和分析。

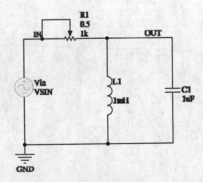

图 12-35　电源电路原理图

2．操作步骤

（1）建立工作环境。

1）在 Altium Designer 18 主窗口中选择"File（文件）"→"新的"→"项目"→"PCB 工程"选项，新建工程文件"电源电路.PrjPCB"。

2）选择"File（文件）"→"新的"→"原理图"选项，然后右击，选择"另存为"选项，将新建的原理图文件保存为"电源电路.SchDoc"。

3）建立如图 12-35 所示的电源电路原理图。

（2）设置元器件的仿真参数。

1）在本例中所用的信号源为正弦信号源，频率为 60Hz。另外，在原理图中添加两个网络标号 IN 和 OUT。

2）选择"设计"→"仿真"→"Mixed Sim"（混合仿真）选项，弹出"Analysis Setup（分析设置）"对话框；然后在其中对电源电路进行瞬态仿真分析，其参数的设置如图 12-36 所示。

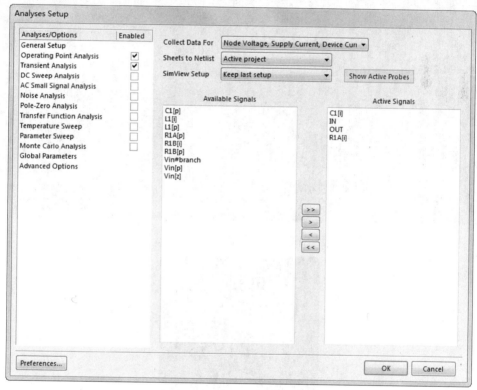

图 12-36　设置瞬态仿真分析参数

3）单击"OK（确定）"按钮，进行仿真，生成瞬态仿真分析波形，如图 12-37 所示。

（3）调整波形显示结果。选择"图表"→"图表选项"选项，弹出"Chart Options（图表选项）"对话框，如图 12-38 所示。该对话框用于调整波形分析器中波形的显示结果。在 Chart 选项组的 Name 文本框中输入要修改的曲线名称，在 X Axis 选项组设置 X 坐标轴的单位(Units)和标志(Label)。选择 Scale 选项卡，如图 12-39 所示。在该选项卡中设置 X 坐标轴的最大刻度(Maximum)和最小刻度(Minimum)等参数。单击"OK（确定）"按钮，退出对话框。

（4）波形的运算。

1）可以根据需要对生成的波形进行各种与、或等逻辑运算。选择"绘图"→"新图形"菜单命令，弹出"Plot Wizard-Step 1 of 3-Plot Title（绘制向导-3-绘制主题步骤 1）"对话框。在该对话框中输入新建波形的名称 New Plot，如图 12-40 所示。

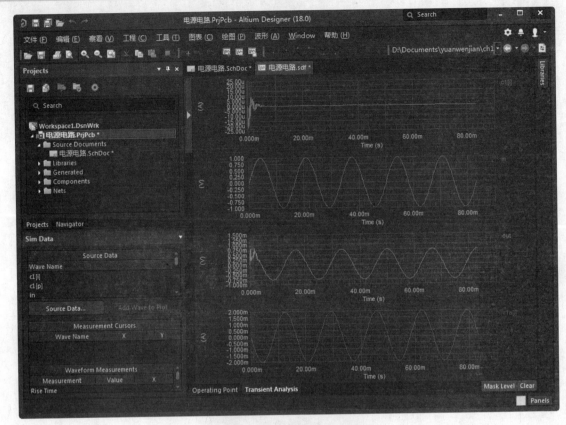

图 12-37　生成瞬态仿真分析波形

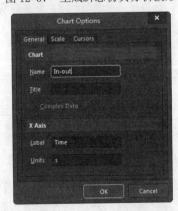

图 12-38　"Chart Options（图表选项）"对话框

2）单击"Next（下一步）"按钮，进入波形的显示方式设置，如图 12-41 所示。

3）单击"Next（下一步）"按钮，进入下一步设置，添加要进行运算的波形，如图 12-42 所示。单击"Add（添加）"按钮，就可以打开"Add Wave To Plot（添加波形到绘制）"对话框。在对话框左侧的列表框中选择要进行运算的波形，在对话框右侧的列表框中选择运算的方法，这样在"Expression"（表达）文本框中列出了所编辑的算术公式，如图 12-43 所示。

4）单击"Create（生成）"按钮，返回第 3 步设置界面，如图 12-44 所示，单击"Next（下一步）"按钮，进入到最后一个步骤，如图 12-45 所示。单击"Finish（完成）"按钮，就可以创建一个新的波形，如图 12-46 所示。

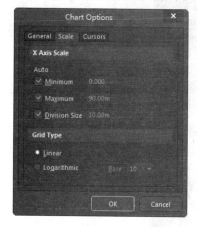

图 12-39　Scale 选项卡

图 12-40　输入新波形的名称

图 12-41　设置波形的显示方式

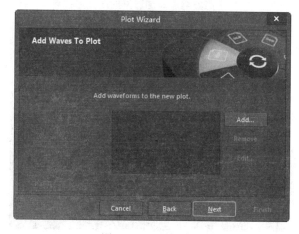

图 12-42　添加波形

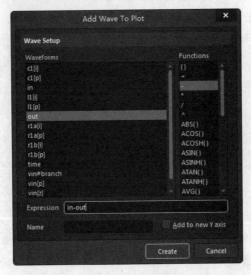

图 12-43   "Add Wave To Plot"对话框

（5）保存仿真结果。

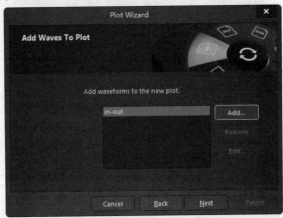

图 12-44   添加进来的新波形

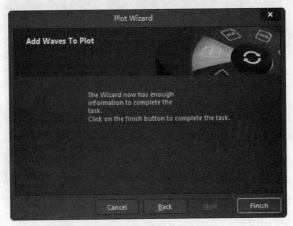

图 12-45   结束波形的添加

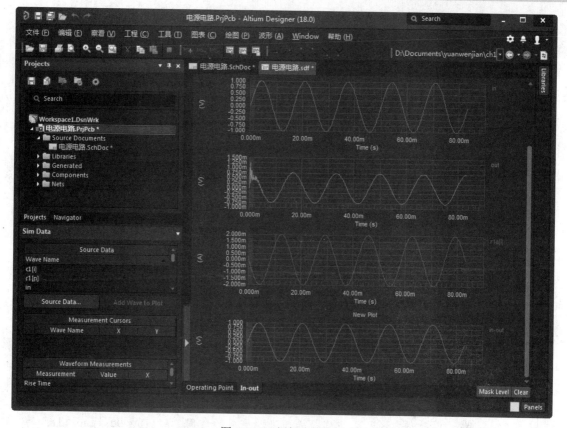

图 12-46　新创建的波形

第 **13** 章

信号完整性分析

　　随着新工艺、新元器件的迅猛发展，高速电路系统的数据传输率、时钟频率都相当高，而且电路功能复杂多样，电路密度也不断增大，高速元器件已经广泛应用在类似电路的设计过程中。因此，高速电路设计的重点与低速电路设计截然不同，不能仅顾及元器件的合理放置与导线的正确连接，还应该对信号的完整性（Signal Integrity，简称 SI）问题给予充分的考虑，否则即使原理正确，系统也可能无法正常工作。

　　信号完整性分析是高速 PCB 分析与设计的重要辅助手段，在硬件电路设计中发挥着越来越重要的作用。Altium Designer 18 提供了具有较强功能的信号完整性分析器，以及实用的 SI 专用工具，使 Altium Designer 18 用户能够通过软件模拟出整个电路板各个网络的工作情况，同时还提供了多种解决方案，帮助用户进一步优化自己的电路设计。

- 信号完整性分析规则设置
- 设定元器件的信号完整性模型
- 信号完整性分析器设置

13.1 信号完整性分析规则设置

Altium Designer 18 中包含了许多信号完整性分析的规则，这些规则用于在 PCB 设计中检测一些潜在的信号完整性问题。

在 Altium Designer 18 的 PCB 编辑环境中，选择菜单栏中的"设计"→"规则"选项，系统将弹出"PCB Rules and Constraints Editor（PCB 规则及约束编辑器）"对话框。在该对话框中单击"Design Rules（设计规则）"前面的按钮 ⊞，选择其中的"Signal Integrity（信号完整性）"选项，即可看到如图 13-1 所示的各种信号完整性分析选项，可以根据设计工作的要求，选择所需的规则进行设置。

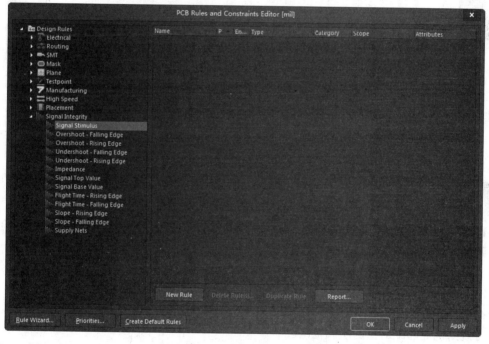

图 13-1 "PCB Rules and Constraints Editor（PCB 规则及约束编辑器）"对话框

在"PCB Rules and Constraints Editor（PCB 规则及约束编辑器）"对话框中列出了 Altium Designer 18 提供的所有设计规则，但仅列出了可以使用的规则，要想在 DRC 校验时真正使用这些规则，还需要在第一次使用时，把该规则作为新规则添加到实际使用的规则库中。在需要使用的规则上右击，在弹出的快捷菜单中选择"New Rule（新规则）"选项，即可把该规则添加到实际使用的规则库中。如果需要多次使用该规则，可以为其建立多个新的规则，并用不同的名称加以区别。在快捷菜单中选择"Report（报表）"选项，则为该规则建立相应的报表文件，并可以打印输出，如图 13-2 所示。

在 Altium Designer 18 中包含 13 条信号完整性分析的规则，下面分别介绍。

（1）"Signal Stimulus（激励信号）"规则：在"Signal Integrity（信号完整性）"选项上右击，在弹出的快捷菜单中选择"New Rule（新规则）"选项，生成"Signal Stimulus

（激励信号）"规则选项，单击该规则，弹出如图 13-3 所示的"Signal Stimulus（激励信号）"规则设置对话框。在该对话框中可以设置激励信号的各项参数。

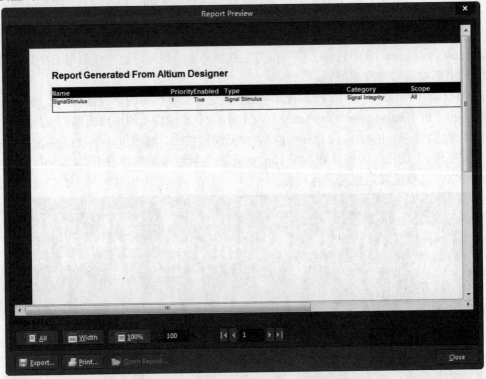

Report Generated From Altium Designer

Name	Priority	Enabled	Type	Category	Scope
SignalStimulus	1	True	Signal Stimulus	Signal Integrity	All

图 13-2 "Report Preview（报表预览）"对话框

1）"Name（名称）"文本框：用于为该规则设立一个便于理解的名字，在 DRC 校验中，当电路板布线违反该规则时，就将以该参数名称显示此错误。

2）"Comment（注释）"文本框：用于设置该规则的注释说明。

3）"Unique ID（唯一 ID）"文本框：用于为该参数提供一个随机的 ID 号。

4）"Where the First object matches（优先匹配对象的位置）"选项组：用于设置激励信号规则优先匹配对象的所属范围。

5）"Constraints（约束）"选项组：用于设置激励信号的约束规则。共有 5 个选项，其含义如下：

● "Simulus（激励类型）"：用于设置激励信号的种类，包括 3 种选项，即"Constant Level（固定电平）"，表示激励信号为某个常数电平；"Single Pulse（单脉冲）"表示激励信号为单脉冲信号；"Periodic Pulse（周期脉冲）"，表示激励信号为周期性脉冲信号。

● "Start Level（开始级别）"：用于设置激励信号的初始电平，仅对"Single Pulse（单脉冲）"和"Periodic Pulse（周期脉冲）"有效，设置初始电平时为低电平选择"Low Level（低电平）"，设置初始电平为高电平时选择 High Level。

● "Start Time（开始时间）"：用于设置激励信号高电平脉宽的起始时间。

● "Stop Time（停止时间）"：用于设置激励信号高电平脉宽的终止时间。

● "Period Time（时间周期）"：用于设置激励信号的周期。

在设置激励信号的时间参数时，要注意添加单位，以免设置出错。

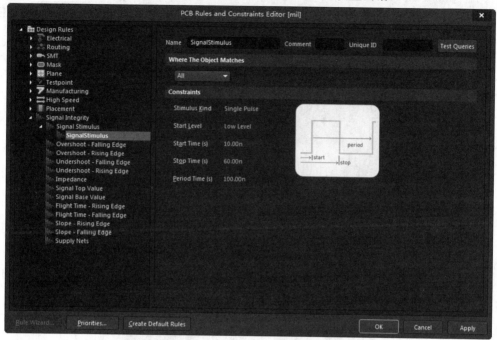

图13-3　"Signal Stimulus（激励信号）"规则设置对话框

（2）"Overshoot-Falling Edge（信号下降沿的过冲）"规则：信号下降沿的过冲定义了信号下降边沿允许的最大过冲值，即信号下降沿低于信号基准值的最大阻尼振荡，系统默认的单位是伏特。"Overshoot-Falling Edge（信号下降沿的过冲）"规则设置对话框如图 13-4所示。

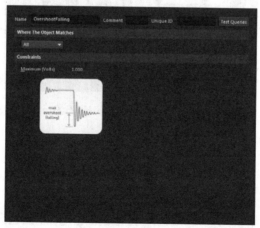

图13-4　"Overshoot-Falling Edge（信号下降沿的过冲）"规则设置对话框

（3）"Overshoot-Rising Edge（信号上升沿的过冲）"规则：信号上升沿的过冲与信号下降沿的过冲是相对应的，它定义了信号上升沿允许的最大过冲量，即信号上升沿高于信号高电平值的最大阻尼振荡，系统默认的单位是伏特（V）。"Overshoot-Rising Edge（信号上升沿的过冲)"规则设置对话框如图 13-5 所示。

(4)"Undershoot-Falling Edge(信号下降沿的反冲)"规则:信号反冲与信号过冲略有区别。信号下降沿的反冲定义了信号下降边沿允许的最大反冲量,即信号下降沿高于信号基准值(低电平)的阻尼振荡,系统默认的单位是伏特(V)。"Undershoot-Falling Edge(信号下降沿的反冲)"规则设置对话框如图 13-6 所示。

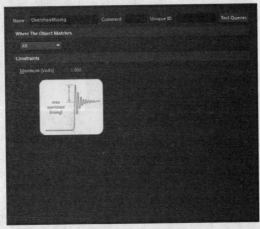

图 13-5　"Overshoot-Rising Edge(信号上升沿的过冲)"规则设置对话框

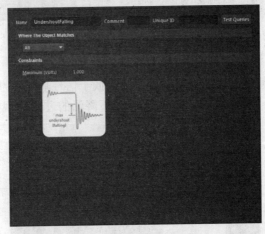

图 13-6　"Undershoot-Falling Edge(信号下降沿的反冲)"规则设置对话框

(5)"Undershoot-Rising Edge(信号上升沿的反冲)"规则:信号上升沿的反冲与信号下降沿的反冲是相对应的,它定义了信号上升沿允许的最大反冲值,即信号上升沿低于信号高电平值的阻尼振荡,系统默认的单位是伏特(V)。"Undershoot-Rising Edge(信号上升沿的反冲)"规则设置对话框如图 13-7 所示。

(6)"Impedance(阻抗约束)"规则:阻抗约束定义了电路板上所允许的电阻的最大和最小值,系统默认的单位是欧姆(Ω)。阻抗和导体的几何外观及电导率、导体外的绝缘层材料及电路板的几何物理分布,以及导体间在 Z 平面域的距离相关。其中,绝缘层材料包括电路板的基本材料、工作层间的绝缘层及焊接材料等。

(7)"Signal Top Value(信号高电平)"规则:信号高电平定义了线路上信号在高电

平状态下所允许的最低稳定电压值，即信号高电平的最低稳定电压，系统默认的单位是伏特
（V）。"Signal Top Value（信号高电平）"规则设置对话框如图 13-8 所示。

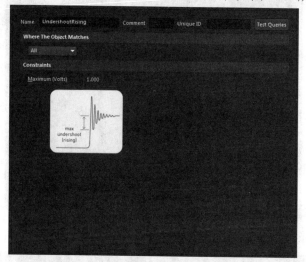

图 13-7　"Undershoot-Rising Edge（信号上升沿的反冲）"规则设置对话框

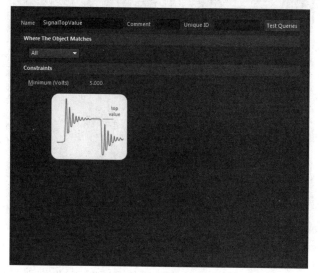

图 13-8　"Signal Top Value（信号高电平）"规则设置对话框

　　（8）"Signal Base Value（信号基准值）"规则：信号基准值与信号高电平是相对应的，
它定义了线路上信号在低电平状态下所允许的最高稳定电压值，即信号低电平的最高稳定电
压值，系统默认的单位是伏特（V）。"Signal Base Value（信号基准值）"规则设置对话框如
图 13-9 所示。

　　（9）"Flight Time-Rising Edge（上升沿的上升时间)"规则：上升沿的上升时间定义
了信号上升沿允许的最大上升时间，即信号上升沿到达信号幅度值的 50%时所需的时间，系
统默认的单位是秒（s）。"Flight Time-Rising Edge（上升沿的上升时间)"规则设置对话框
如图 13-10 所示。

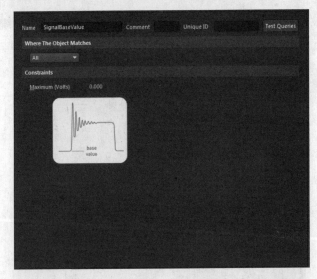

图 13-9 "Signal Base Value (信号基准值)"规则设置对话框

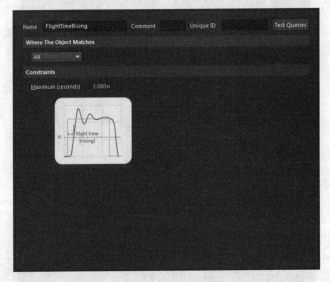

图 13-10 "Flight Time-Rising Edge (上升沿的上升时间)"规则设置对话框

（10）"Flight Time-Falling Edge（下降沿的下降时间）"规则：下降沿的下降时间是由相互连接电路单元引起的时间延迟，它实际是信号电压降低到门限电压（由高电平变为低电平的过程中）所需要的时间。该时间远小于在该网络的输出端直接连接一个参考负载时信号电平降低到门限电压所需要的时间。

下降沿的下降时间与上升沿的上升时间是相对应的，它定义了信号下降边沿允许的最大下降时间，即信号下降边沿到达信号幅度值的 50%时所需的时间，系统默认的单位是秒（s）。"Flight Time-Falling Edge（下降沿的下降时间）"规则设置对话框如图 13-11 所示。

（11）"Slope-Rising Edge（上升沿斜率）"规则：上升沿斜率定义了信号从门限电压上升到一个有效的高电平时所允许的最大时间，系统默认的单位是秒（s）。"Slope-Rising Edge（上升沿斜率）"规则设置对话框如图 13-12 所示。

（12）"Slope-Falling Edge（下降沿斜率）"规则：下降沿斜率与上升沿斜率是相对应的，它定义了信号从门限电压下降到一个有效的低电平时所允许的最大时间，系统默认的单位是秒（s）。"Slope-Falling Edge（下降沿斜率）"规则设置对话框如图13-13所示。

（13）"Supply Nets（电源网络）"规则：电源网络定义了电路板上的电源网络标号。信号完整性分析器需要了解电源网络标号的名称和电压值。

在设置好完整性分析的各项规则后，在工程文件中打开某个PCB设计文件，系统即可根据信号完整性的规则设置对印制电路板进行板级信号完整性分析。

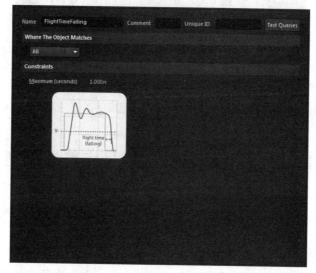

图13-11　"Flight Time-Falling Edge（下降沿的下降时间）"规则设置对话框

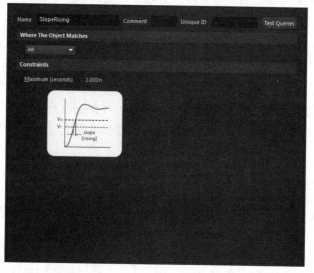

图13-12　"Slope-Rising Edge（上降沿斜率）"规则设置对话框

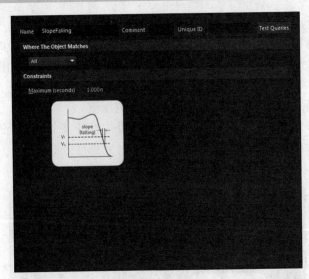

图 13-13　"Slope-Falling Edge（下降沿斜率）"规则设置对话框

13.2　设定元器件的信号完整性模型

与第 12 章的电路原理图仿真过程类似，Altium Designer 18 的信号完整性分析也是建立在模型基础之上的，这种模型就称为信号完整性模型，简称 SI 模型。

与封装模型、仿真模型一样，SI 模型也是元器件的一种外在表现形式。很多元器件的SI 模型与相应的原理图符号、封装模型、仿真模型一起，由系统存放在集成库文件中。因此，与设定仿真模型类似，也需要对元器件的 SI 模型进行设定。

元器件的 SI 模型可以在信号完整性分析之前设定，也可以在信号完整性分析的过程中进行设定。

13.2.1　在信号完整性分析前设定元器件的 SI 模型

在 Altium Designer 18 中提供了若干种可以设定 SI 模型的元器件类型，如 IC（集成电路）、Resistor（电阻元件）、Capacitor（电容元件）、Connector（连接器类元器件）、Diode（二极管器件）和 BJT（双极性晶体管器件）等。对于不同类型的元器件，其设定方法各不相同。

1．无源元器件的 SI 模型设定

（1）在电路原理图中，双击所放置的某一无源元器件，打开相应的元器件属性对话框，双击一个电阻。

（2）选择元器件属性面板"General（通用）"选项卡中，双击"Models（模型）"选项组中的"Add（添加）"按钮，选择"Signal Integrity（信号完整性）"选项，如图 13-14所示。

图 13-14　选择"Signal Integrity（信号完整性）"选项

（3）系统将弹出如图 13-15 所示的"Signal Integrity Model（信号完整性模型）"对话框。在该对话框中，只需要在"Type（类型）"下拉列表中选择相应的类型，此时选择"Resistor（电阻器）"选项，然后在"Value（值）"文本框中输入适当的电阻值即可。

（4）若在"Model（模型）"选项组的类型中，元器件的"Signal Integrity（信号完整性）"模型已经存在，则双击后，系统同样弹出如图 13-15 所示的"Signal Integrity Model（信号完整性模型）"对话框。

（5）单击"OK（确定）"按钮，即可完成该无源元器件的 SI 模型设定。

对于 IC 类的元器件，其 SI 模型的设定同样是在"Signal Integrity Model（信号完整性模型）"对话框中完成的。一般说米，只需要设定其内部结构特性就够了，如 CMOS、TTL 等。但是在一些特殊的应用中，为了更准确地描述引脚的电气特性，还需要进行一些额外的设定。

在"Signal Integrity Model（信号完整性模型）"对话框的"Pin Models（引脚模型）"列表框中列出了元器件的所有引脚。在这些引脚中，电源性质的引脚是不可编辑的，而对于其他引脚，则可以直接用其右侧的下拉列表完成简单功能的编辑。如图 13-16 所示，将某一元器件（如SN74LS01D）的某一输入引脚的技术特性，即工艺类型设定为AS（Advanced schottky logic，高级肖特基逻辑晶体管）。

图 13-15　"Signal Integrity Model（信号完整性模型）"对话框

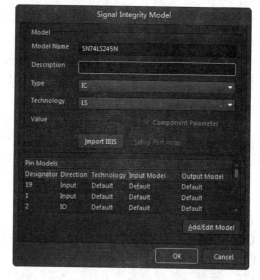

图 13-16　IC 元器件的引脚编辑

如果需要进一步的编辑，可以进行如下的操作。

2. 新建引脚模型

（1）在"Signal Integrity Model（信号完整性模型）"对话框中，单击"Add/Edit Model（添加/编辑模型）"按钮，系统将弹出相应的引脚模型编辑器，如图 13-17 所示。

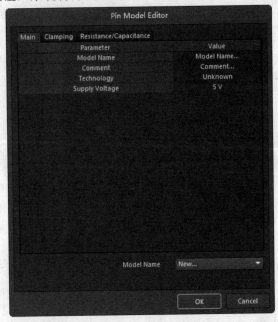

图 13-17　引脚模型编辑器

（2）单击"OK（确定）"按钮，返回"Signal Integrity Model（信号完整性模型）"对话框，可以看到添加了一个新的输入引脚模型，可供用户选择。

另外，为了简化设定 SI 模型的操作，以及保证输入的正确性，对于 IC 类元器件，一些公司提供了现成的引脚模型供用户选择使用，这就是 IBIS（input/output buffer information specification，输入、输出缓冲器信息规范）文件，扩展名为".ibs"。

使用 IBIS 文件的方法很简单，在"Signal Integrity Model"（信号完整性模型）对话框中，单击"Import IBIS（输入 IBIS）"按钮，打开已下载的 IBIS 文件就可以了。

（3）对元器件的 SI 模型设定之后，选择菜单栏中的"设计"→"Update PCB Document（更新 PCB 文件）"选项，即可完成相应 PCB 文件的同步更新。

13.2.2　在信号完整性分析过程中设定元器件的 SI 模型

具体的操作步骤如下：

（1）打开执行信号完整性分析的项目，这里打开一个简单的设计项目 SY.PrjPCB，打开的 SY.PcbDoc 项目文件如图 13-18 所示。

（2）选择菜单栏中的"工具"→"Signal Integrity（信号完整性）"选项，系统开始运行信号完整性分析器，弹出如图 13-19 所示的信号完整性分析器，其具体设置将在 13.3 节中详细介绍。

（3）单击 按钮 Model Assignments... ，系统将弹出"SI 模型参数设定"对话框，显示所有元器件的 SI 模型设定情况，供用户参考或修改，如图 13-20 所示。

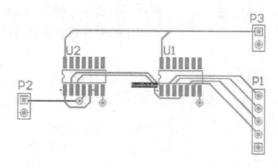

图 13-18　SY.PcbDoc 项目文件

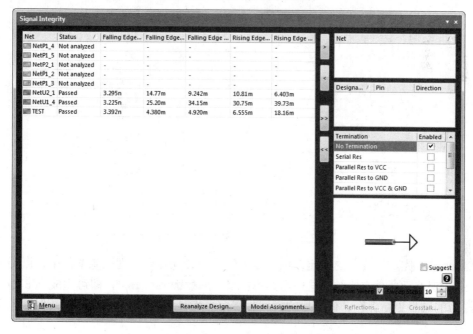

图 13-19　信号完整性分析器

　　显示框中左侧第 2 列显示的是已经为元器件选定的 SI 模型，用户可以根据实际的情况，对不合适的模型类型直接单击进行更改。

　　对于 IC（集成电路）类型的元器件，在对应的"Value/Type（值/类型）"列中显示了其制造工艺类型，该项参数对信号完整性分析的结果有着较大的影响。

　　在"Status（状态）"列中，显示了当前模型的状态。实际上，在选择菜单栏中的"工具"→"Signal Integrity（信号完整性）"选项，开始运行信号完整性分析器时，系统已经为一些没有设定 SI 模型的元器件添加了模型,这里的状态信息就表示了这些自动加入的模型的可信程度，供用户参考。状态信息一般有以下几种：

● "Model Found（找到模型）"：已经找到元器件的 SI 模型。
● "High Confidence（高可信度）"：自动加入的模型是高度可信的。
● "Medium Confidence（中等可信度）"：自动加入的模型可信度为中等。
● "Low Confidence（低可信度）"：自动加入的模型可信度较低。

- "No Match（不匹配）"：没有合适的 SI 模型类型。
- "User Modified（用修改的）"：用户已修改元器件的 SI 模型。
- "Model Saved（保存模型）"：原理图中的对应元器件已经保存了与 SI 模型相关的信息。

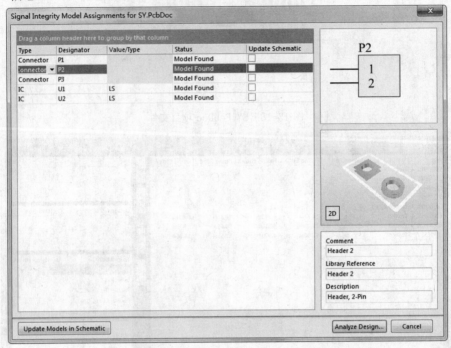

图 13-20 "SI 模型参数设定" 对话框

在显示框中完成了需要的设定以后，这个结果应该保存到原理图源文件中，以便下次使用。勾选要保存元器件右侧的复选框后，单击 按钮 Update Models in Schematic，即可完成 PCB 与原理图中 SI 模型的同步更新保存。保存后的模型状态信息均显示为 "Model Saved（保存模型）"。

13.3 信号完整性分析器设置

Altium Designer 18 提供了一个高级的信号完整性分析器，能精确地模拟分析已布线的 PCB，可以测试网络阻抗、反冲、过冲、信号斜率等。其设置方式与 PCB 设计规则一样，首先启动信号完整性分析器，再打开某一项目的某一 PCB 文件，选择菜单栏中的 "工具"→"Signal Integrity（信号完整性）" 选项，系统开始运行信号完整性分析器。

信号完整性分析器界面如图 13-21 所示，主要由以下几部分组成。

1. 网络栏

网络栏中列出了 PCB 文件中所有可能需要进行分析的网络。在分析之前，可以选择需要进一步分析的网络，单击按钮 ，添加到右侧的 "Net（网络）" 栏中。

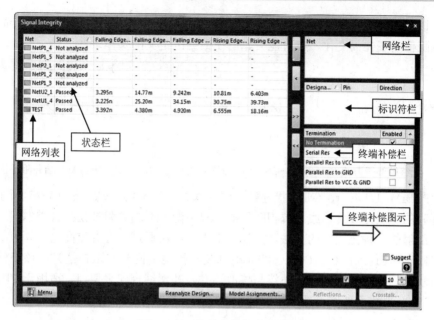

图 13-21　信号完整性分析器界面

2．状态栏

用于显示对某个网络进行信号完整性分析后的状态，包括以下 3 种状态：

- "Passed（通过）"：表示通过，没有问题。
- "Not analyzed（无法分析）"：表示由于某种原因导致对该信号的分析无法进行。
- "Failed（失败）"：分析失败。

3．Designator（标号）栏

用于显示在"Net（网络）"栏中选定的网络所连接元器件的引脚及信号的方向。

4．Termination（终端补偿）栏

在 Altium Designer 18 中，对 PCB 进行信号完整性分析时，还需要对线路上的信号进行终端补偿的测试。其目的是测试传输线中信号的反射与串扰，以便使 PCB 中的线路信号达到最优。

在"Termination（终端补偿）"栏中，系统提供了 8 种信号终端补偿方式，相应的图示显示在下面的图示栏中。

（1）"No Termination（无终端补偿）"：该补偿方式如图 13-22 所示，即直接进行信号传输，对终端不进行补偿，是系统的默认方式。

（2）"Serial Res（串阻补偿）"：该补偿方式如图 13-23 所示，即在点对点的连接方式中直接串入一个电阻，以降低外部电压信号的幅值，合适的串阻补偿将使得信号正确传输到接收端，消除接收端的过冲现象。

（3）"Parallel Res to VCC（电源 VCC 端并阻补偿）"：在电源 VCC 输出端并联的电阻是和传输线阻抗相匹配的，对于线路的信号反射，这是一种比较好的补偿方式，如图 13-24

所示。由于该电阻上会有电流通过，因此将增加电源的消耗，导致低电平阀值的升高。该阀值会根据电阻值的变化而变化，有可能会超出在数据区定义的操作条件。

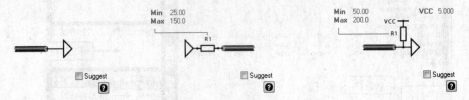

图 13-22　无终端补偿方式　　　图 13-23　串阻补偿方式　　　图 13-24　电源 VCC 端并阻补偿方式

（4）"Parallel Res to GND（接地端并阻补偿）"：该补偿方式如图 13-25 所示，在接地输入端并联的电阻是和传输线阻抗相匹配的，与电源 VCC 端并阻补偿方式类似，这也是补偿线路信号反射的一种比较好的方法。同样，由于有电流通过，会导致高电平阀值的降低。

（5）"Parallel Res to VCC & GND（电源端与接地端同时并阻补偿）"：该补偿方式如图 13-26 所示。它是将电源端并阻补偿与接地端并阻补偿结合起来使用。适用于 TTL 总线系统，而对于 CMOS 总线系统则一般不建议使用。

图 13-25　接地端并阻补偿方式　　　　　图 13-26　电源端与接地端同时并阻补偿方式

由于该补偿方式相当于在电源与地之间直接接入了一个电阻，通过的电流将比较大，因此对于两电阻的阻值应折中分配，以防电流过大。

（6）"Parallel Cap to GND（接地端并联电容补偿）"：该补偿方式如图 13-27 所示，即在信号接收端对地并联一个电容，可以降低信号噪声。该补偿方式是制作 PCB 时最常用的方式，能够有效地消除铜膜导线在走线拐弯处所引起的波形畸变。最大的缺点是波形的上升沿或下降沿会变得太平坦，导致上升时间和下降时间增加。

（7）"Res and Cap to GND（接地端并阻、并容补偿）"：该补偿方式如图 13-28 所示，即在接收输入端对地并联一个电容和一个电阻，与接地端仅仅并联电容的补偿效果基本一样，只不过在补偿网络中不再有直流电流通过，而且与地端仅仅并联电阻的补偿方式相比，能够使得线路信号的边沿比较平坦。

在大多数情况下，当时间常数 RC 大约为延迟时间的 4 倍时，这种补偿方式可以使传输线上的信号充分终止。

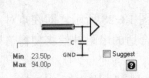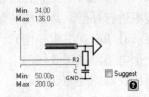

图 13-27　接地端并联电容补偿方式　　　图 13-28　接地端并阻、并容补偿方式

（8）"Parallel Schottky Diode（并联肖特基二极管补偿）"：该补偿方式如图 13-29 所示。它是在传输线补偿端的电源和地端并联肖特基二极管，以减小接收端信号的过冲和下冲值。大多数标准逻辑集成电路的输入电路都采用了这种补偿方式。

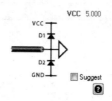

图 13-29 并联肖特基二极管补偿方式

5．Perform Sweep（执行扫描） 复选框

若勾选该复选框，则信号分析时会按照用户所设置的参数范围，对整个系统的信号完整性进行扫描，类似于电路原理图仿真中的参数扫描方式。扫描步数可以在后面进行设置，一般应勾选该复选框，扫描步数采用系统默认值即可。

6．Menue（菜单）按钮

选择其中一个网络后单击该按钮，弹出如图 13-30 所示"Menue（菜单）"菜单，各命令功能如下：

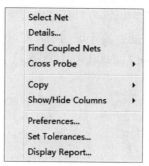

图 13-30 "Menue（菜单）"菜单

- "Select Net（选择网络）"：选择该选项，系统会将选择的网络添加到右侧的网络栏内。
- "Details(详细资料)"：选择该选项，系统将弹出如图 13-31 所示的"Full Results（全部结果）"显示框，显示在网络栏中所选的网络详细分析情况，包括元器件个数、导线条数，以及根据所设定的分析规则得出的各项参数等。
- "Find Coupled Nets（找到关联网络）"：选择该选项，可以查找所有与选择的网络有关联的网络，并高亮显示。
- "Cross Probe（通过探查）"：包括"To Schematic（到原理图）"和"To PCB（到PCB）"两个子选项，分别用于在原理图中或 PCB 文件中查找所选择的网络。
- "Copy（复制）"：复制所选择的网络，包括"Select（选择）"和"All（所有）"两个子选项，分别用于复制选择的网络和选择所有网络。

- "Show/Hidden Columns（显示/隐藏纵队）"：该选项用于在网络栏中显示或者隐藏一些分析数据列。"Show/Hidden Columns（显示/隐藏纵队）"子菜单如图 13-32 所示。

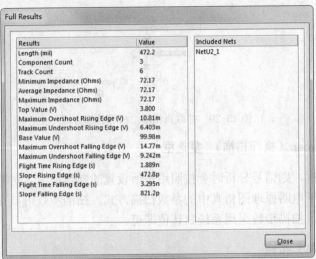

图 13-31　"Full Results（全部结果）"显示框

- "Preferences（参数）"：选择该选项，用户可以在弹出的"Signal Integrity Preferences（信号完整性参数）"对话框中设置信号完整性分析的相关选项，如图 13-33 所示。该对话框中包含若干选项卡，对应不同的设置内容。在信号完整性分析中，用到的主要是"Configuration（配置）"选项卡，它可用于设置信号完整性分析的时间及步长。

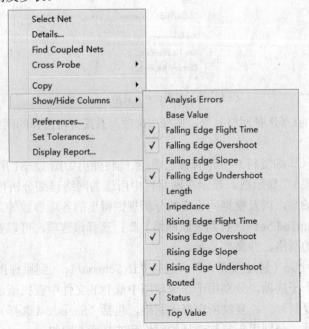

图 13-32　"Show/Hidden Columns（显示/隐藏纵队）"子菜单

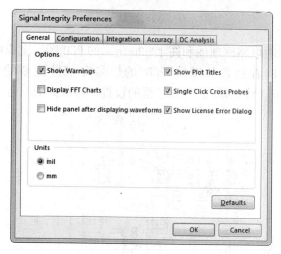

图 13-33　"Signal Integrity Preferences（信号完整性参数）"对话框

- "Set Tolerances（设置公差）"：选择该选项，系统将弹出如图 13-34 所示的"Set Screening Analysis Tolerances（设置扫描分析公差）"对话框。公差（Tolerance）用于限定一个误差范围，代表了允许信号变形的最大值和最小值。将实际信号的误差值与这个范围相比较，就可以查看信号的误差是否合乎要求。对于显示状态为"Failed（失败）"的信号，其主要原因是信号超出了误差限定的范围。因此，在进行进一步分析之前，应先检查公差限定是否太过严格。

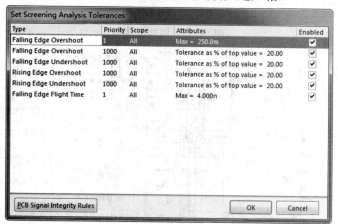

图 13-34　"Set Screening Analysis Tolerances（设置扫描分析公差）"对话框

- "Display Report（显示报表）"：用于显示信号完整性分析报表。

13.4　操作实例——某复杂电路板信号完整性分析

随着 PCB 的日益复杂及大规模、高速元器件的使用，对电路的信号完整性分析变得非常重要。本节将通过电路原理图及 PCB 图，详细介绍对电路进行信号完整性分析的步骤。

1．设计要求

利用图 13-35 所示的电路原理图和图 13-36 所示的 PCB 图，完成电路板的信号完整性分析。通过该实例，使读者熟悉和掌握 PCB 的信号完整性规则的设置、信号的选择及"Termination Advisor（终端顾问）"对话框的设置，最终完成信号波形输出。

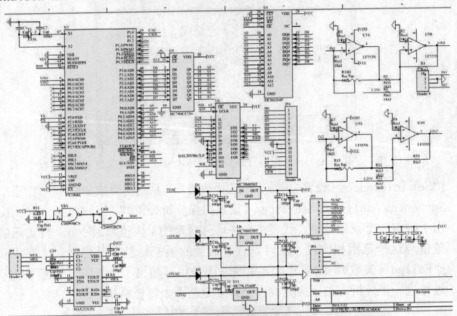

图 13-35　电路原理图

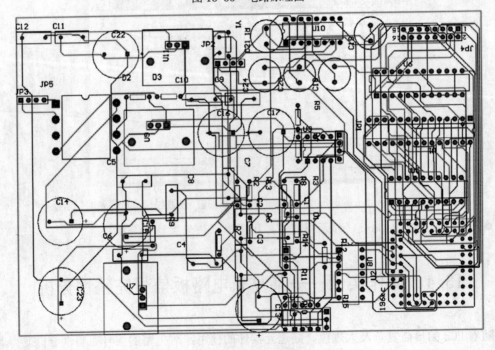

图 13-36　PCB 图

2．操作步骤

（1）在原理图编辑环境中选择菜单栏中的"工具"→"Signal Integrity（信号完整性）"选项，系统将弹出如图 13-37 所示的"Errors or warning found（发现错误或警告）"信息提示框。

（2）单击"Continue（继续）"按钮，系统将弹出如图 13-38 所示的"Signal Integrity（信号完整性）"对话框。

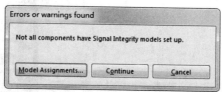

图 13-37 "Errors or warning found（发现错误或警告）"信息提示框

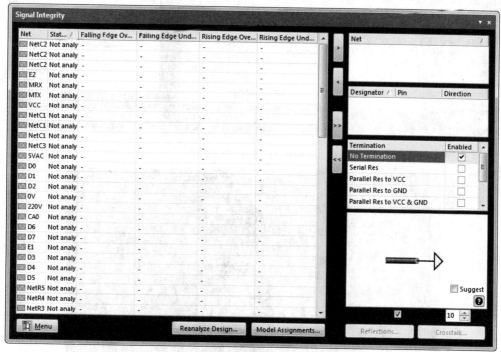

图 13-38 "Signal Integrity（信号完整性）"对话框

（3）选择 D1 信号，单击按钮，将 D1 信号添加到"Net（网络）"栏中，在下面的窗口中显示出与 D1 信号有关的元器件 JP4、U1、U2、U5，如图 13-39 所示。

（4）在"Termination（端接补偿）"栏中系统提供了 8 种信号终端补偿方式，相应的图示显示在下面的图示栏中。选择"No Termination（无终端补偿）"选项，然后单击"Reflections（显示）"按钮，显示的无补偿时的波形如图 13-40 所示。

（5）在"Termination（端接补偿）"栏中选择"Serial Res（串阻补偿）"选项，然后单击"Reflections（显示）"按钮，显示的串阻补偿时的波形如图 13-41 所示。

（6）在"Termination（端接补偿）"栏中选择"Parallel Cap to GND（接地端并阻补

偿）"选项，然后单击"Reflections（显示）"按钮，显示的接地端并阻补偿时的波形如图 13-42 所示。其余的补偿方式请读者自行练习。

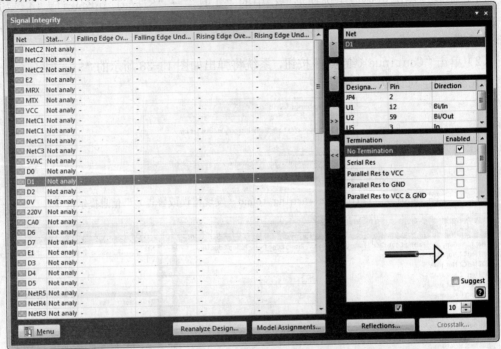

图 13-39　选择 D1 信号

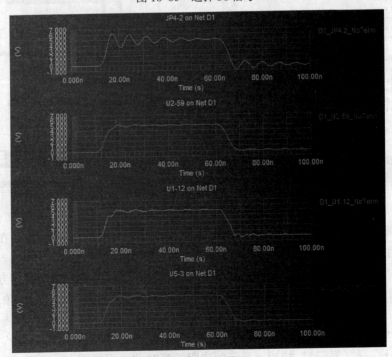

图 13-40　无补偿时的波形

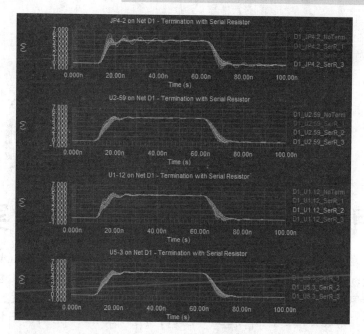

图 13-41　串阻补偿时的波形

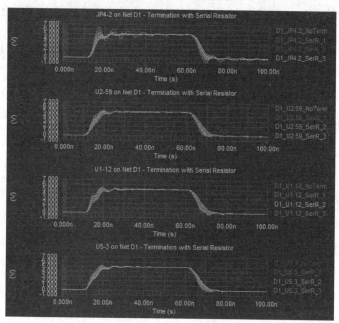

图 13-42　接地端并阻补偿时的波形

第 **14** 章

自激多谐振荡器电路设计实例

在 Altium Designer 中引入了项目的概念。采用 Altium Designer 进行设计是从创建一个个项目开始的，这些项目把设计元素链接在一起，这些元素包括原理图或网络表源文件或 PCB 文件。在项目中也可以把输出设置进行保存。然后，系统会把这些信息在项目范围内保存，应用到以后的设计中，不必对每个文件的格式进行一一设置。作为项目中的各个文件在 Windows 系统中是单独存储的。Project 文件记录它们的相对路径。为了便于管理，通常为每一个项目建立一个文件夹，在文件夹中存储项目包含的各个文件。

本章将通过自激多谐振荡器电路设计实例讲述电路设计从原理图到 PCB 的完整流程。

◎ 从原理图到 PCB 的设计流程

◎ 创建 PCB 文件

◎ 电路板设计

14.1　从原理图到 PCB 的设计流程

本节以图 14-1 为例介绍从原理图到 PCB 的设计流程，让读者系统地了解从原理图设计到 PCB 设计的过程，掌握一些常用技巧。

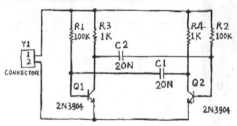

图 14-1　自激多谐振荡器的电路图

14.1.1　绘制原理图

创建图 14-1 所示的自激多谐振荡器电路原理图的具体步骤如下：

（1）选择菜单栏中的"File（文件）"→"新的"→"项目"→"Project（工程）"选项，弹出"New Project（新建工程）"对话框。在该对话框中显示了工程文件类型，如图 14-2 所示。默认选择"PCB Project"选项及"Default（默认）"选项，在"Name（名称）"文本框中输入 Multivibrator，在"Location（路径）"文本框中选择文件保存路径。完成设置后，单击"OK（确定）"按钮，关闭该对话框。打开"Projects（工程）"面板，在该面板中出现了新建的工程类型。

图 14-2　"New Project（新建工程）"对话框

（2）选择菜单栏中的"File（文件）"→"新的"→"原理图"选项，新建一个原理图文件，新建的原理图文件会自动添加到 Multivibrator 项目中，如图 14-3 所示。

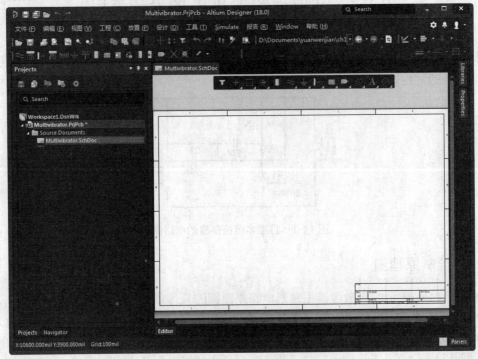

图 14-3　在工程中新建原理图文件

（3）打开"Properties（属性）"面板，如图 14-4 所示。

（4）可以对文件夹进行设置，可以修改模板名称，选择是否显示明细表、参考区以及图纸的大小等。现在默认的"Sheet Size（图纸尺寸）"为 A4 。选择"Parameters（参数）"选项卡，可以加入一些该文件夹的参考信息。本例中只改变图纸的大小。

（5）选择菜单栏中的"文件"→"另存为"选项，存储原理图文件，命名为 Multivibrator.SchDoc。

（6）选择菜单栏中的"视图"→"Panels（工作区面板）"→"Library（库）"选项。右侧的"Library（库）"工作区面板显示为库工作区面板。如果知道所用的元器件在哪个库中，直接单击库工作区面板左上角"Library（库）"按钮，弹出"Available Libraries"（可用的库）对话框，选择"Instamed（已安装）"选项卡，在对话框中单击按钮 Install... ▼ 下的 Install from file... ，在弹出的"打开"对话框中选择所需的库，单击"打开"按钮，就加载了所选的库，可以在原理图设计中使用该库中的元器件，如图 14-5 所示。

如果事先不知道准确的库，则单击按钮 Search... ，弹出"Libraries Search（搜索库）"对话框，如图 14-6 所示。

（7）在"Scope（范围）"选项组中选择"Libraries on Path（库文件路径）"单选按钮。确定"Path（文件路径）"文本框中的路径为正确指向库所在路径。本例需要查找 2N3904，所以在"Libraries Search（搜索库）"对话框中输入 3904 为查询条件，不查询子目录，所以取消勾选"Path（路径）"中的"Include Subdirectories（包含子目录）"。单击 按钮 ▼ Search ，这样在"Libraries（库）"面板中就会显示出查询到的 2N3904 器件，如图 14-7 所示。

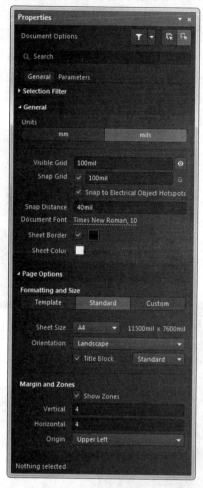

图 14-4　"Properties（属性）"面板

图 14-5　"Available Libraries（可用库）"对话框

（8）选择查找到的元器件，右键单击，选择"添加或删除库"选项，就成功加载到了库，右侧的库工作面板会有库的相应显示。

（9）选择"Miscellaneous Devices.IntLib"为当前库，库名下的过滤器中默认通配符为"*"，下方列表框中列出了该库中的所有元器件。在通配符"*"后面输入 3904，可以快速定位元器件。在列表框中选择 2N3904，可以看到，Altium Designer 18 采用了集成库的管理方式。在元器件列表框下方还有三个列表框。依次为元器件的原理图图形、元器件集成库中所包含的内容（封装、电路模型等）以及元器件的 PCB 封装图形。如果该元器件有预览，则在最下方还会出现元器件的预览窗口。

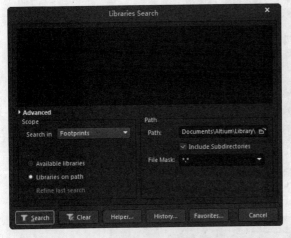

图 14-6　"Libraries Search（搜索库）"对话框　　图 14-7　查询结束的"Libraries（库）"面板

（10）双击元器件名，光标呈十字形状，光标上"悬浮"着一个晶体管轮廓表示处于放置元件状态。按 Tab 键，工作区域显示停止键，元器件不随光标移动，同时自动弹出元件属性编辑面板，如图 14-8 所示。

（11）设置元器件属性。将"Designator（标号）"命名为 Q1，确定封装正确，其他属性在本例中采用系统默认设置。单击工作区域的停止键，结束元器件编辑状态，光标恢复到按下 Tab 键以前的状态。将光标移动到原理图图纸上合适的位置，单击左键，放下元件 Q1。光标上"悬浮"的晶体管自动变为 Q2，再移动元件到合适的位置，按 X 键，使元器件水平翻转；单击左键，放置元器件 Q2。这里只用到两个 2N3094，所以单击鼠标右键，光标恢复到标准指针状态。

（12）放置电阻，在库工作区面板中，在过滤器里输入"RES1"，选择元器件列表中的"RES1"，双击"RES1"后转到元器件摆放状态，按下 Tab 键，设置属性，如图 14-9 所示。

图 14-8　元器件属性面板　　　　图 14-9　设置电阻元器件属性

（13）在"Designator（标号）"栏中输入 R1 作为第一个电阻元器件序号，确认封装正确。在"Comment（注释）" 文本框中选择"＝Value"，激活"不可见"按钮。"=Value" 规则可以作为关于元器件的一般信息在仿真时使用，个别元器件除外。通过设置 Comment 来读取这个值，这会将"Comment（注释）"信息体现在 PCB 设计工具中。对电阻的 Parameter 选项卡的设置将在原理中显示，并在本书以后运行电路仿真时会被 Altium Designer 18 使用。单击"Parameter（参数）"中的"Value（值）"一栏的 Value 值，直接输入 100kΩ。返回放置模式，按空格键可以旋转元器件，将 R1 移动到合适的位置后单击左键，放置该元件。按照同样方法摆放其余三个电阻。R3 和 R4 的 Value 设为 1kΩ。

（14）放置电容的方法与放置电阻的方法相同，在库工作区面板的过滤器中键入 CAP 可以找到所用的电容。电容的 Value 为 20nF。

（15）放置连接器。所在库为 Miscellaneous Connetors.Intlib，加载它并确认它为当前库。在列表中找到 HEADER2 元器件，仿真时将它作为电路，不需对它进行规则设置。按按钮 X，可以水平翻转它。

Step16 （16）选择菜单栏中的"视图"→"适合文件"选项，能够得到刚好显示所有元器件的视图。选择"放置"→"线"选项，进入连线模式，光标变为十字形状。将光标移到 R1 的下端，当出现一个红色的连接标记时，说明光标在元器件的一个电气连接点上，单击左键，确定下第一个导线点；移动光标，到 Q1 的基极，当出现红色标记时，单击左键，完成这个连接后，单击右键，则恢复到连线初始模式。可以继续连接下面的电路。如果连接完毕，再单击右键，则光标恢复到标准指针状态。

彼此连接的一组元器件的引脚称为网络。在这个电路上，为了以后方便仿真，加上一些网络标签。选择 "放置"→"网络标号"选项。放置标签前，按下 Tab 键，可以改变网络名称，如图 14-10 所示。标签左下角要与相应的网络发生电气连接，这里加入+12V 和 GND 两个标签。绘制好的电路原理图如图 14-11 所示，然后保存原理图。

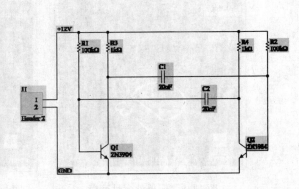

图 14-10　"Properties（属性）"面板　　　　图 14-11　绘制好的电路原理图

14.1.2　设置项目选项

通过编译后，可确保电路捕获正确，可准备进行仿真分析或者传递到下一个设计阶段。接下来需要设置项目选项。在后面编译项目时 Altium Designer 18 将使用这些设置。项目选项包括错误检查规则、连接矩阵、比较设置、ECO 启动、输出路径和网络选项，以及需要指定的任何项目规则。

当项目被编译时，详尽的设计和电气规则将应用于验证设计。当所有的错误被解决后，原理图设计的再编译将被启动的 ECO 加载到目标文件，如一个 PCB 文件。项目比较允许你找出源文件和目标文件之间的差别，并在相互之间进行更新。

选择 "工程"→"工程选项"选项，弹出如图 14-12 所示"Options for Project（工程选项）"对话框。

所有与项目相关的选项均通过这个对话框来设置。

原理图包含关于电路连接的信息，可以用连接检查器来验证设计。当编译项目时，Altium Designer 18 将根据在"Error Reporting（错误报表）"和"Connection Matrix（连接矩阵）"选项卡中的设置来检查错误，错误发生后则会显示在"Messages（信息）"面板上。

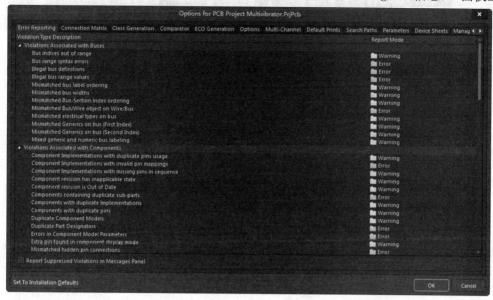

图 14-12 "Options for Project（工程选项）"对话框

对话框中的"Error Reporting（错误报表）" 选项卡用于设置设计草图检查。"Report Mode（报表模式）"表明违反规则程度。单击所要修改的规则旁边的下三角按钮，从下拉列表中选择严格的程度，如图 14-13 所示。本例中这一项使用默认设置。

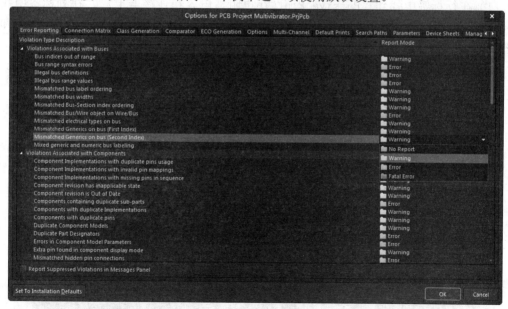

图 14-13 修改"Report Mode（报表模式）"

修改连接错误的步骤如下：

（1）选择"Options for Project（工程选项）"对话框的"Connection Matrix（连接矩阵）"选项卡，如图 14-14 所示。

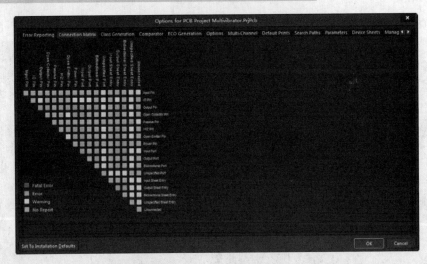

图 14-14 "Connection Matrix（连接矩阵）"选项卡

（2）单击两种类型连接相交处的方块，如"Output Sheet Entry（输出原理图入口）"与"Open Collector Pin（打开电极引脚）"。

（3）当方块变为图例中的 errors 表示的颜色时停止单击，如一个橙色方块表示一个错误，将表明这样的连接是否被发现。

电路不只包含"Passive Pins（在电阻、电容和连接器上）"和"Input Pins（在晶体管上）"。检查连接矩阵是否会侦测出未连接的 Passive Pins。可以按以下步骤进行：

1）在行标签中找到"Passive Pin（在电阻、电容和连接器上）"，在列标签中找到"Unconnected"。它们相交处的方块表示在原理中当一个"Passive Pin（在电阻、电容和连接器上）"被发现未连接时的错误条件。默认是一个绿色方块，表示运行时不给出报告。

2）单击这个相交处的方块，直到它变为黄色。这样当修改项目时，未连接的"Passive Pins（在电阻、电容和连接器上）"被发现时就会给出警告，如图 14-15 所示。

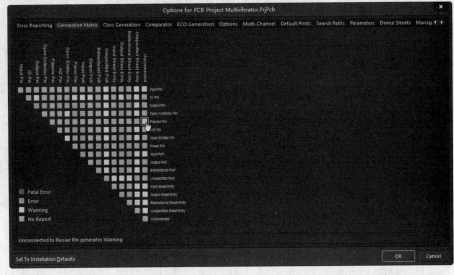

图 14-15 修改项目后的"Connection Matrix（连接矩阵）"选项卡

3）选择"Comparator（比较器）"选项卡，在"Difference Associated with Components（比较类型描述）"列表框找到"Changed Room Definitions""Extra Room Definitions" 和"Extra Component Classes"，从这些选项右边的"Mode（模式）"列中的下拉列表中选择Ignore Differences，如图 14-16 所示。

完成了原理图的设计，可以利用原理图进行电路的仿真和布板前的信号完整性分析。

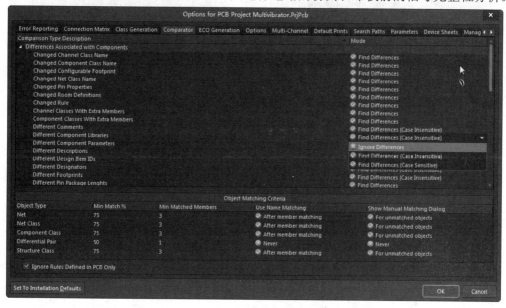

图 14-16 "Comparator（比较器）"选项卡

14.1.3 仿真前准备

在运行仿真前，需要添加一些元器件到电路中，如振荡器的电压源以及用于仿真的参考地和一些读者希望查看波形的电路点的网络标签等。可以按照以下步骤操作：

（1）单击主窗口顶部的"Multivibrator.SchDoc"，使原理图文件为当前文档。

（2）必须再放置一个有电压源的连接器。如果要删除连接器，在连接器体上单击一次选取它，然后按 Delete（删除）键即可。

（3）在"Libraries（库）"面板上选择"Simulation Sources.IntLib"，如图 14-17所示；然后在下拉列表中选择"VSRC"，双击，则一个电源符号将悬浮在光标上。按 Tab 键，编辑其属性。在弹出的面板中设置"Designator（标号）"为 V1。

（4）完成设置后，将这个电源放在 12V 和 GND 导线的垂直端点之间。拉动导线，使导线和电源连接上。

在运行仿真之前的最后任务是在电路中的合适点上放置网络标签，这样可以很容易地认出读者希望查看的信号。在本例电路中，较好的点是两个晶体管的基极和集电极。

1）从菜单栏中选择"放置"→"网络标号"（快捷键 P+N）。按 Tab 键，编辑网络标签的属性。在"Net Label（网络标签）"属性面板中，设置"Net Name（网络名称）"为 Q1B，然后关闭该面板，如图 14-18 所示。

2）将光标放在与 Q1 基极连接的导线上。左击或者按 Enter 键，将网络标签放在导线上。

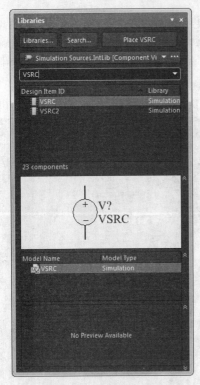

图 14-17　模拟电压源　　　　图 14-18　设置"Net Label（网络标签）"属性面板

3）按 Tab 键将 Net Name 改为 Q1C。将光标放在与 Q1 集电极连接的导线上，左击或者按 Enter 键，将网络标签放在导线上。

4）同样地，将 Q2B 和 Q2C 网络标签放在 Q2 的基极和集电极导线上。

5）完成网络标签的放置后，右击或者按 Esc 键，退出放置模式，仿真原理图如图 14-19 所示。

6）保存仿真原理图为与原理图不同的文件名，选择"文件"→"另存为"选项，在"Save As（另存为）"对话框中输入 SIM-Multivibrator.SchDoc。

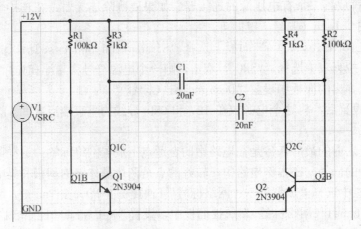

图 14-19　仿真原理图

提示:

电阻单位为Ω，在原理图进行仿真分析过程中，不识别Ω、μ符号，当原理图中添加该符号后进行仿真时会弹出错误报告。因此在对原理图需要进行仿真操作时，电阻参数值不添加Ω符号，其余原理图添加Ω符号。即将需要进行仿真设计的原理图SIM-Multivibrator. SchDoc中单位kΩ改为k，μF改为uF，如图14-20所示。

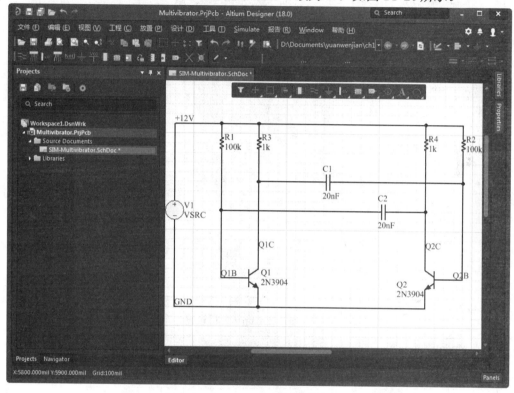

图14-20　准备仿真的电路图

14.1.4　电路仿真

（1）对电路进行仿真。选择菜单栏中的"设计"→"仿真"→"Mixed Sim（混合仿真）"选项，弹出"Analysis Setup（分析设置）"对话框，如图14-21所示。

如果要运行瞬态特性分析，勾选左侧列表中"Operating Point Analysis（操作点分析）"和"Transient Analysis（瞬态分析）"选项后的 Enable 复选框，使其有效。

选择"Transient Analysis（瞬态分析）"，对话框右侧发生相应变化，可以设置"Transient Analysis（瞬态分析）"的仿真条件。

在此例中，RC 时间常数为100k×20n=2ms。要查看振荡的 5 个周期，就需要设置波形的一个 10ms 部分。使"Use Transient Defaults（使用瞬变预设值）" 选项无效，可以自行定义仿真的参数。"Transient Start Time（瞬变开始时间）"设为 0，"Transient Stop Time（瞬变停止时间）"设为 10ms，"Transient Step Time（瞬变步时间）"设为 10ns，"Transient Max Step Time（瞬变最大步时间）"设为 10ns。另外，不使用初始条件仿真，结果所显示的仿真周期和每周期采集点保持不变。因为不进行傅里叶仿真，就不用勾选，对其参数不用考虑。设置完成的瞬态特性分析如图 14-22 所示。

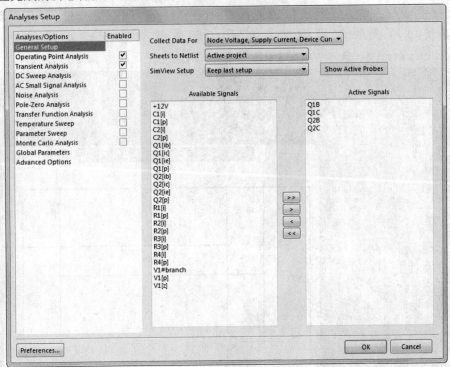

图 14-21　"Analysis Setup（分析设置）"对话框

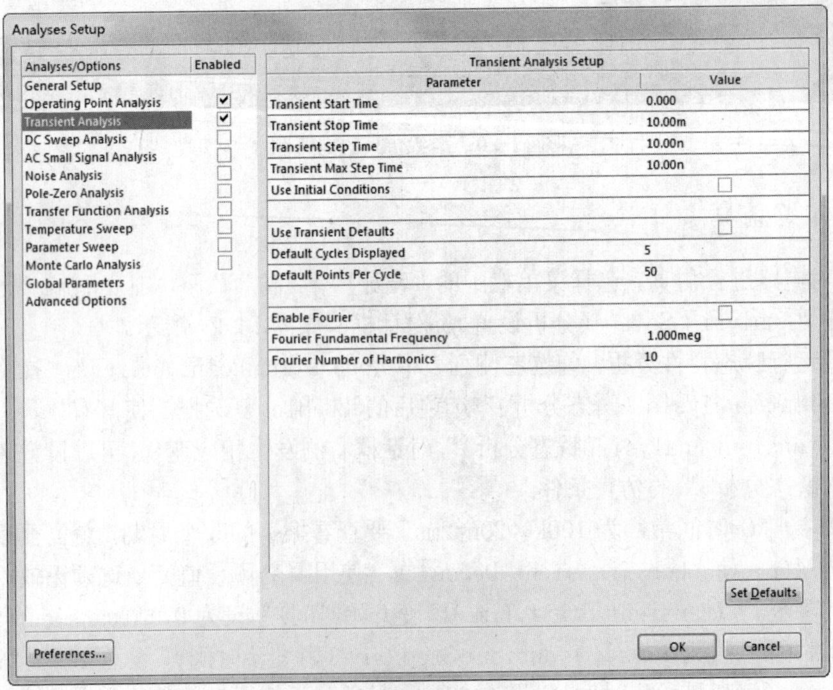

图 14-22　设置完成的瞬态特性分析

（2）设置完成后单击按钮 OK ，仿真会自动完成。弹出的"Message（信息）" 窗口显示仿真过程。如果没有错误，完成仿真后可以关掉它。工作窗口中会显示仿真结果，如图 14-23 所示。由于本例并非高速数字电路，不会出现信号完整性的问题，可以不必进行信号完整性分析。

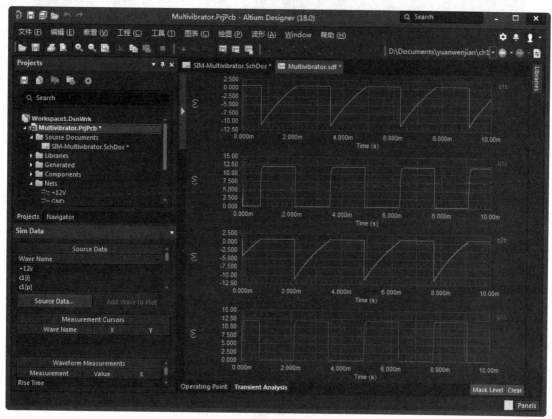

图 14-23　工作窗口中显示的仿真结果

14.2　创建 PCB 文件

电路原理图设计完成后，紧接着就要设计电路板。首先新建一个电路板文件，然后在新 PCB 中绘制板框，而新建 PCB 文件与绘制板框的方法在前述 PCB 设计相关章节已经介绍过，在此仅做一些要点提示。

14.2.1　创建一个新的 PCB 文件

在从原理图编辑环境转换到 PCB 编辑环境之前，需要创建一个有最基本板子轮廓的空白 PCB。最简单方法是使用 PCB 模板，这将从工业标准板轮廓又创建了一个自定义的板子尺寸。

Step1 选择菜单栏中的"文件"→"打开"选项，在弹出的对话框中选择模板文件"1900×1900.PcbDoc"，另存为 Multivibrator.PcbDoc，如图 14-24 所示。

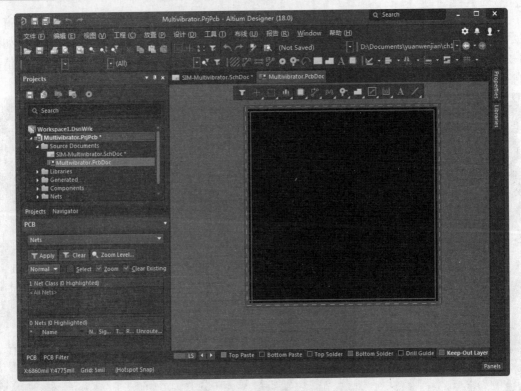

图 14-24　生成的 PCB 文件

14.2.2　资料转移

绘制好板框后，执行"设计"菜单中的"Import Changes From Multivibrator.PRJPCB（从原理图输入变化）"命令，弹出如图 14-25 所示的"Engineering Change Order（工程更新操作顺序）"对话框。

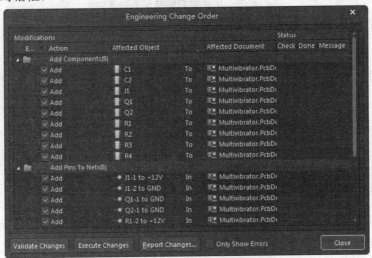

图 14-25　"Engineering Change Order（工程更新操作顺序）"对话框

（1）按"Validate Changes（确认更新）"按钮，进行验证，程序将验证结果显示在"Check（检查）"栏中，如图 14-26 所示。

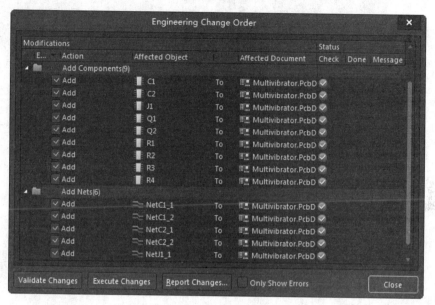

图 14-26　验证数据

（2）按"Execute Changes（执行更新）"按钮，进行数据更新，结果显示在"Done（完成）"栏中，如图 14-27 所示。

（3）Step3 按"Close（关闭）"按钮，关闭此对话框，而电路图数据已转入电路板，如图 14-28 所示。

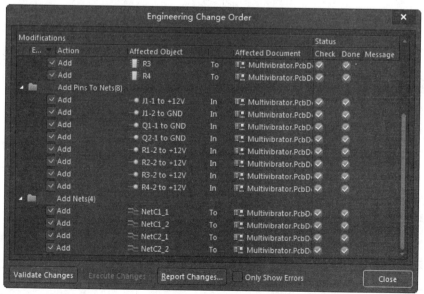

图 14-27　更新数据

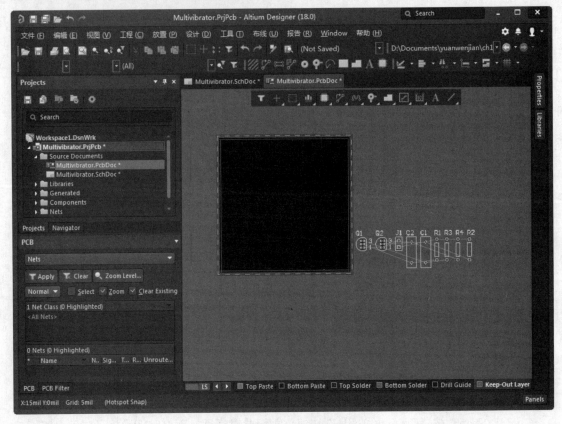

图 14-28　电路图数据转入电路板

14.3　电路板设计

现在可以安心设计电路板了。同样的，设计电路板的第一步还是布置元器件，而本章的电路更可按电路图上元器件的相应位置来摆放元器件。另外，像这么简单的电路，直接采用单层板布线也可以。

14.3.1　元器件布置

元器件布置分为两个阶段，第一个阶段是利用程序所提供的元器件摆置区间功能进行元器件的粗排；第二个阶段是手工布置元器件。

（1）现在右下方的元器件摆置区域，按住鼠标左键不放，将它移至板框内部，并拖曳此元器件摆置区域四周的控点以调整其大小，如图 14-29 所示。

（2）按 Delete 键，删除元器件摆置区域，如图 14-30 所示。

（3）手工调整元器件的位置和方向，至于元器件上的文字，将随元器件方向的调整而自动调整，图 14-31 所示为元器件布置效果。

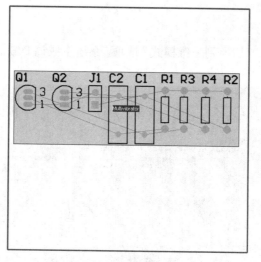

图 14-29　区域内元器件布置

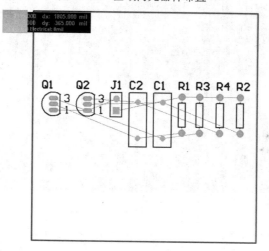

图 14-30　删除元器件摆置区域

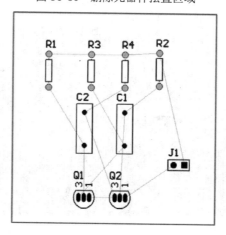

图 14-31　元器件布置效果

14.3.2　3D 效果图

（1）选择"视图"→"切换到三维模式"选项，系统生成该 PCB 的 3D 效果图，如图 14-32 所示。

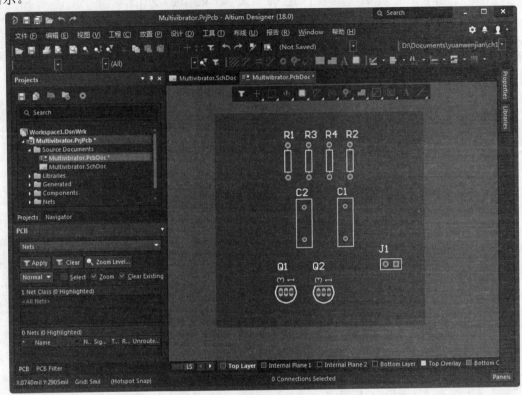

图 14-32　PCB 的 3D 效果图

（2）打开"PCB 3D Movie Editor（电路板三维动画编辑器）"面板，在"3D Movie（三维动画）"下拉列表中选择"New（新建）"命令，创建 PCB 文件的三维模型动画 PCB 3D Video，创建关键帧，电路板位置如图 14-33 所示。

a）关键帧 1 位置

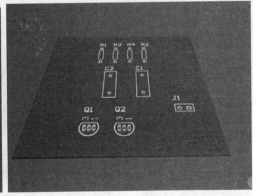

b）关键帧 2 位置

图 14-33　电路板位置

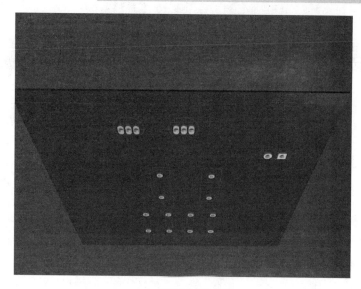

c）关键帧3位置

图 14-33　电路板位置（续）

（3）动画面板设置如图 14-34 所示，单击工具栏上的按钮▷，演示动画。

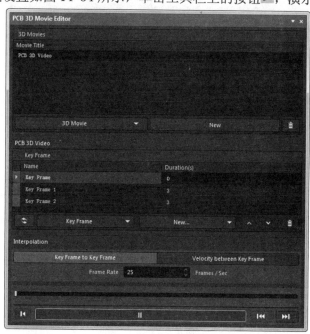

图 14-34　动画面板设置

14.3.3　导出 PDF 图

选择菜单栏中的"文件"→"导出"→"PDF 3D"选项，弹出如图 14-35 所示的"Export File（输出文件）"对话框。输出电路板的三维模型 PDF 文件，单击"保存"按钮，弹出"PDF

3D" 对话框。

在该对话框中还可以选择 PDF 文件中显示的视图,进行页面设置,设置输出文件中的对象,如图 14-36 所示。单击按钮 Export ,输出 PDF 文件 Multivibrator.pdf,如图 14-37 所示。

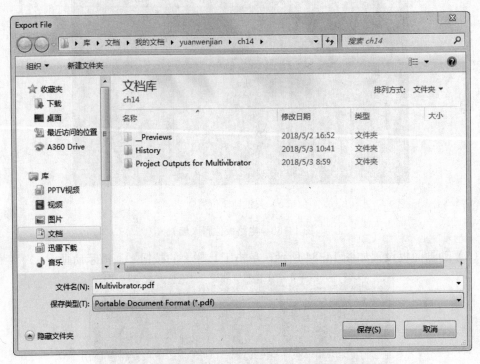

图 14-35 "Export File(输出文件)" 对话框

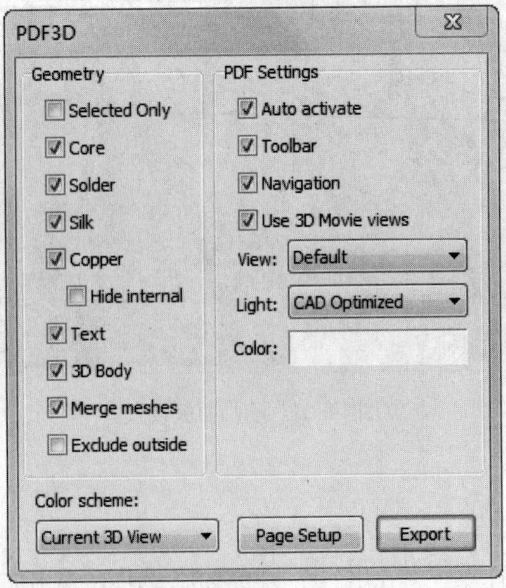

图 14-36 设置 "PDF 3D" 对话框

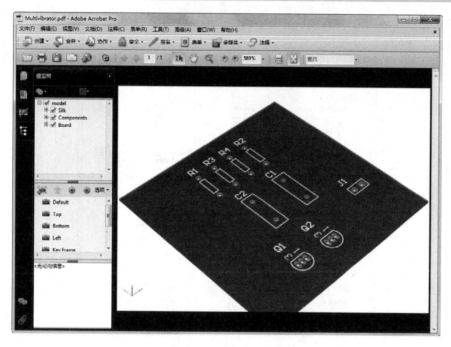

图 14-37　输出 PDF 文件

14.3.4　导出 DWG 图

选择菜单栏中的"文件"→"导出"→"DXF/DWG"选项，弹出如图 14-38 所示的"Export File（输出文件）"对话框。输出电路板的三维模型 DXF 文件，单击"保存"按钮，弹出"Export to AutoCAD（输出 AutoCAD）"对话框。

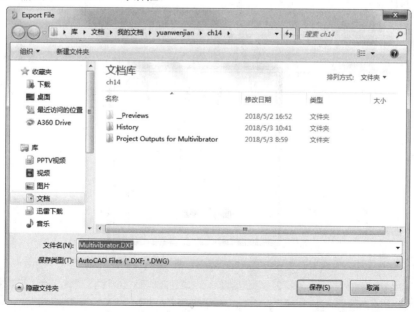

图 14-38　"Export File（输出文件）"对话框

在该对话框中还可以选择 DXF 文件导出的 AutoCAD 版本、格式、单位、孔、元器件和线的输出格式，如图 14-39 所示。

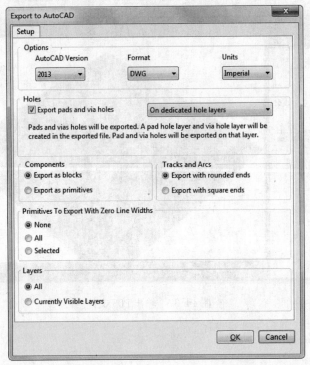

图 14-39 "Export to AutoCAD（输出 AutoCAD）"对话框

单击"OK（确定）"按钮，关闭该对话框，输出"*.DWG"格式的 AutoCAD 文件，如图 14-40 所示。

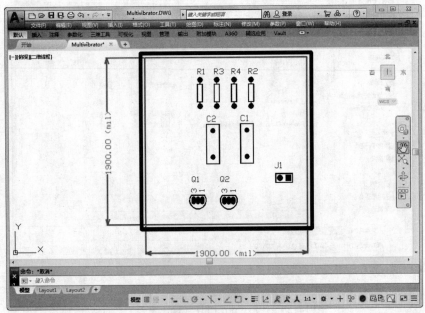

图 14-40 输出 AutoCAD 文件

弹出"Information（信息）"对话框。单击"Done（完成）"按钮，关闭对话框，显示完成输出。在 AutoCAD 中打开导出文件 Multivibrator.DWG。

14.3.5 导出 STEP 图

选择菜单栏中的"文件"→"导出"→"STEP 3D"选项，弹出如图 14-41 所示的"Export File（输出文件）"对话框，输出电路板的三维模型 STEP 文件。单击"保存"按钮，弹出"Export Options（输出选项）"对话框。

在该对话框中还可以选择 STEP 文件导出的模型输出选项，如图 14-42 所示。

图 14-41　"Export File（输出文件）"对话框

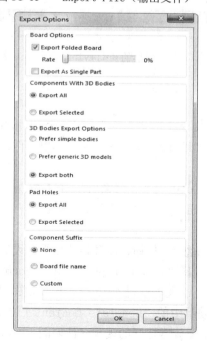

图 14-42　设置"Export Options（输出选项）"

单击"OK（确定）"按钮，关闭该对话框，输出"*.STEP"格式的 3D 模型文件。

弹出"Information（信息）"对话框。单击"Done（完成）"按钮，关闭对话框，显示完成输出，在 Inventor 中打开导出文件 Multivibrator.step，如图 14-43 所示。

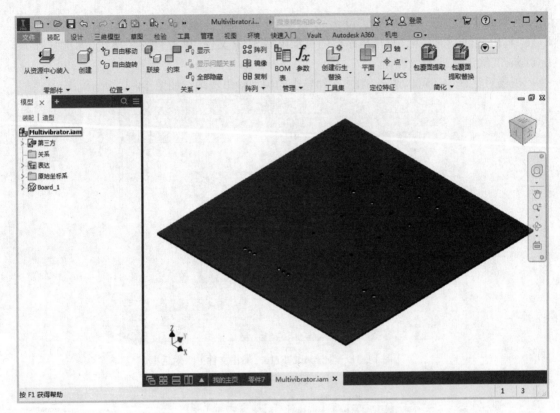

图 14-43　导出的 Multivibrator.step 文件

14.3.6　导出视频文件

（1）选择菜单栏中的"文件"→"新的"→"Output Job 文件"选项，在"Project（工程）"面板中"Settings（设置）"文件夹下添加输出文件，保存该文件为"LED 显示电路.OutJob"。

（2）在"Documentation Outputs（文档输出）"下加载视频文件，并创建位置连接。（2）在"Video"选项组中单击"Change（改变）"按钮，弹出"Video Setting（视频设置）"对话框，显示预览生成的位置。

（3）单击"Advanced（高级）"按钮，展开该选项组，设置生成的动画文件的参数。在"Type（类型）"下拉列表中选择"Video(FFmpeg)"，在"Format（格式）"下拉列表中选择"FLV(Flash Video)"（*.flv），大小设置为 704×576，如图 14-44 所示。

（4）单击"Video"选项组中的"Generate Content（生成目录）"按钮，在文件设置的路径下生成视频文件，利用播放器打开的视频文件如图 14-45 所示。

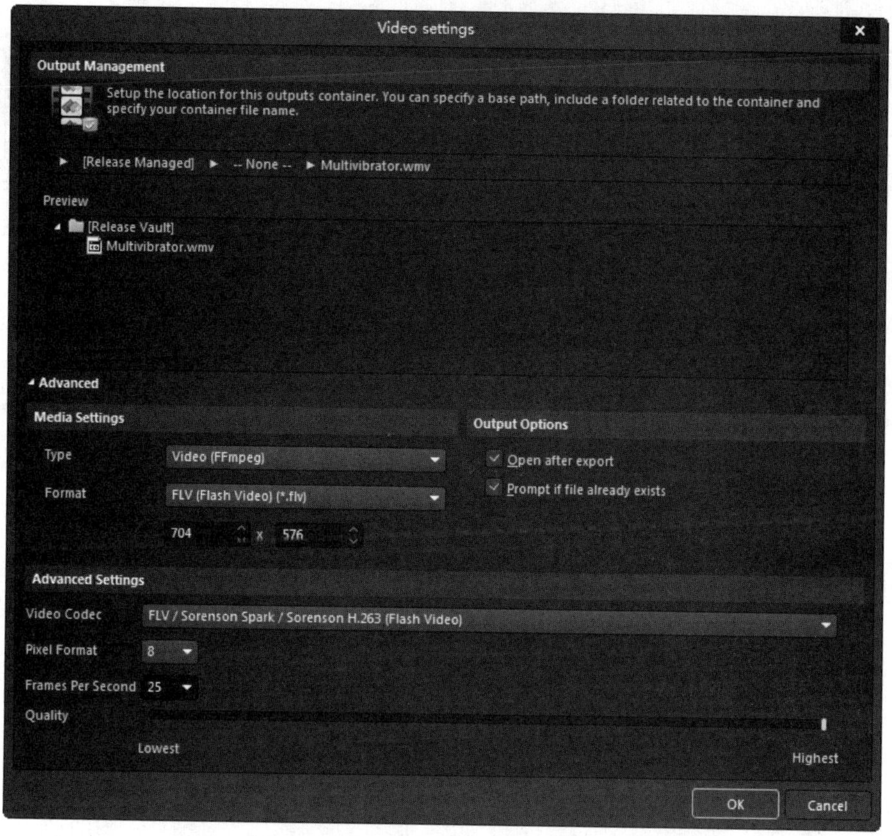

图 14-44　"Advanced（高级）"设置

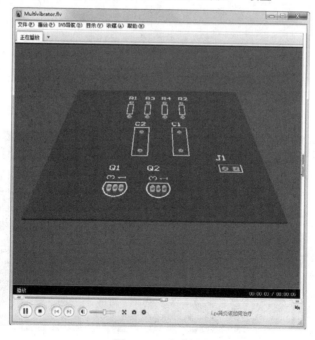

图 14-45　视频文件

14.3.7 电路板布线

(1) 选择"布线"→"自动布线"→"全部"选项, 弹出"Situs Routing Strategies (布线位置策略)"对话框, 如图 14-46 所示, 单击按钮 Route All, 即进行全面性的自动布线, 布线过程中将自动弹出"Messages (信息)"面板, 提供自动布线的状态信息, 如图 14-47 所示。

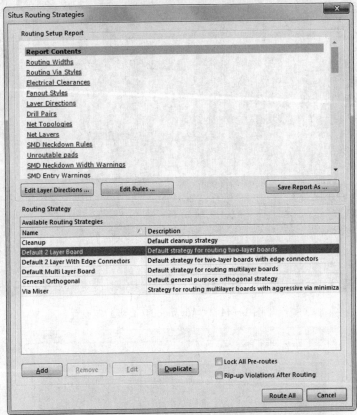

图 14-46 "Situs Routing Strategies (布线位置策略)" 对话框

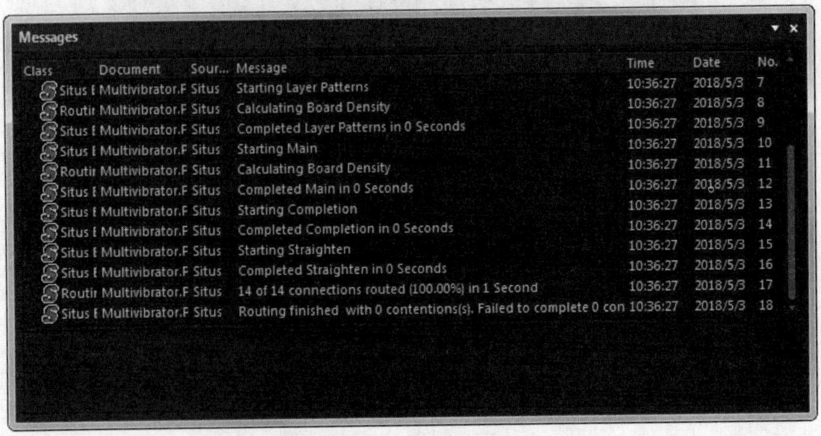

图 14-47 自动布线信息

（2）"Messages（信息）"面板挡住了图纸，单击其右上方的按钮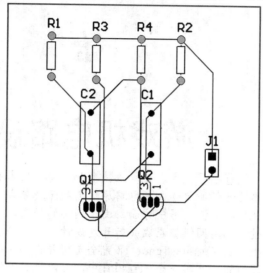，关闭"Messages（信息）"面板，PCB布线结果如图14-48所示。

（3）布线质量还算不错，所以不再手工修改走线了。不过，刚才随便画的板框不是很好，可以删除原来的板框，然后重新绘制板框。这里不再演示，请读者自己完成。

图 14-48　PCB 的布线结果

第 15 章

游戏机电路设计实例

随着电子技术、计算机技术和自动化技术的飞速发展，电子电路设计师所要绘制的电路原理图越来越复杂，有时工程技术人员也很难看懂。另一方面，由于网络的普及，对于复杂的电路图一般都采用网络多层次并行开发设计，这样可以极大地加快设计进程。Altium Designer 18 完全支持并提供了强大的层次原理图设计功能，在同一个工程项目中，可以包含无限分层深度的无限多张原理图。本章主要介绍层次原理图的设计方法，并融合在实例中为读者讲述设计的技巧。

本章利用层次原理图的设计方法设计电子游戏机电路，涉及的知识点包括层次原理图设计方法和生成元器件报表，以及文件组织结构等。

- ◎ 创建项目文件
- ◎ 原理图输入
- ◎ 设计电路板

15.1　实例设计说明

本章采用的实例是游戏机电路。游戏机电路是一个大型的电路系统，包括中央处理器电路、图形处理器电路、接口电路、射频调制电路、制式转换电路、电源电路、时钟电路、光电枪电路、控制盒电路和游戏卡电路 10 个电路模块。下面分别介绍部分电路模块的原理及其组成结构。

15.1.1　中央处理器

中央处理器（CPU）是游戏机的核心。图 15-1 所示为某种游戏机的 CPU 基本电路，包含 CPU6527P、SRAM6116 和译码器 SN74LS139N 等元器件。CPU 6527P 是 8 位单片机，有 8 条数据线、16 条地址线，寻址范围为 64KB。其高位地址经 SN74LS139N 译码后输出低电平有效的选通信号，用于控制卡内 ROM、RAM 和 PPU 等单元电路的选通。

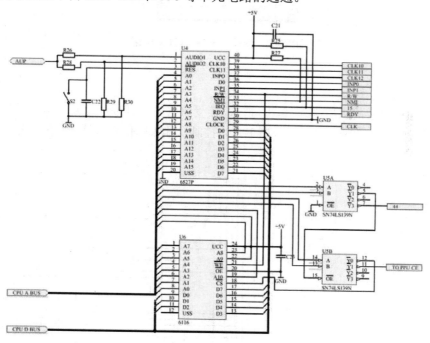

图 15-1　某种游戏机的 CPU 基本电路

15.1.2　图形处理器电路

图形处理器（PPU）电路是专门为处理图像设计的 40 脚双列直插式大规模集成电路，如图 15-2 所示。它包含图像处理芯片 PPU6528、SRAM6116 和锁存器 SN74LS373N 等元器件。PPU6528 有 8 条数据线 D0～D7、3 条地址线 A0～A2、8 条数据/地址复用线 AD0～AD7。复用线加上 PA8～PA12 可形成 13 位地址，寻址范围为 8KB。

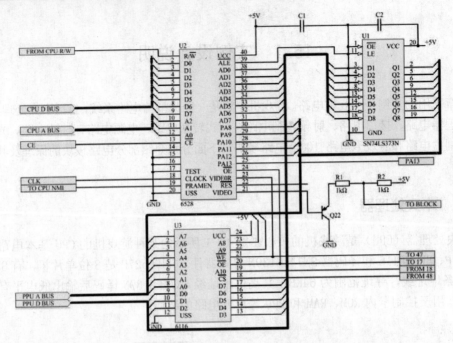

图 15-2　图像处理器（PPU）电路

15.1.3　接口电路

接口电路作为游戏机的输入/输出接口，接受来自主、副控制盒及光电枪的输入信号，并在 CPU 的输出端 INP0 和 INP1 的协调下，将控制盒输入的信号送到 CPU 的数据端口，如图 15-3 所示。

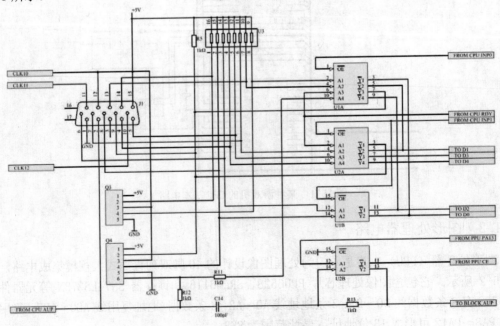

图 15-3　接口电路

15.1.4 射频调制电路

由于我国的电视信号中图像载频比伴音载频低 6.5MHz，故需先用伴音信号调制 6.5MHz 的等幅波，然后与 PPU 输出的视频信号一起送至混频电路，对混合图像载波振荡器送来的载波进行幅度调制，形成 PAL-D 制式的射频调制电路，如图 15-4 所示。

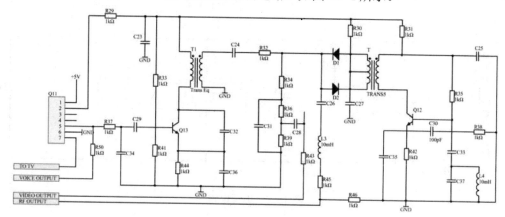

图 15-4　射频调制电路

15.1.5 制式转换电路

有些游戏机产生的视频信号为 NTSC 制式，需将其转换成我国电视信号使用的 PAL-D 制式才能正常使用。两种制式行频差别不大，可以正常同步，但场频差别太大，不能同步，颜色信号载波频率与颜色编码方式也不同。制式转换电路主要用于完成场频和颜色信号载波频率的转换。

图 15-5 所示为制式转换电路。该电路中采用了 TV 制式转换芯片 MK5060 和一些通用的阻容元器件。来自 PPU 的 NTSC 制电视信号经输入端分 3 路分别进行处理。处理完毕后，将此 3 路信号叠加，就形成了 PAL-D 制全电视信号，并送往射频调制电路。

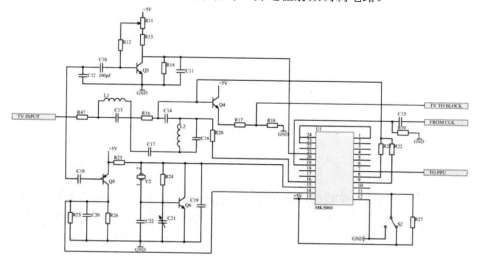

图 15-5　制式转换电路

15.1.6 电源电路

电源电路包括随机整理电源和稳压电源两个部分，如图 15-6 所示。首先由变压器、整流桥和滤波电容将 220V 交流电转换为 10～15V 直流电压，然后利用三端稳压器 AN7805 和滤波电容，将整流电源提供的直流电压稳定在 5V。

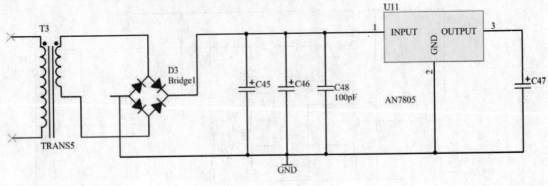

图 15-6 电源电路

15.1.7 时钟电路

时钟电路产生高频脉冲作为 CPU 和 PPU 的时钟信号，如图 15-7 所示。TX 为石英晶体振荡器，它决定电路的振荡频率。游戏机中常用的石英晶体振荡器有 21.47727MHz、21.251465MHz 和 26.601712MHz 三种工作频率。选用时要依据 CPU 和 PPU 的工作特点而定。

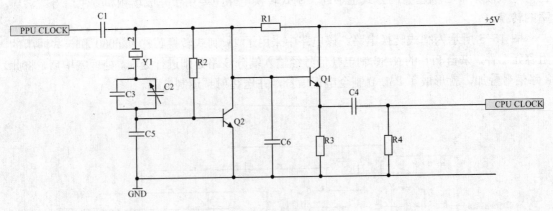

图 15-7 时钟电路

15.1.8 光电枪电路

射击目标即目标图形，位置邻近的目标图形实际上是依据对正光强频率敏感程度的差别进行区分的。目标光信号经枪管上的聚光镜聚焦后投射到光敏晶体管上，将光信号转变成电信号，然后经选频放大器对其进行放大，并经 CD4011BCN 放大整形后，产生正脉冲信号，最后通过接口电路送到 CPU，如图 15-8 所示。

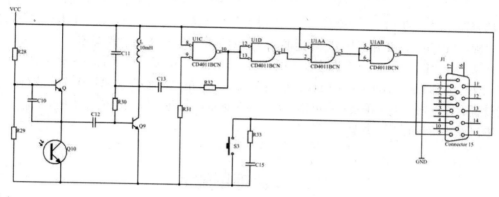

图 15-8　光电枪电路

15.1.9　控制盒电路

控制盒就是操作手柄，游戏机主、副两个控制盒的电路基本相同，其区别主要是副控制盒没有选择（SELECT）和启动（START）键。

控制盒电路如图 15-9 所示。NE555N 集成电路和阻容元器件组成自激多谐振荡电路，产生连续脉冲信号；SK4021B 是采用异步并行输入、同步串行输入/串行输出移位寄存器，它将所有按键闭合时产生的负脉冲经接口电路送往 CPU，CPU 将按游戏者按键命令控制游戏运行。

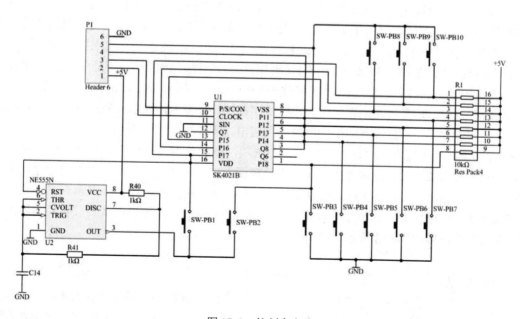

图 15-9　控制盒电路

15.2　创建项目文件

选择菜单栏中的"File（文件）"→"新的"→"项目"→"Project（工程）"选项，弹出"New Project（新建工程）"对话框，在该对话框中显示工程文件类型。

默认选择"PCB Project"选项及"Default（默认）"选项，在"Name（名称）"文本框中输入文件名称 Electron Game Circuit，在"Location（路径）"文本框中选择文件路径。完成设置后，单击"OK（确定）"按钮，关闭该对话框，打开"Projects（工程）"面板。在面板中出现了新建的工程类型。

15.3　原理图输入

由于该电路规模较大，因此采用层次化设计。本节先详细介绍基于自上而下设计方法的设计过程，然后再简单介绍自下而上设计方法的应用。

15.3.1　绘制层次结构原理图的顶层电路图

Step1　(1) 在 Electron Game Circuit.PrjPCB 项目文件中，选择菜单栏中的"File（文件）"→"新的"→"原理图"选项，新建一个原理图文件；然后选择菜单栏中的"文件"→"另存为"命令，将新建的原理图文件保存在源文件的文件夹中，并命名为 Electron Game Circuit.SchDoc。

(2) 选择"放置"→"页面符"选项，或者单击"布线"工具栏中的"放置页面符"按钮，此时光标将变为十字形状，并带有一个页面符标志，单击，完成页面符的放置。双击需要设置属性的页面符或在绘制状态时按 Tab 键，系统将弹出如图 15-10 所示的"Properties（属性）"–"Sheet Symbol（页面符）"属性编辑面板，在该面板中进行属性设置。双击页面符中的文字标注，系统将弹出如图 15-11 所示的"Properties（属性）"–"Parameter（参数）"属性编辑面板，进行文字标注。重复上述操作，完成 9 个页面符的绘制。完成属性和文字标注设置的层次原理图顶层电路图如图 15-12 所示。

(3) 选择"放置"→"添加图纸入口"选项，或者单击"布线"工具栏中的"添加原理图入口"按钮，放置原理图入口。双击原理图入口，或者在放置原理图入口命令状态时按 Tab 键，系统将弹出如图 15-13 所示的"Properties（属性）"–"Sheet Entry（原理图入口）"属性编辑面板，在该面板中可以进行方向属性的设置。完成原理图入口放置后的层次原理图顶层电路图如图 15-14 所示。

知识拓展：

在"Properties（属性）"–"Parameter（参数）"属性编辑面板中的"Sheet Entries（图纸入口）"选项组中可以为页面符添加图纸入口，作用与工具栏中的"添加图纸入口"按钮相同。可直接一步完成，如图 15-15 所示。

图 15-10 "Properties（属性）" - "Sheet Symbol（页面符）" 属性编辑面板

图 15-11 "Properties（属性）" - "Parameter（参数）" 属性编辑面板

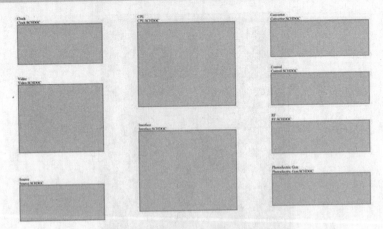

图 15-12　完成属性和文字标注设置的层次原理图顶层电路图

图 15-13　"Properties（属性）"-"Sheet Entry（原理图入口）"属性编辑面板

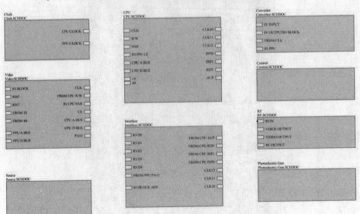

图 15-14　完成图纸入口放置后的层次原理图顶层电路图

图 15-15　"Properties（属性）"-"Parameter（参数）"属性编辑面板

（4）单击"布线"工具栏中的"放置导线"按钮或者"放置总线"按钮，放置导线，完成连线操作。其中"放置导线"按钮用于放置导线，"放置总线"按钮用于放置总线。完成连线后的层次原理图的顶层电路图如图 15-16 所示。

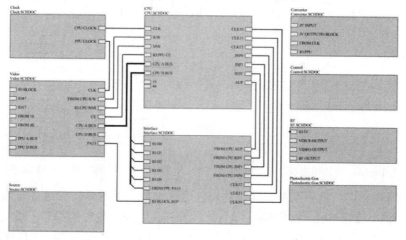

图 15-16　完成连线后的层次原理图的顶层电路图

15.3.2 绘制层次结构原理图子图

下面逐个绘制电路模块的原理图子图，并建立原理图顶层电路图和子图之间的关系。

1. 中央处理器电路模块设计

在顶层电路图的编辑环境中选择菜单栏中的"设计"→"从页面符创建图纸"选项，此时光标将变为十字形状。将十字光标移至原理图符号 CPU 内部，单击，系统自动生成文件名为 CPU.SCHDOC 的原理图文件，且原理图中已经布置好了与原理图符号相对应的 I/O 端口，如图 15-17 所示。

图 15-17　生成的 CPU.SCHDOC 文件

接着在生成的 CPU.SCHDOC 原理图中进行子图的设计。

（1）放置元器件。该电路模板中用到的元器件有 6527P、6116、SN74LS139N 和一些阻容元器件。将通用元器件库 Miscellaneous Device.IntLib 中的阻容元器件放到原理图中，将 ON Semi Logic Decoder Demux.IntLib 元器件库中的 SN74LS139N 放到原理图中。

（2）编辑元器件 6527P 和 6116。编辑 6527P 和 6116 元器件的方法可参考前面章节的相关内容，这里不再赘述。编辑好的 6527P 和 6116 元器件分别如图 15-18 和图 15-19 所示。完成元器件放置后的 CPU 原理图如图 15-20 所示。

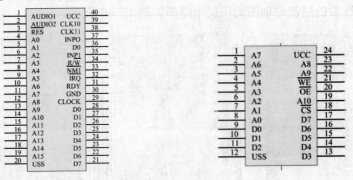

图 15-18　编辑好的 6527P 元器件　　　　图 15-19　编辑好的 6116 元器件

（3）元器件布局。先分别对元器件的属性进行设置，再对元器件进行布局。单击"布线"工具栏中的"放置导线"按钮，执行连线操作。完成连线后的 CPU 子模块电路图如图 15-21 所示。单击"原理图标准"工具栏中的"保存"按钮，保存 CPU 子原理图文件。

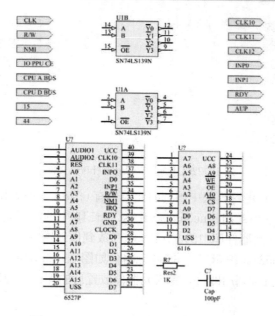

图 15-20　完成元器件放置后的 CPU 原理图

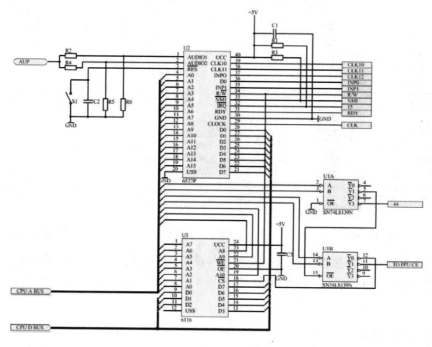

图 15-21　完成连线后的 CPU 子模块电路图

2. 图像处理器电路模块设计

在顶层电路图的编辑环境中选择菜单栏中的"设计"→"从页面符创建图纸"选项，此时光标变成十字形状。将十字光标移至原理图符号"Video"内部，单击，系统自动生成文件名为 Video.SchDoc 的原理图文件，如图 15-22 所示。接着在生成的 Video.SchDoc 原理图中绘制图像处理器电路。

图 15-22　生成的 Video.SchDoc 文件

（1）放置元器件。该电路模块中用到的元器件有 6528、6116、SN74LS373N 和一些阻容元器件。将通用元器件库 Miscellaneous Devices.IntLib 中的阻容元器件放到原理图中，将 TI Logic Latch.IntLib 元器件库中的 SN74LS373N 放到原理图中。

（2）编辑元器件 6528。编辑好的 6528 元器件如图 15-23 所示。元器件 6116 在前面的操作中已经编辑完成，直接调用即可。完成元器件放置后的图像处理器子原理图如图 15-24 所示。

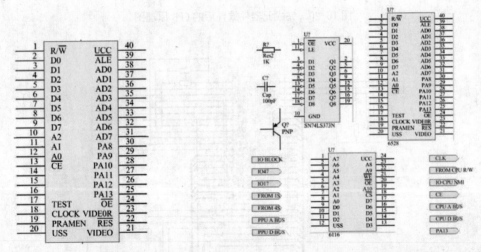

图 15-23　编辑好的 6528 元器件　　　　图 15-24　完成元器件放置后的图像处理器子原理图

（3）设置各元器件属性，然后合理布局，最后进行连线操作。完成连线后的图像处理器子原理图如图 15-25 所示。单击"原理图标准"工具栏中的"保存"按钮 🖫，保存原理图文件。

3．接口电路模块设计

在顶层电路图的编辑环境中选择菜单栏中的"设计"→"从页面符创建图纸"选项，此时光标变成十字形状。将十字光标移至原理图符号 Interface 内部，单击，自动生成文件名为 Interface.SchDoc 的原理图文件，如图 15-26 所示。接着在生成的 Interface.SchDoc 原理图中绘制接口电路。

（1）放置元器件。该电路模块中用到的元器件有 SN74HC368N、阻容元器件和接口元器件。先将元器件库 Miscellaneous Devices.IntLib 中的阻容元器件放到原理图中，再将

Miscellaneous Connectors.IntLib 元器件库中的 Connector15、Header5 和 Header6 放到原理图中,然后将 TI Logic Buffer Line Driver.IntLib 元器件库中的 SN74HC368N 放到原理图中。完成元器件放置后的接口电路子原理图如图 15-27 所示。

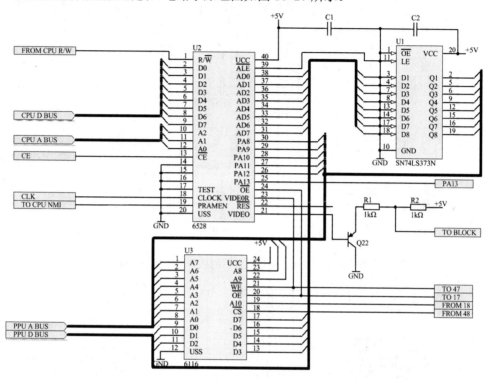

图 15-25 完成连线后的图像处理器子原理图

图 15-26 生成的 Interface.SchDoc 文件

(2)设置各元器件的属性,然后合理布局,最后进行连线操作。完成连线后的接口电路模块原理图如图 15-28 所示。单击"原理图标准"工具栏中的"保存"按钮📙,保存原理图文件。

4. 射频调制电路模块设计

(1)在顶层电路图的编辑环境中选择菜单栏中的"设计"→"从页面符创建图纸"选项,此时光标变成十字形状。将十字光标移至原理图符号 RF 内部,单击,系统自动生成文件名为 RF.SchDoc 的原理图文件。接着在生成的 RF.SchDoc 原理图中绘制射频调制电路。

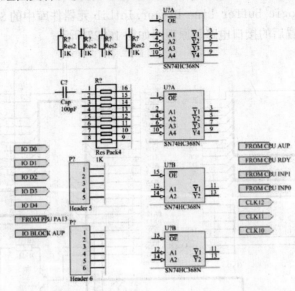

图 15-27 完成元器件放置后的接口电路子原理图

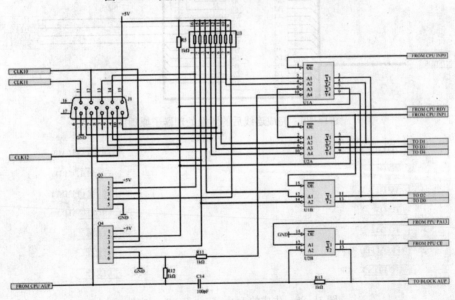

图 15-28 完成连线后的接口电路模块原理图

（2）放置元器件。该电路模块中用到的元器件有变压器元器件、阻容元器件和接口元器件等。将元器件库 Miscellaneous Devices.IntLib 中的阻容元器件放到原理图中，再将 Miscellaneous Connectors.IntLib 元器件库中的 Header7 放到原理图中。

（3）编辑变压器元器件。在"SCH Library（SCH 库）"面板中单击"Edit（编辑）"按钮，弹出"Properties（属性）"面板，在"Footprint(封装)"选项组下单击"Add（添加）"按钮，添加新的元器件，将其命名为 TRANS5，其元器件封装设置如图 15-29 所示，属性设置如图 15-30 所示。

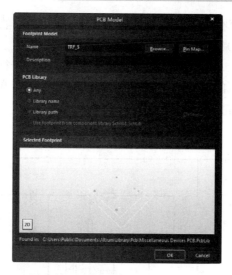

图 15-29　TRANS5 元器件封装设置

图 15-30　TRANS5 元器件属性设置

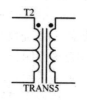

图 15-31　修改后的 TRANS5 元器件

（4）可以使用修改元器件的方法编辑变压器 TRANS5，修改后的 TRANS5 元器件如图 15-31 所示。单击"Place（放置）"按钮，将 TRANS5 放到原理图中。

（5）放置好元器件后，对电容、电阻值进行设置，然后进行合理布局。布局结束后，进行连线操作。完成连线后的射频电路原理图如图 15-32 所示。单击"原理图标准"工具栏中的"保存"按钮，保存原理图文件。

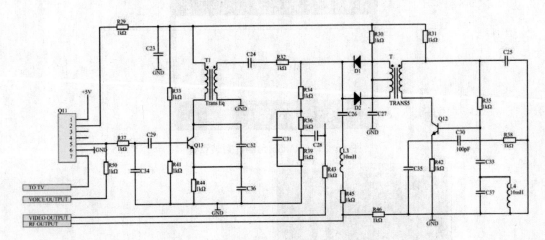

图 15-32　完成连线后的射频电路原理图

5．制式转换电路模块设计

在顶层原理图的编辑环境中选择菜单栏中的"设计"→"从页面符创建图纸"选项，此时光标变成十字形状。将十字光标移至原理图符号 Convertor 内部单击，系统自动生成文件名为 Convertor.SchDoc 的原理图文件，如图 15-33 所示。接着在生成的 Convertor.SchDoc 原理图中绘制制式转换电路。

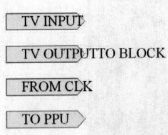

图 15-33　生成的 Convertor.SchDoc 的原理图文件

（1）放置元器件。该电路模块中用到的元器件有 MK5060 和一些阻容元器件等。将元器件库"Miscellaneous Devices.IntLib"中的阻容元器件放到原理图中。

（2）编辑 MK5060 元器件，编辑好的 MK5060 元器件如图 15-34 所示。完成元器件放置后的制式转换电路原理图如图 15-35 所示。

（3）放置好元器件后，对电容、电阻值进行设置，然后进行合理布局。布局结束后，进行连线操作。完成连线后的制式转换电路原理图如图 15-36 所示。单击"原理图标准"工具栏中的"保存"按钮，保存原理图文件。

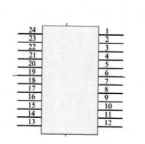

图 15-34　编辑好的 MK5060 元器件

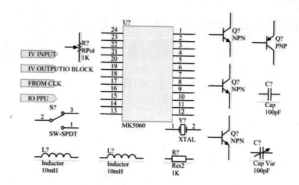

图 15-35　完成元器件放置后的制式转换电路原理图

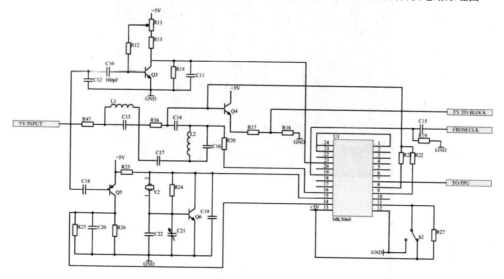

图 15-36　完成连线后的制式转换电路原理图

6. 电源电路模块设计

在顶层原理图的编辑环境中选择菜单栏中的"设计"→"从页面符创建图纸"选项，此时光标变成十字形状。将十字光标移至原理图符号 Source 内部单击，则系统自动生成文件名为 Source.SchDoc 的原理图文件。接着在生成的 Source.SchDoc 原理图中绘制电源电路。

（1）放置元器件。该电路模块中用到的元器件有 AN7805 和一些阻容元器件。将元器件库 Miscellaneous Devices.IntLib 中的阻容元器件放到原理图中。

（2）编辑 AN7805 元器件和变压器元器件。在"SCH Library（SCH 库）"面板中单击"Add（添加）"按钮，添加新的元器件，将其命名为 AN7805，修改后的 AN7805 元器件如图 15-37 所示。

采用同样的方法修改变压器元器件。修改后的变压器元器件如图 15-38 所示，其封装如图 15-39 所示；然后单击"放置"按钮，将元器件放到原理图中。

（3）放置好元器件后，对电容值进行设置，然后进行合理布局。电源模块原理图中的元器件布局如图 15-40 所示。布局结束后，单击"布线"工具栏中的"放置导线"按钮，执行连线操作。完成连线后的电源模块电路原理图如图 15-41 所示。单击"原理图标准"工具栏中的"保存"按钮 ![save]，保存原理图文件。

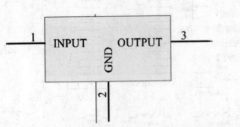

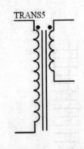

图 15-37 修改后的 AN7805 元器件   图 15-38 修改后的变压器元器件

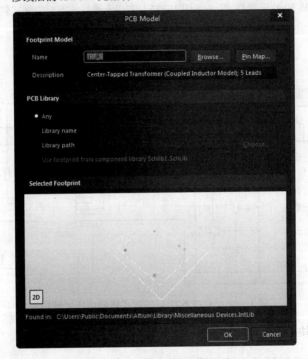

图 15-39 变压器元器件封装

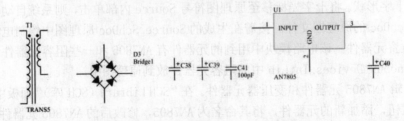

图 15-40 电源模块原理图中的元器件布局

7. 时钟电路模块设计

在顶层电路图的编辑环境中选择菜单栏中的"设计"→"从页面符创建图纸"选项，此时光标变成十字形状。将十字光标移至原理图符号 Clock 内部，单击，系统自动生成文件名为 Clock.SchDoc 的原理图文件，如图 15-42 所示。接着在生成的 Clock.SchDoc 原理图中绘制时钟电路。

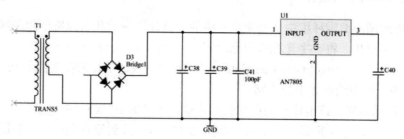

图 15-41　完成连线后的电源模块电路原理图

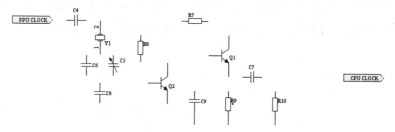

图 15-42　生成的 Clock.SchDoc 文件

（1）放置元器件。该电路模块中用到的元器件都为阻容元器件。将元器件库 Miscellaneous Devices.IntLib 中的阻容元器件放到原理图中。

（2）放置好元器件后，进行布局。时钟电路原理图中的元器件布局如图 15-43 所示。布局结束后，单击"布线"工具栏中的"放置导线"按钮 ，进行连线操作。完成连线后的时钟电路原理图如图 15-44 所示。单击"原理图标准"工具栏中的 （保存）按钮，保存原理图文件。

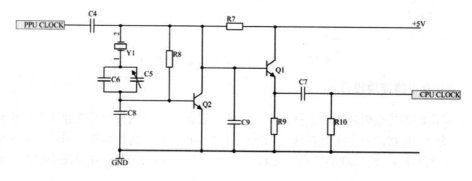

图 15-43　时钟电路原理图中的元器件布局

图 15-44　完成连线后的时钟电路原理图

8．光电枪电路模块设计

在顶层电路图的编辑环境中选择菜单栏中的"设计"→"从页面符创建图纸"选项，此时光标变成十字形状。将十字光标移至原理图符号 Photoelectric Gun 内部，单击，系统自动生成文件名为"Photoelectric Gun.SchDoc"的原理图文件。接着在生成的 Photoelectric Gun.SchDoc 原理图中绘制光电枪电路。

（1）放置元器件。该电路模块中用到的元器件为 CD4011BCN 和一些阻容元器件。先将 FSC Logic Gate.IntLib 元器件库中的元器件 CD4011BCN 放到原理图中，再将通用元器件库 Miscellaneous Devices.IntLib 中的阻容元器件放到原理图中，然后将 Miscellaneous Connectors.IntLib 元器件库中的元器件 Connector15 放到原理图中。

（2）放置好元器件后，设置元器件各项属性并对元器件进行布局。光电枪电路原理图中的元器件布局如图 15-45 所示。

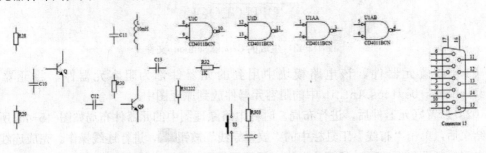

图 15-45　光电枪电路原理图中的元器件布局

（3）布局结束后，单击"布线"工具栏中的"放置导线"按钮，执行连线操作。完成连线后的光电枪原理图如图 15-46 所示。单击"原理图标准"工具栏中的"保存"按钮，保存原理图文件。

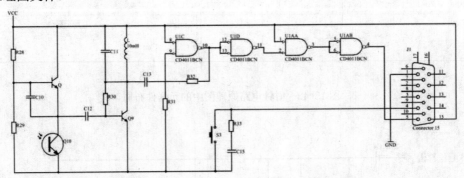

图 15-46　完成连线后的光电枪原理图

9．控制盒电路模块设计

在顶层电路图的编辑环境中选择菜单栏中的"设计"→"从页面符创建图纸"选项，此时光标变成十字形状。将十字光标移至原理图符号 Control 的内部单击，系统自动生成文件名为 Control.SchDoc 的原理图文件。接着在生成的 Control.SchDoc 原理图中绘制控制盒电路。

（1）放置元器件。该电路模块中用到的元器件有 NE555N、SK4021B 和一些阻容元器件。先将通用元器件库 Miscellaneous Devices.IntLib 中的阻容元器件放到原理图中，再将 ST Analog Timer Circuit.IntLib 元器件库中的 NE555N 放到原理图中。

（2）编辑 SK4021B 元器件。在"SCH Library（SCH 库）"面板中，单击"Add（添加）"按钮，添加新的元器件，将其命名为 SK4021B。编辑好的 SK4021B 元器件和其封装形式分别如图 15-47 和图 15-48 所示。

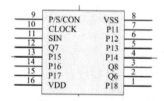

图 15-47　编辑好的 SK4021B 元器件　　　图 15-48　SK4021B 元器件的封装形式

（3）放置好元器件后，设置元器件各项属性并对元器件进行布局。控制盒电路原理图中的元器件布局如图 15-49 所示。

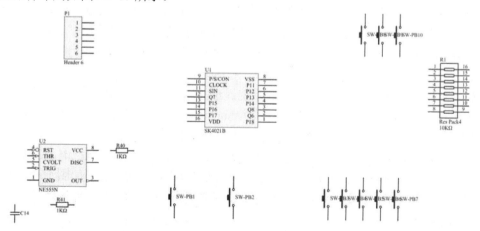

图 15-49　控制盒电路原理图中的元器件布局

（4）布局完成后，单击"布线"工具栏中的"放置导线"按钮，进行连线操作。完成连线后的控制盒电路原理图如图 15-50 所示。单击"原理图标准"工具栏中的"保存"按钮，保存原理图文件。

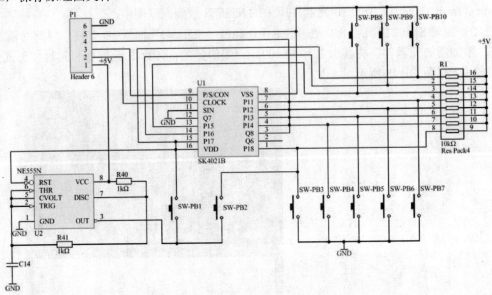

图 15-50　完成连线后的控制盒电路原理图

15.3.3　原理图元器件的自动标注

如果原理图中排列的元器件不做标注，那么同种类型的元器件只要放置超过两个，就会出现错误，而利用逐个修改元器件属性的方式修改其标注值又太过于烦琐。因此，在 Altium Designer 16 中内置了一个非常有用的工具，即原理图元器件的自动标注，可以解决这类问题。

（1）在该项目文件的任一子原理图的编辑环境中选择菜单栏中的"工具"→"标注"→"原理图标注"选项，系统弹出如图 15-51 所示的"Annotate（标注）"对话框。

（2）选择从左到右、从上到下的标注顺序。在"处理顺序"选项组中，可以查看子图的标注顺序，也可以修改子图标注顺序。单击 Reset All 按钮，将所有编号变为?，系统将弹出如图 15-52 所示的"Information（信息）"对话框。

（3）单击"OK（确定）"按钮，确认系统提示的修改信息。单击 按钮 Update Changes List，对所有原理图中元器件进行统一编号，在"Annotate（标注）"对话框中，单击 按钮 Accept Changes (Create ECO)，接受系统对元器件标注的修改，同时系统将弹出如图 15-53 所示的 "Engineering Change Order（工程更改操作顺序）"对话框。单击"Execute Changes（执行更新）"按钮，系统将执行自动标注。元器件标注修改栏将变为灰色，如图 15-54 所示。

（4）完成标注后，单击"Report Changes（报表更新）"按钮，查看元器件的标注信息，如图 15-55 所示。

（5）单击"Close（关闭）"按钮，关闭对话框。自动标注是将顶层电路图中的所有子图统一标注，这样整个原理图就更加清晰明了。自动标注后的电子枪部分电路原理图如图 15-56 所示。

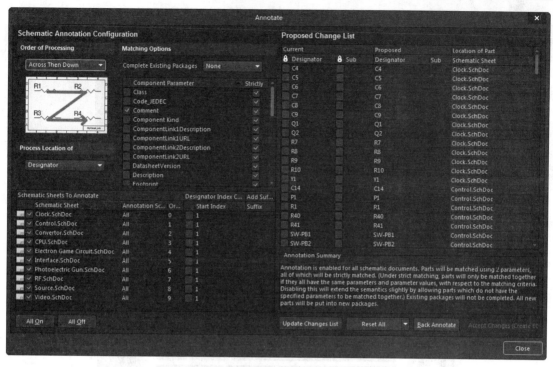

图 15-51 "Annotate（标注）"对话框

图 15-52 "Information"对话框

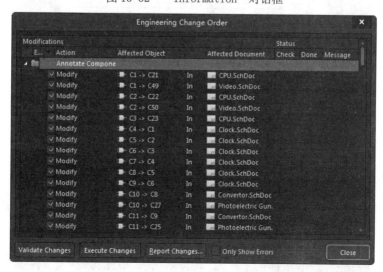

图 15-53 "Engineering Change Order（工程更新操作顺序）"对话框

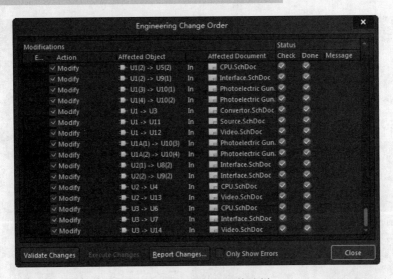

图 15-54　元器件标注修改栏

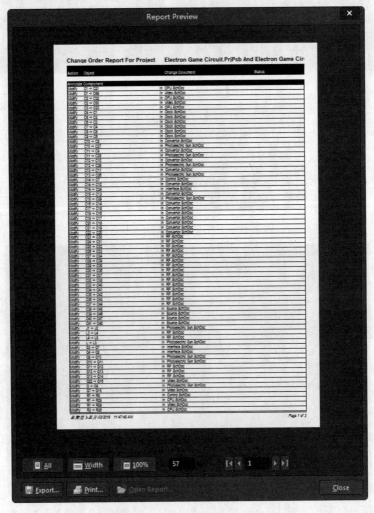

图 15-55　元器件的标注信息

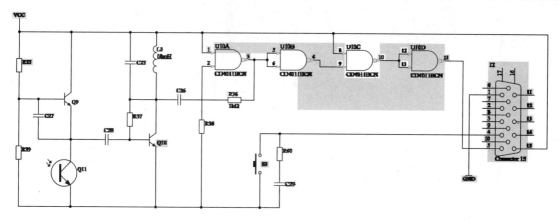

图 15-56　自动标注后的电子枪部分电路原理图

15.3.4　自下而上的层次结构原理图设计方法

自下而上的设计方法是利用子原理图产生顶层电路原理图，因此首先需要绘制好子原理图。其操作步骤如下：

（1）新建项目文件。在新建项目文件中绘制好本电路中的各个子原理图，并且将各子原理图之间的连接用 I/O 端口绘制出来。

（2）在新建项目中新建一个名为"游戏机电路.SchDoc"的原理图文件。

（3）在"游戏机电路.SchDoc"原理图编辑环境中选择菜单栏中的"设计"→"Create Sheet Symbol From Sheet（原理图生成页面符）"选项，系统将弹出如图 15-57 所示的"Choose Document to Place（选择放置文档）"对话框。

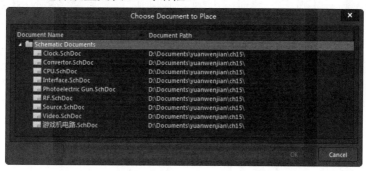

图 15-57　"Choose Document to Place（选择放置文档）"对话框

（4）选择该对话框中的任一子原理图，然后单击"OK（确定）"按钮，系统将在"游戏机电路.SchDoc"原理图中生成该子原理图所对应的子原理图符号。执行上述操作后，在"游戏机电路.SchDoc"原理图中生成随光标移动的子原理图符号，如图 15-58 所示。

（5）单击，将原理图符号放置在原理图中。采用同样的方法放置其他模块的原理图符号。生成原理图符号后的顶层电路原理图如图 15-59 所示。

（6）分别对各个原理图符号和 I/O 端口进行属性修改和位置调整，然后将原理图符号之间具有电气连接关系的端口用导线或总线连接起来，就得到如图 15-16 所示的层次原理图的顶层电路图。

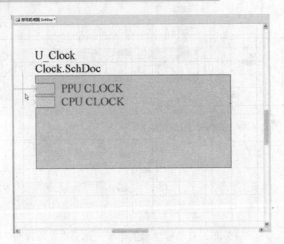

图 15-58　生成随光标移动的子原理图符号

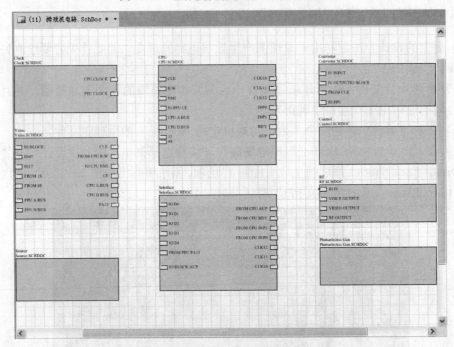

图 15-59　生成原理图符号后的顶层电路原理图

15.4　层次原理图间的切换

层次原理图之间的切换主要有两种，一种是从顶层原理图切换到原理图符号对应的子电路原理图，另一种是从某一层原理图切换到它的上层原理图。

15.4.1　从顶层原理图切换到原理图符号对应的子图

（1）选择菜单栏中的"工程"→"Compile PCB Project Electron Game Circuit.PrjPcb"

选项，或者在"Navigate（导航）"面板中右击，在弹出的快捷菜单中选择"Compile（编译）"选项，执行编译操作。编译后的"Messages（信息）"面板如图15-60所示，编译后的"Navigator（导航）"面板如图15-61所示，其中显示了各原理图的信息和层次原理图的结构。

（2）选择菜单栏中的"工具"→"上/下层次"选项，或者在"Navigator（导航）"面板的"Document For PCB（PCB文档）"选项栏中双击要进入的顶层原理图，或者子图的文件名，可以快速切换到对应的原理图。

（3）选择菜单栏中的"工具"→"上/下层次"选项，光标变成十字形，将光标移至顶层原理图中的原理图符号上，单击就可以完成切换。

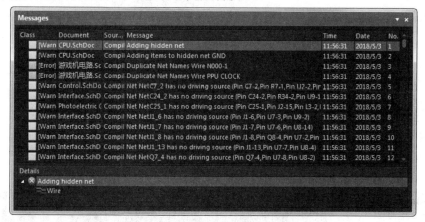

图 15-60　编译后的"Messages（信息）"面板

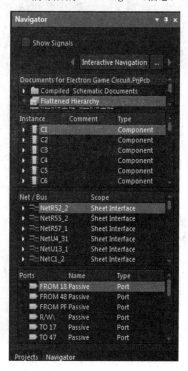

图 15-61　编译后的"Navigator（导航）"面板

15.4.2 从某层原理图切换到它的上一层原理图

　　编译项目后，选择菜单栏中的"工具"→"上/下层次"选项，或者单击"原理图标准"工具栏中的"上/下层次"按钮 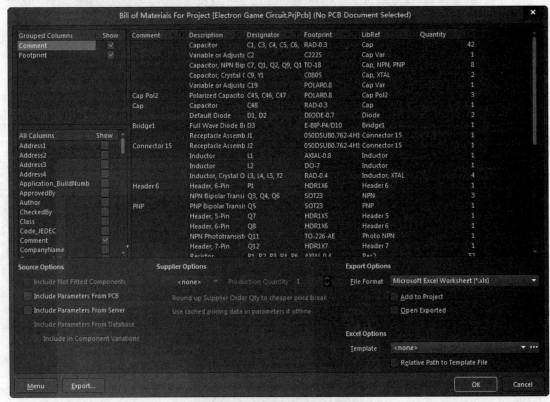，或者在"Navigator（导航）"面板中选择相应的顶层原理图文件，执行从子原理图到顶层原理图切换的命令，然后选择菜单栏中的"工具"→"上/下层次"选项，光标变成十字形状，移动光标到子图中任一输入/输出端口上，单击，系统自动完成切换。

15.5　元器件清单

　　（1）在该项目任意一张原理图的编辑环境中选择菜单栏中的"报告"→"Bill of Material（元器件清单）"选项，系统将弹出如图 15-62 所示的对话框显示元器件清单列表。

　　（2）选择"Menue（菜单）"按钮，在弹出的菜单中选择"Report（报表）"选项，系统将弹出"报表预览"对话框。

　　（3）单击"Export（输出）"按钮，系统将弹出"保存元器件清单"对话框。选择保存文件位置，输入文件名，完成保存。

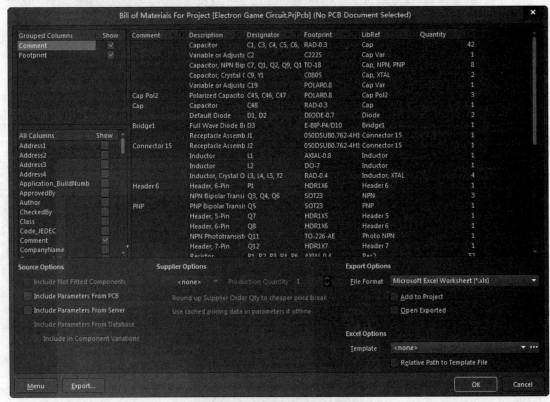

图 15-62　显示元器件清单列表

　　上述步骤生成的是电路总的元器件报表，也可以分门别类地生成每张电路原理图的元器件清单报表。分类生成电路元器件清单报表的方法是：在该项目任意一张原理图的编辑环境中选择菜单栏中的"报告"→"Component Cross Reference（分类生成电路元器件清单报表）"选项，系统将弹出如图 15-63 所示的对话框，显示元器件分类清单列表。在该对话框中，元器件的相关信息都是按子原理图分组显示的。

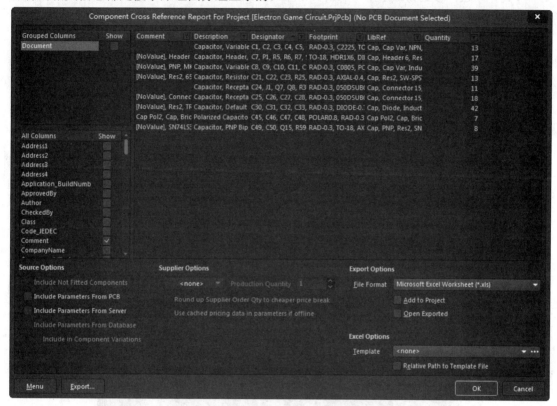

图 15-63　显示元器件分类清单列表

15.6　设计电路板

在一个项目中，不管是独立电路图，还是层次结构电路图，在设计印制电路板时，系统都会将所有电路图的数据转移到一块电路板里，所以没用到的电路图必须删除。

15.6.1　印制电路板设计初步操作

根据层次结构电路图设计电路板时，还要从新建印制电路板文件开始，其操作步骤如下：

（1）切换到"Projects（工程）"面板，选中当前项目，右击，在弹出的快捷菜单中选择"添加新的到工程"→"PCB（PCB 文件）"选项，即可在"Projects（工程）"面板中产生一个新的印制电路板文档（PCB1.PcbDoc），同时进入 PCB 编辑环境，在工作窗口中也出现一个空白的印制电路板。

（2）单击"PCB 标准"工具栏中的 "保存"按钮 ，指定所要保存的文件名为"游戏机电路板.PcbDoc",单击"保存"按钮,关闭该对话框。

（3）绘制一个简单的印制电路板外框,选择工作窗口下方工作层标签栏的"KeepOut Layer（禁止布线层）"标签,单击切换到禁止布线层。按 P+L 键进入画线状态,选择外框的第一个角,单击;移到第二个角,双击;再移到第三个角,双击;再移到第四个角,双击;移回第一个角（不一定要很准）,单击,再右击两下退出该操作。

（4）选择菜单栏中的"设计"→"Import Changes From 电子游戏机电路.PRJPCB"选项,系统将弹出如图 15-64 所示的"Engineering Change Order（工程更新顺序）"对话框。

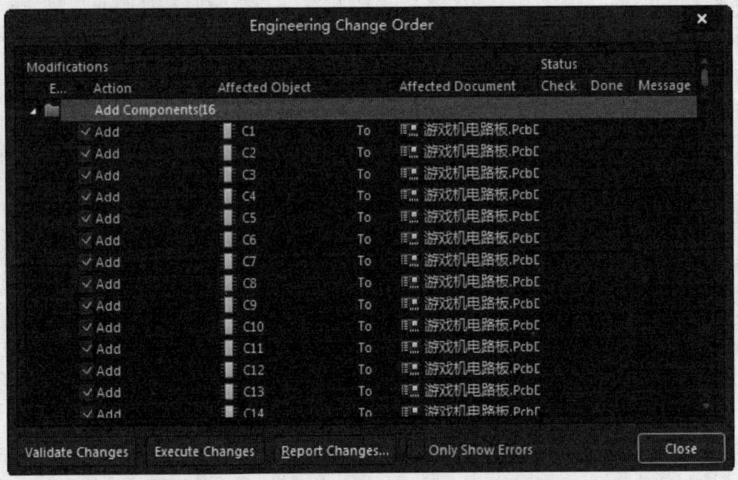

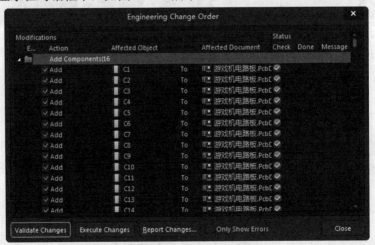

图 15-64 "Engineering Change Order（工程更新顺序）"对话框

（5）单击"Validate Changes（确认更新）"按钮,验证一下更新方案是否有错误,程序将验证结果显示在对话框中,如图 15-65 所示。

图 15-65 显示验证结果

（6）在图 15-65 中没有错误产生,单击"Execute Changes（执行更新）"按钮,执行更改操作;然后单击"Close（关闭）"按钮,如图 15-66 所示。关闭该对话框。加载元器件到电路板后的原理图如图 15-65 所示。

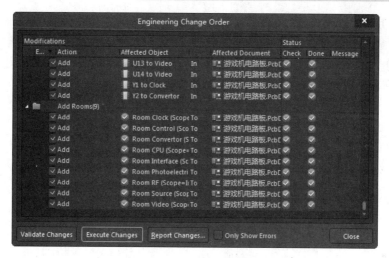

图 15-66　更新结果

（7）图 15-67 中包括 9 个零件放置区域（上述设计的 9 个模块电路），分别选择这 9 个区域内的空白处，按住鼠标左键，将其拖到板框之中（可以重叠）。再次选择零件放置区域内的空白处，单击，区域四周出现 8 个控点；再选择右边的控点，按住鼠标左键，移动光标即可改变其大小，将它扩大一些（尽量充满板框）。改变零件放置空间范围后的原理图如图 15-68 所示。

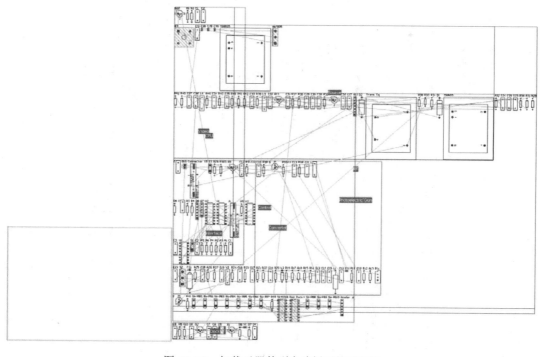

图 15-67　加载元器件到电路板后的原理图

（8）选择菜单栏中的"工具"→"器件摆放"→"按照 Room 排列"选项，分别选择这 9 个零件放置区域。按住鼠标左键，拖动零件到这两个区域，右击。零件在放置区域内的排列如图 15-69 所示。

（9）分别选择零件放置区域，单击选择 Room 区域，再按 Delete 键，将它们删除。选择菜单栏中的"视图"→"连接"→"全部隐藏"选项，取消连线网络，如图 15-70 所示。

（10）手动放置零件，电路板设计初步完成。

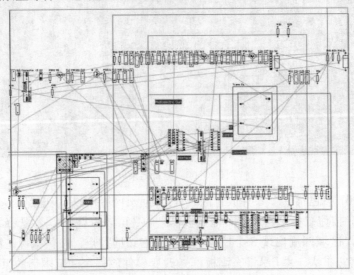

图 15-68　改变零件放置空间范围后的原理图

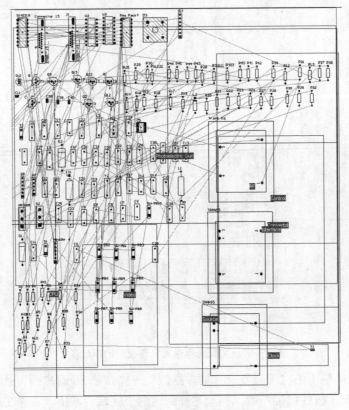

图 15-69　零件在放置区域内的排列

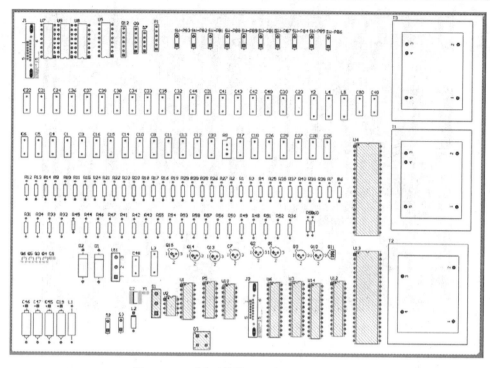

图 15-70　删除零件放置区域并取消连线网络

15.6.2　三维模型图

（1）选择"视图"→"切换到三维模式"选项，系统自动切换到三维显示图。按住 Shift 键显示旋转图标，在方向箭头上按住鼠标右键，即可旋转电路板，如图 15-71 所示。

（2）选择"视图"→"板子规划模式"选项，系统显示板设计模式图，如图 15-72 所示。

图 15-71　三维效果图

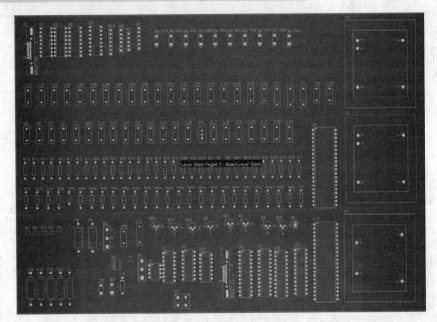

图 15-72 板设计模式图

15.6.3 动画演示

（1）打开"PCB 3D Movie Editor（电路板三维动画编辑器）"面板，在"3D Movie（三维动画）"的下拉列表中选择"New（新建）"选项，创建 PCB 文件的三维模型动画 PCB 3D Video，创建关键帧，电路板的位置如图 15-73 所示。

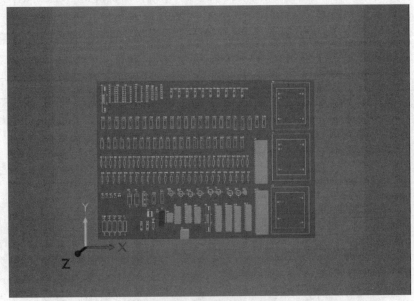

a）关键帧 1 位置

图 15-73 电路板的位置

b）关键帧2位置

c）关键帧3位置

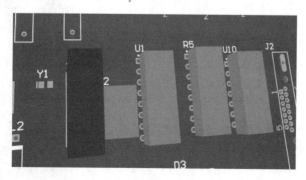

d）关键帧4位置

图 15-73 电路板的位置（续）

（2）动画面板设置如图 15-74 所示，单击工具栏上的按钮 ▷，演示动画。

图 15-74　动画面板设置

15.6.4　输出文件设置

1. 输出动画文件

（1）选择菜单栏中的"文件"→"新的"→"Output Job 文件"选项，在"Projects（工程）"面板中"Settings（设置）"文件夹中显示输出文件"游戏机电路板.OutJob"，如图 15-75 所示。

（2）在"Documentation Outputs（文档输出）"下加载动画文件，并创建位置连接，如图 15-76 所示。

（3）单击"Video"选项中的"Change（改变）"按钮，弹出如图 15-77 所示的"Video Setting（视频设置）"对话框，显示预览生成的位置。展开"Advanced（高级）"选项组，设置生成的动画文件的参数。在"Type（类型）"下拉列表中选择"Video(FFmpeg)"，在"Format（格式）"下拉列表中选择"FLV(Flash Video)"（*.flv），大小设置为704×576，如图 15-77 所示。

（4）单击"Video"选项组中的"Generate Content（生成目录）"按钮，在文件设置的路径下生成视频文件。利用播放器打开的视频文件"游戏机电路板.flv"，如图 15-78 所示。

图 15-75　新建输出文件

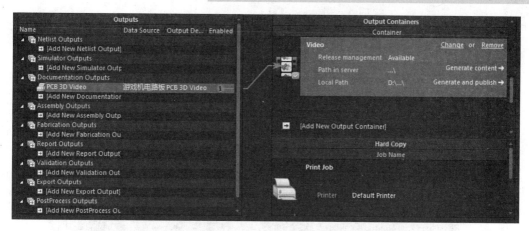

图 15-76　加载动画文件

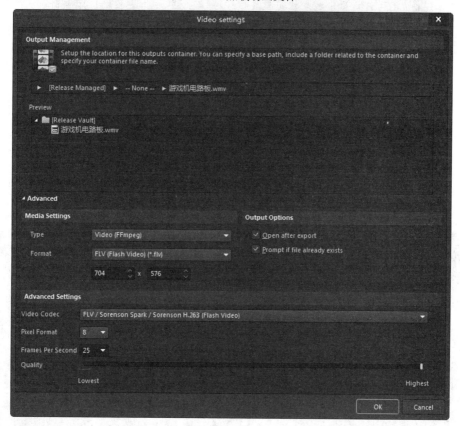

图 15-77　"Video Setting（视频设置）"对话框

2．输出 PDF 文件

（1）在"Documentation Outputs（文档输出）"下加载 PDF 文件，并创建位置连接，如图 15-79 所示。

（2）单击"PDF"选项组中的"Generate Content（生成目录）"按钮，在文件设置的路径下生成并打开 PDF 文件，如图 15-80 所示。

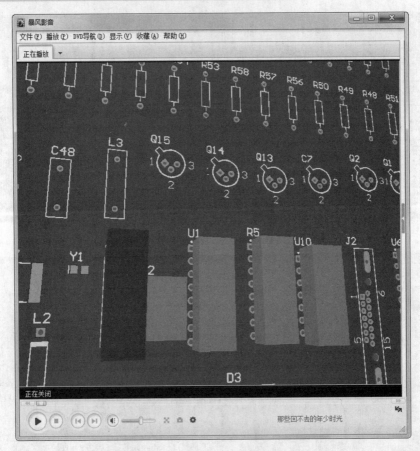

图 15-78 视频文件"游戏机电路板.flv"

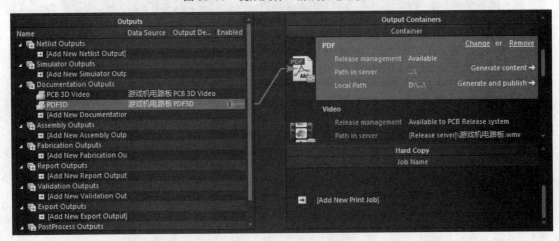

图 15-79 加载 PDF 文件

3. 输出 DWG、STEP 文件

（1）在"Export Outputs（输出文件）"下"Add New Export Output"选项上单击，弹出如图 15-81 所示的快捷菜单。利用该菜单，可输出原理图和电路板文件两种转化的 DWG

文件。

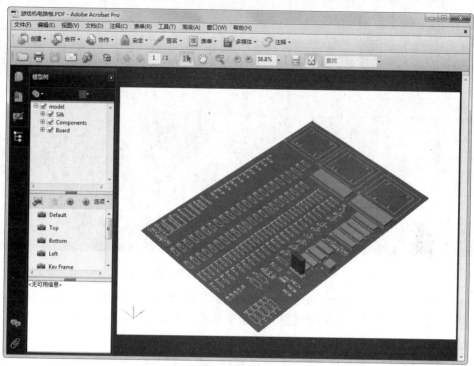

图 15-80　PDF 文件

（2）选择"AutoCAD dwg/dxf File PCB"→"游戏机电路板.PcbDoc"，创建 PCB 导出的 dwg/dxf 文件。

（3）选择"AutoCAD dwg/dxf File Schematic"→"CPU.SchDoc"，创建原理图 CPU.SchDoc 导出的 dwg/dxf 文件，并创建位置连接。

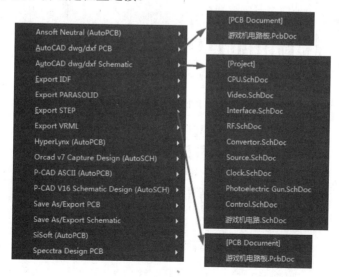

图 15-81　快捷菜单

（4）在"Documentation Outputs（文档输出）"下加载 STEP 文件，并创建位置连接，如图 15-82 所示。

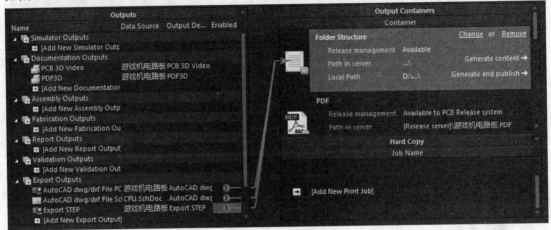

图 15-82　创建文件链接

（5）单击"Folder Structure"选项组中的"Generate Content（生成目录）"按钮，在文件设置的路径下生成对应格式文件，生成的文件分别如图 15-83～图 15-85 所示。

提示：

若计算机上安装有可以打开输出格式的软件（李忠的 AutoCAD、Inventor），则生成文件的同时自动启动对应软件，并打开导出文件。

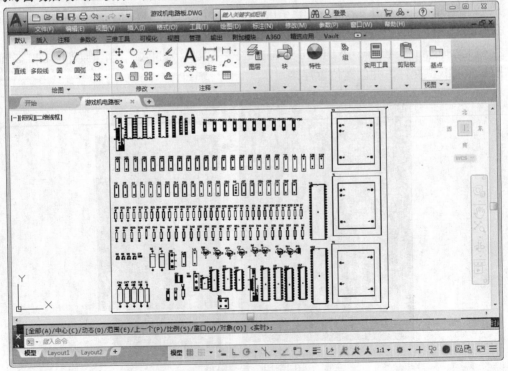

图 15-83　PCB 文件的 dwg 文件

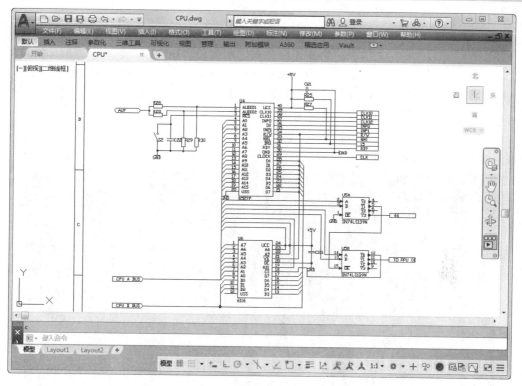

图 15-84　Schematic 文件 CPU.Schdoc 的 dwg 文件

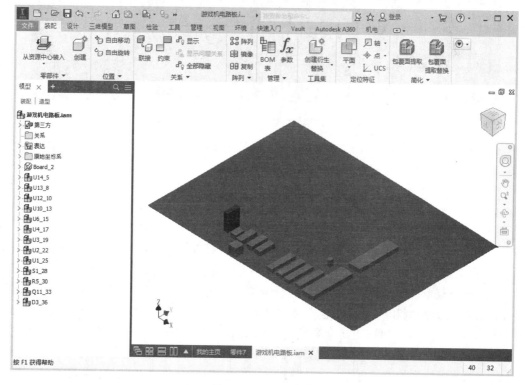

图 15-85　STEP 文件

15.6.5 布线设置

在布线前必须进行相关的设置。本电路采用双面板布线，而程序默认即为双面板布线，所以不必设置布线板层。尽管如此，也要将整块电路板的走线宽度设置为最细的 10mil，最宽线宽及自动布线都采用 16mil。另外，电源线（VCC 与 GND）采用最细的 10mil，最宽线宽及自动布线的线宽都采用 20mil。设置布线的操作步骤如下。

（1）选择菜单栏中的"设计"→"类"选项，系统将弹出如图 15-86 所示的"Objects Class Explorer（对象类管理器）"对话框。

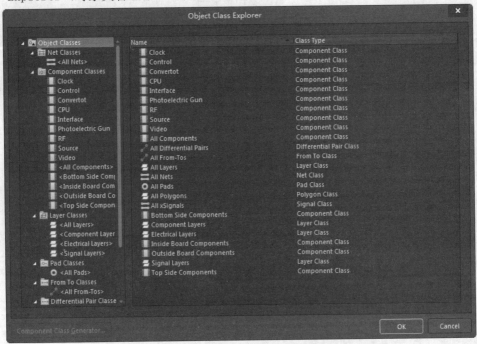

图 15-86 "Objects Class Explorer（对象类管理器）"对话框

（2）右击"Net Classes（网络类）"选项，在弹出的快捷菜单中选择"Add Class（添加类）"选项，在该选项中将新增一项分类（New Class）。

（3）选择该分类，右击，在弹出的快捷菜单中选择"Rename Class（重命名类）"选项，将其名称改为 POWER，右侧将显示其属性，如图 15-87 所示。

（4）在左侧的"Non-Member（非成员）"列表框中选择 GND 选项，单击按钮，将它加入到右侧的"Members（成员）"列表框中；同样，在左侧的列表框中选择 VCC 选项，单击按钮，将它加入到右侧的列表框中，最后单击"OK（确定）"按钮，关闭该对话框。

（5）选择菜单栏中的"设计"→"规则"选项，系统弹出的"PCB Rules and Constraints Editor（PCB 设计规则和约束编辑器）"对话框，如图 15-88 所示。单击"Routing（路径）"→"Width（宽度）"→"Width（宽度）"选项，设计线宽规则。

（6）将"Max Width（最大宽度）"与"Preferred Width（首选宽度）"选项都设置为 16mil。新增一项线宽的设计规则，右击"Width（宽度）"选项，在弹出的快捷菜单中选择"New Rule（新规则）"选项，即可产生 Width_1 选项。选择该选项，如图 15-89 所示。

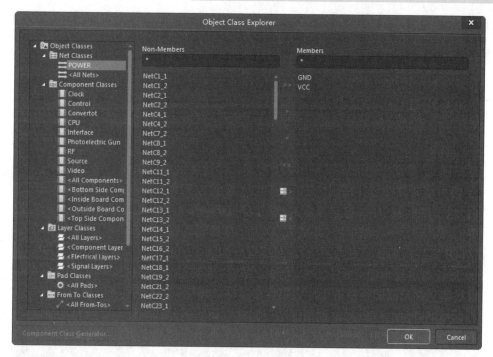

图 15-87　显示属性

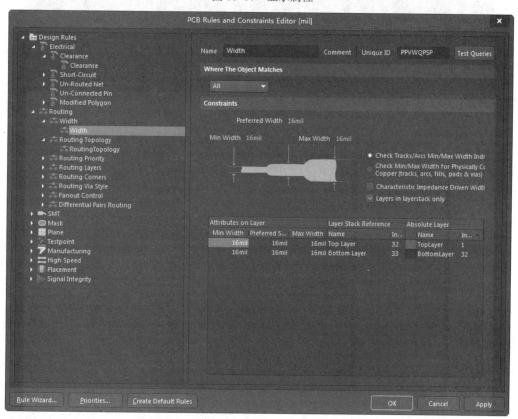

图 15-88　"PCB Rules and Constraints Editor（PCB 设计规则和约束编辑器）"对话框

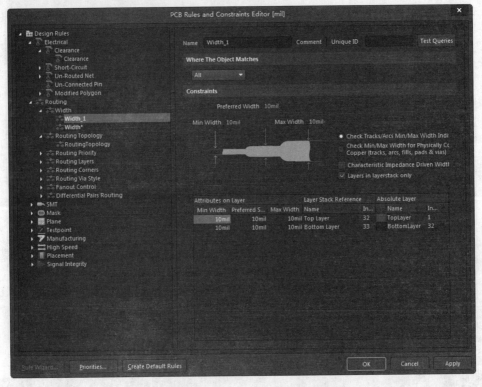

图 15-89　Width_1 选项

（7）在文本框中将该设计规则的名称改为"电源线线宽"，打开"Net Class（网络类）"下拉列表，然后在其中选择适用对象为 Power 网络分类；将"Max Width（最大宽度）"与"Preferred Size（首选大小）"选项都设置为 20mil，如图 15-90 所示。单击"OK（确定）"按钮，关闭该对话框。

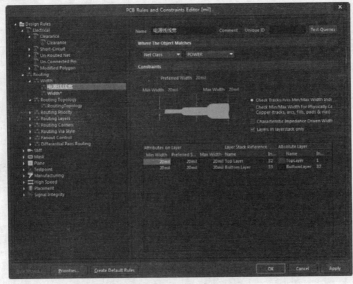

图 15-90　新增电源线线宽设计规则

（8）选择菜单栏中的"布线"→"自动布线"→"全部"选项，系统将弹出如图 15-91 所示的"Situs Routing Strategies（布线位置策略）"对话框。

（9）保持程序预置状态，单击"Route All（布线所有）"按钮，进行全局性的自动布线，如图 15-92 所示。

（10）布线过程中将自动弹出"Messages（信息）"面板，提供自动布线的状态信息，如图 5-93 所示。只需很短的时间就可以完成布线，关闭"Message（信息）"面板。电路板布线完成后，单击"PCB 标准"工具栏中的"保存"按钮 ，保存文件。

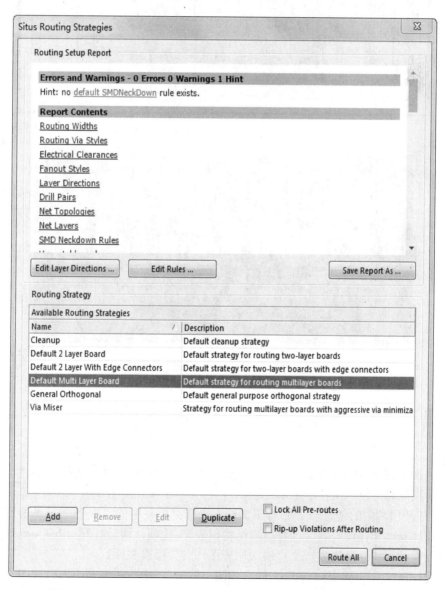

图 15-91 "Situs Routing Strategies（布线位置策略）"对话框

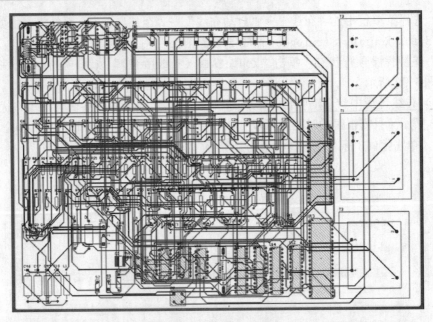

图 15-92 完成自动布线

Class	Document	Sour...	Message	Time	Date	No.
Routii	游戏机电路板.	Situs	192 of 381 connections routed (50.39%) in 14 Seconds	15:30:27	2018/5/3	12
Situs l	游戏机电路板.	Situs	Completed Layer Patterns in 4 Seconds	15:30:29	2018/5/3	13
Situs l	游戏机电路板.	Situs	Starting Multilayer Main	15:30:29	2018/5/3	14
Routii	游戏机电路板.	Situs	381 of 381 connections routed (100.00%) in 1 Minute 19 Seconds	15:31:33	2018/5/3	15
Situs l	游戏机电路板.	Situs	Completed Multilayer Main in 1 Minute 4 Seconds	15:31:33	2018/5/3	16
Situs l	游戏机电路板.	Situs	Starting Completion	15:31:33	2018/5/3	17
Situs l	游戏机电路板.	Situs	Completed Completion in 0 Seconds	15:31:33	2018/5/3	18
Situs l	游戏机电路板.	Situs	Starting Straighten	15:31:33	2018/5/3	19
Routii	游戏机电路板.	Situs	381 of 381 connections routed (100.00%) in 1 Minute 26 Seconds	15:31:40	2018/5/3	20
Situs l	游戏机电路板.	Situs	Completed Straighten in 7 Seconds	15:31:40	2018/5/3	21
Routii	游戏机电路板.	Situs	381 of 381 connections routed (100.00%) in 1 Minute 28 Seconds	15:31:42	2018/5/3	22
Situs l	游戏机电路板.	Situs	Routing finished with 0 contentions(s). Failed to complete 0 con	15:31:42	2018/5/3	23

图 15-93 "Messages（信息）"面板

15.7 项目层次结构组织文件

项目层次结构组织文件可以帮助读者理解各原理图的层次关系和连接关系。下面是电子游戏机项目层次结构组织文件的生成过程。

（1）打开项目中的任意一个原理图文件，选择菜单栏中的"报告"→"项目报告"→"Report Project Hierarchy（项目层次结构报表）"选项，然后打开"Projects（工程）"面板，可以看到系统已经生成一个"层次原理图.REP"报表文件。

（2）打开"层次原理图.REP"文件，如图 15-94 所示。在报表中，原理图文件名越靠左，该原理图层次就越高。

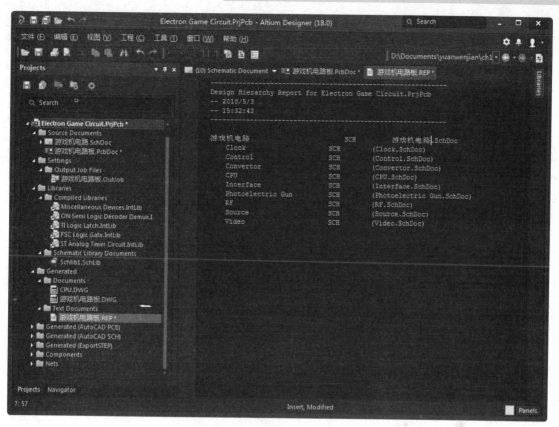

图 15-94　"层次原理图.REP"文件